Das Ingenieurwissen: Technische Thermodynamik

Joachim Ahrendts · Stephan Kabelac

Das Ingenieurwissen: Technische Thermodynamik

Springer Vieweg

Joachim Ahrendts
Bad Oldesloe, Deutschland

Stephan Kabelac
Helmut-Schmidt-Universität
Hamburg, Deutschland

ISBN 978-3-642-41119-9
ISBN 978-3-642-41120-5 (eBook)
DOI 10.1007/978-3-642-41120-5

Die Deutsche Nationalbibliothek verzeichnet diese Publikation in der Deutschen Nationalbibliografie; detaillierte bibliografische Daten sind im Internet über http://dnb.d-nb.de abrufbar.

Das vorliegende Buch ist Teil des ursprünglich erschienenen Werks „HÜTTE - Das Ingenieurwissen", 34. Auflage.

Gedruckt auf säurefreiem und chlorfrei gebleichtem Papier.

Springer Vieweg ist eine Marke von Springer DE. Springer DE ist Teil der Fachverlagsgruppe Springer Science+Business Media
www.springer-vieweg.de

Vorwort

Die HÜTTE Das Ingenieurwissen ist ein Kompendium und Nachschlagewerk für unterschiedliche Aufgabenstellungen und Verwendungen. Sie enthält in einem Band mit 17 Kapiteln alle Grundlagen des Ingenieurwissens:

- Mathematisch-naturwissenschaftliche Grundlagen
- Technologische Grundlagen
- Grundlagen für Produkte und Dienstleistungen
- Ökonomisch-rechtliche Grundlagen

Je nach ihrer Spezialisierung benötigen Ingenieure im Studium und für ihre beruflichen Aufgaben nicht alle Fachgebiete zur gleichen Zeit und in gleicher Tiefe. Beispielsweise werden Studierende der Eingangssemester, Wirtschaftsingenieure oder Mechatroniker in einer jeweils eigenen Auswahl von Kapiteln nachschlagen. Die elektronische Version der Hütte lässt das Herunterladen einzelner Kapitel bereits seit einiger Zeit zu und es wird davon in beträchtlichem Umfang Gebrauch gemacht.

Als Herausgeber begrüßen wir die Initiative des Verlages, nunmehr Einzelkapitel in Buchform anzubieten und so auf den Bedarf einzugehen. Das klassische Angebot der Gesamt-Hütte wird davon nicht betroffen sein und weiterhin bestehen bleiben. Wir wünschen uns, dass die Einzelbände als individuell wählbare Bestandteile des Ingenieurwissens ein eigenständiges, nützliches Angebot werden.

Unser herzlicher Dank gilt allen Kolleginnen und Kollegen für ihre Beiträge und den Mitarbeiterinnen und Mitarbeitern des Springer-Verlages für die sachkundige redaktionelle Betreuung sowie dem Verlag für die vorzügliche Ausstattung der Bände.

Berlin, August 2013

H. Czichos, M. Hennecke

Das vorliegende Buch ist dem Standardwerk *HÜTTE Das Ingenieurwissen 34. Auflage* entnommen. Es will einen erweiterten Leserkreis von Ingenieuren und Naturwissenschaftlern ansprechen, der nur einen Teil des gesamten Werkes für seine tägliche Arbeit braucht. Das Gesamtwerk ist im sog. Wissenskreis dargestellt.

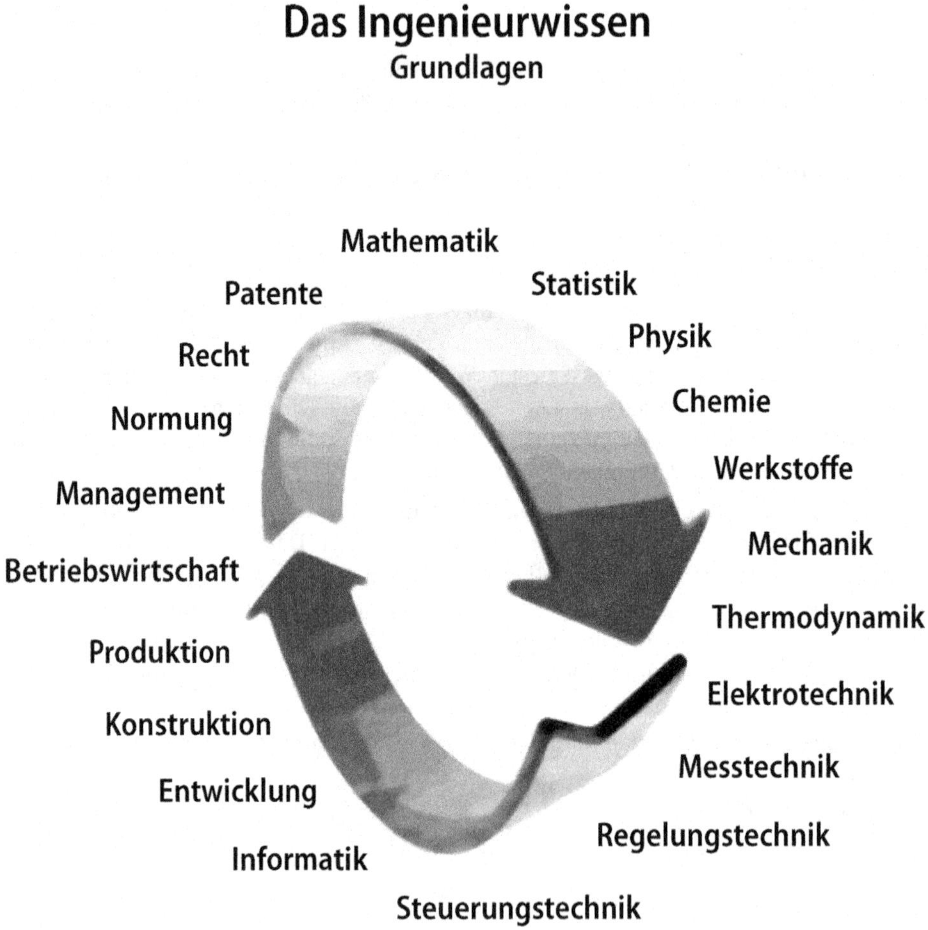

Inhaltsverzeichnis

Technische Thermodynamik
J. Ahrendts, S. Kabelac

Technische Thermodynamik

J. Ahrendts
S. Kabelac

Die Thermodynamik ist eine Grundlagenwissenschaft, in welcher physikalische Objekte abstrahiert unter dem Gesichtspunkt der Energiewandlung betrachtet werden. Die Energie in ihren verschiedenen ineinander umwandelbaren Erscheinungsformen stellt ein verknüpfendes Band zwischen allen in der Natur wie auch in der Technik ablaufenden Vorgängen dar. Das Fundament der Thermodynamik sind die *Hauptsätze*, in denen die Existenz und Eigenschaften der Energie und der Entropie formuliert sind. Diese Größen werden auch bei der Physik im Kapitel B thematisiert. Die beiden Hauptsätze der Thermodynamik begründen die Energie- und Entropiebilanzgleichungen, die eine zentrale Bedeutung in der Auslegung und Bewertung von technischen wie natürlichen Prozessen haben. Weder die Energie noch die Entropie sind einer direkten Messung zugänglich, sodass ein Geflecht aus Zustandsgleichungen die Verknüpfung zwischen den messbaren Zustandsgrößen wie Temperatur und Druck und den Zustandsgrößen in den Bilanzgleichungen herstellt. Aus den Hauptsätzen resultieren auch ordnende Beziehungen zwischen den Eigenschaften der Materie in ihren Gleichgewichtszuständen sowie Aussagen über die Möglichkeiten und Grenzen von Energieumwandlungen. Die folgenden Ausführungen beschränken sich auf die Thermodynamik fluider Nichtelektrolyt-Phasen. Auch die statistische Thermodynamik bleibt ausgeklammert, Hinweise hierzu finden sich im Kapitel B 8.9.

Das vorliegende Kapitel zur *Technischen Thermodynamik* gliedert sich in die vier Teile

1 Grundlagen
2 Stoffmodelle und Zustandsgleichungen
3 Phasen- und Reaktionsgleichgewichte
4 Energie- und Stofftransport in Temperatur- und Konzentrationsfeldern

Der erste Teil führt die beiden Hauptsätze und, darauf aufbauend, die Energie- und die Entropiebilanzgleichung ein. Aus dem zweiten Hauptsatz werden Gleichgewichts- und Stabilitätsbedingungen abgeleitet, zudem werden grundlegende Energiewandlungsprozesse vorgestellt. Der zweite Teil führt die zur Auswertung der Bilanzgleichungen notwendigen Zustandsgleichungen ein, verbunden mit den zugehörigen Stoffmodellen. Für vereinfachte Betrachtungen werden die beiden Modellstoffe *ideales Gas* sowie *inkompressibles Fluid* bereitgestellt. Im dritten Teil wird auf die in der Verfahrenstechnik und der Chemie wichtigen Berechnungsgleichungen für Phasengleichgewichte sowie Reaktionsgleichgewichte eingegangen. Die Zusammensetzung der im Gleichgewicht stehenden Phasen ist u. a. für die thermische Trenntechnik grundlegend. Im vierten Teil wird in die kinetischen Transportansätze für den Wärme- und Stofftransport eingeführt. Zusammen mit den Bilanzgleichungen und den Stoffmodellen ergeben sich hieraus die Differenzialgleichungen zur Berechnung von Temperatur- und Konzentrationsfeldern.

1 Grundlagen

Ein physikalisches Objekt heißt in der Thermodynamik ein System und die Grenze, die es von seiner Umgebung trennt, Systemgrenze. Jedes System ist Träger physikalischer Eigenschaften, die als Variablen oder Zustandsgrößen bezeichnet werden. In einem bestimmten Zustand haben diese Variablen feste Werte.

1.1 Energie und Energieformen

1.1.1 Erster Hauptsatz der Thermodynamik

Die Energie als zentrale Zustandsgröße der Thermodynamik wird im ersten Hauptsatz durch folgende Postulate eingeführt:

J. Ahrendts, S. Kabelac, *Das Ingenieurwissen: Technische Thermodynamik*,
DOI 10.1007/978-3-642-41120-5_1, © Springer-Verlag Berlin Heidelberg 2013

1. Jedes System besitzt die Zustandsgröße Energie. Die Energie eines aus den Teilen $\alpha, \beta, \ldots, \omega$ mit den jeweiligen Energien $E^\alpha, E^\beta, \ldots, E^\omega$ zusammengesetzten Systems beträgt

$$E = E^\alpha + E^\beta + \ldots + E^\omega \,. \qquad (1\text{-}1)$$

2. Für die Energie besteht ein Erhaltungssatz, d. h., die Erzeugung und Vernichtung von Energie ist unmöglich.

Gilt die Newton'sche Mechanik, so kann die Energie eines Systems in seine kinetische und potenzielle Energie E_k und E_p in einem konservativen Kraftfeld und die makroskopische innere Energie U zerlegt werden, welche sich aus seinen molekularen Freiheitsgraden ergibt:

$$E = E_k + E_p + U \,. \qquad (1\text{-}2)$$

Die Energie eines Systems lässt sich nach dem ersten Hauptsatz nur durch Energietransport über die Systemgrenze ändern. Die Übergabe der Energie an der Systemgrenze kann erfolgen als

- *mechanische oder elektrische Arbeit* W. Ihr Kennzeichen sind äußere Kräfte oder Momente, die auf eine bewegte Systemgrenze wirken, oder – bei Beschränkung auf nicht magnetisierbare und nicht polarisierbare Phasen – das Fließen eines elektrischen Stroms über die Systemgrenze. Die Verrichtung von Arbeit an energetisch isolierten und materiedichten Systemen, sog. abgeschlossenen Systemen, ist definitionsgemäß nicht möglich.
- *Wärme* Q. Wärme wird aufgrund eines Temperaturgefälles zwischen dem System und seiner unmittelbaren Umgebung bzw. einem angrenzenden System übertragen. Adiabate, d. h. vollkommen wärmeisolierte Wände unterbinden den Wärmefluss.
- *materiegebundene Energie.* Wenn Substanzen die Grenzen des Systems überschreiten wird hierdurch auch materiegebundene Energie transportiert. Im Gegensatz zu diesen sog. offenen Systemen haben geschlossene Systeme materiedichte Grenzen, welche einen Stoffaustausch mit der Umgebung ausschließen.

Die Energiebilanzgleichung, welche auf dem ersten hier formulierten Hauptsatz fusst, wird in Abschnitt 1.5 erläutert. Wenn ein System Energie aufnimmt oder abgibt, wird dieses System einen Satz unabhängiger Zustandsgrößen verändern, die für seine innere Beschaffenheit charakteristisch sind. Im Folgenden soll ein solcher Variablensatz für fluide Nichtelektrolyt-Phasen zusammengestellt werden. Eine Phase ist ein homogener Bereich endlicher oder infinitesimaler Ausdehnung von Gasen und Flüssigkeiten aus ungeladenen Teilchen. Innerhalb einer Phase hängen die Zustandsgrößen nicht vom Ort ab. Schubspannungsfreie Festkörper, die weder magnetisierbar noch elektrisch polarisierbar sind, können wie fluide Phasen behandelt werden.

Wird eine Phase als Ganzes durch eine Kraft im Schwerefeld der Erde bewegt, so ist bei Ausschluss der Rotation die am System verrichtete äußere Arbeit

$$\mathrm{d}W^\mathrm{a} = c \cdot \mathrm{d}I + mg\,\mathrm{d}z \,. \qquad (1\text{-}3)$$

Dabei bedeuten c die Geschwindigkeit, $\boldsymbol{I} = \boldsymbol{mc}$ den Impuls, m die Masse, z die Schwerpunkthöhe des Systems und g die Fallbeschleunigung. Das System nimmt die zugeführte Energie über die äußeren, mechanischen Variablen $\boldsymbol{I}$ und z auf. Ihnen zugeordnet sind die Energieformen $\boldsymbol{c} \cdot \mathrm{d}\boldsymbol{I}$ und $mg\,\mathrm{d}z$, die in das System fließen und seine Energie E vermehren. Die Integration von (1-3) zwischen den Anfangs- und Endzuständen 1 und 2 liefert bei $m = \text{const}$

$$W_{12}^\mathrm{a} = \frac{m}{2}\left(c_2^2 - c_1^2\right) + mg\,(z_2 - z_1) \,, \qquad (1\text{-}4)$$

d. h., die äußere Arbeit ist gleich der Zunahme der kinetischen und potenziellen Energie des Systems während der Bewegung.

Bild 1-1a zeigt, wie an einer ruhenden, geschlossenen Phase, die sich in einem Zylinder mit verschiebbarem Kolben befindet, Arbeit verrichtet werden kann. Die Kolbenkraft F sei im Gleichgewicht mit der von der Phase auf den Kolbenboden ausgeübten Druckkraft. Die von F am System verrichtete Arbeit bei der Verschiebung des Kolbens, die sog. Volumenänderungsarbeit, ist dann

$$\mathrm{d}W^\mathrm{v} = -p\,\mathrm{d}V \qquad (1\text{-}5)$$

mit p als dem an allen Stellen gleich großen Druck und V als dem Volumen der Phase. Das Volumen mit der zugehörigen Energieform $-p\,\mathrm{d}V$ ist somit eine unabhängige Variable, über welche die Energie einer Phase, speziell die innere Energie, veränderbar ist.

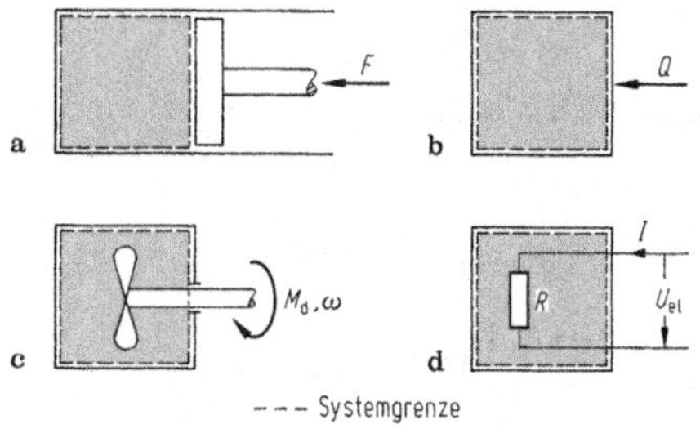

Bild 1-1. Mechanismen der Energiezufuhr an ruhende, geschlossene Phasen. **a** Volumenänderungsarbeit, **b** Wärme, **c** Wellenarbeit und **d** elektrische Arbeit

Die Bilder 1-1b bis 1-1d zeigen weitere Beispiele der Energiezufuhr an eine ruhende geschlossene Phase, jetzt bei konstantem Volumen. Im ersten Fall wird die Wärme dQ von einer heißen Umgebung auf das kältere System übertragen. Im zweiten Fall liefert eine Rührwerkswelle die Wellenarbeit

$$dW^{w} = M_d \, \omega \, d\tau \qquad (1\text{-}6)$$

an das System, wobei M_d das Drehmoment, ω die Winkelgeschwindigkeit und τ die Zeit bedeuten. Im dritten Fall wird einem elektrischen Widerstand R im System die elektrische Arbeit

$$dW^{el} = I_{el} \, U_{el} \, d\tau \qquad (1\text{-}7)$$

(I_{el} ist die elektrische Stromstärke und U_{el} die elektrische Spannung) zugeleitet. Wie die Erfahrung zeigt, können einfache Systeme wie die in Bildern 1-1c und 1-1d dargestellten Phasen Wellen- und elektrische Arbeit nur aufnehmen, nicht aber abgeben.

Eine fluide Phase kann schließlich Energie durch Änderung ihres Stoffbestands aufnehmen oder abgeben. Dieser ist durch die Massen m_i der Teilchenarten i oder die entsprechenden, vorzugsweise in der SI-Einheit Mol gemessenen Stoffmengen n_i bestimmt. Beide Größen sind durch die stoffmengenbezogene (molare) Masse M_i der Teilchen verknüpft

$$m_i = M_i \, n_i \, . \qquad (1\text{-}8)$$

Benutzt man für M_i der Einheit g/mol, so ist der Zahlenwert $\{M_i\}$ mit der relativen (Molekül)masse der Teilchenart i identisch. Nach (1-2) bewirkt die Änderung dn_i der Stoffmenge einer Substanz i in einer fluiden Phase die Energieänderung

$$\mu_{i,\text{tot}} \, dn_i = [(\partial E_k/\partial n_i)_{I,n_{j\neq i}} + (\partial E_p/\partial n_i)_{z,n_{j\neq i}} + (\partial U/\partial n_i)_{S,V,n_{j\neq i}}] dn_i \, , \qquad (1\text{-}9)$$

womit das Gesamtpotenzial $\mu_{i,\text{tot}}$ der Teilchenart i definiert ist. Wie in der Thermodynamik üblich, sind die Variablen, die beim Differenzieren konstant zu halten sind, als Indizes an den Ableitungen vermerkt. Die Zustandsgröße S, die im dritten Term als eine konstant zu haltende Zustandsgröße aufgeführt wurde, ist die Entropie. Sie wird im nachfolgenden Abschnitt eingeführt. Die beiden ersten Terme der eckigen Klammer lassen sich durch Ausdifferenzieren der Funktionen $E_k = \boldsymbol{I}^2/(2m)$ und $E_p = mgz$ bestimmen. Der letzte Term, für den die Abkürzung μ_i gebräuchlich ist, heißt das chemische Potenzial der Teilchenart i. Es ist von der Größenart einer auf die Stoffmenge bezogenen Energie. Damit wird

$$\mu_{i,\text{tot}} \, dn_i = \left[-\frac{1}{2} M_i c^2 + M_i g z + \mu_i \right] dn_i \, . \qquad (1\text{-}10)$$

Bei K unabhängig veränderlichen Stoffmengen gibt es K unabhängige Gesamtpotenziale gemäß (1-13). Entsprechend den bisherigen Betrachtungen können alle Energieformen einer Phase in der Gestalt $\zeta_j \, dX_j$ geschrieben werden. Dabei repräsentiert die Größe X_j alle mengenartigen Zustandsgrößen, die Relationen wie (1-1) oder (1-11) erfüllen. Diese mengenartigen Größen heißen *extensive*, die konjugierten Größen ζ_j *intensive Variable*. Beispiele für extensive Zustandsgrößen sind die Stoffmenge n_i oder das Volumen V, intensive Zustandsgrößen sind z. B. das chemische Potenzial μ_i und der Druck p.

1.1.2 Zweiter Hauptsatz der Thermodynamik

Neben der vorgehend eingeführten Zustandsgröße Energie basiert die thermodynamische Analyse auf einer zweiten zentralen, der unmittelbaren Anschauung verborgenen und nicht messbaren Zustandsgröße, der Entropie S.

Der *zweite Hauptsatz* postuliert für die Eigenschaften der Entropie:

1. Jedes System besitzt die Zustandsgröße Entropie. Die Entropie eines aus den Teilen $\alpha, \beta, \ldots, \omega$ mit den Entropien $S^{\alpha}, S^{\beta}, \ldots, S^{\omega}$ zusammengesetzten Systems ist

$$S = S^{\alpha} + S^{\beta} + \ldots + S^{\omega} \, . \qquad (1\text{-}11)$$

2. Die Entropie eines Systems ist eine monoton wachsende, differenzierbare Funktion der inneren Energie. Für eine Phase α mit konstantem Volumen und Stoffmengen gilt

$$\left(\frac{\partial S^\alpha}{\partial U^\alpha}\right)_{V,n} = 1/T^\alpha > 0 . \qquad (1\text{-}12)$$

Dabei ist T^α die mit dem Gasthermometer messbare thermodynamische Temperatur der Phase, vgl. 1.4. Die Entropie hat somit die Dimension einer auf die Temperatur bezogenen Energie.
3. Entropie kann nicht vernichtet werden, aber es wird bei allen ablaufenden Vorgängen Entropie erzeugt. Gleichgewichtszustände geschlossener Systeme sind bei einem festen Wert der Energie durch ein Maximum der Entropie gekennzeichnet. Dies ist gleichbedeutend mit einem Minimum der Energie bei einem festen Wert der Entropie [1]. Als Nebenbedingung sind dabei alle Arbeitskoordinaten, d. h. alle zur Abgabe von Arbeit geeigneten Variablen des Gesamtsystems, konstant zu halten.

Ein weiteres, oft als *dritter Hauptsatz* bezeichnetes Postulat lautet:

4. Die Entropie einer aus einem Reinstoff bestehenden Phase verschwindet in allen Gleichgewichtszuständen im Grenzfall $T \to 0$.

Die Entropie eines Systems kann durch Übergang von Wärme über die Systemgrenze, durch Übergang von Materie über die Systemgrenze sowie durch Erzeugung von Entropie im Inneren des Systems verändert werden. Die mit der Wärme über die Systemgrenze transportierte Entropie ist $\mathrm{d}S_Q = \mathrm{d}Q/T$. T ist die immer positive thermodynamische Temperatur des Systems an der Stelle, wo die Wärme die Systemgrenze überquert. Die mit der Materie zu- oder abfließende Entropie $\dot{S}$ ist eine Zustandsgröße, die anhand einer Zustandsgleichung für die Entropie z. B. in Abhängigkeit der Temperatur, des Druckes und der Zusammensetzung der Materie berechnet werden kann, vgl. Abschnitt 2. Die im Inneren des Systems erzeugte Entropie wird im Folgenden mit S_{irr} bezeichnet, diese Größe ist niemals negativ. Mit dem hier formulierten zweiten Hauptsatz der Thermodynamik lässt sich für jedes System eine Entropiebilanzgleichung aufstellen, vgl. Abschnitt 1.5.3.

1.2 Fundamentalgleichungen

Die Summe der unabhängigen Energieformen einer einfachen Phase ist das totale Differenzial ihrer Energie

$$\mathrm{d}E = c\,\mathrm{d}\boldsymbol{I} + mg\,\mathrm{d}z + T\mathrm{d}S - p\,\mathrm{d}V + \sum_{i=1}^{K}\left(-\frac{1}{2}M_i c^2 + M_i g z + \mu_i\right)\mathrm{d}n_i . \qquad (1\text{-}13)$$

Jeder Energieform entspricht eine unabhängige Variable in dieser Gibbs'schen Fundamentalform der Energie, der alle Prozesse genügen, die eine Phase überhaupt ausführen kann.

1.2.1 Innere Energie

Substrahiert man von (1-13) die Differenziale der kinetischen und potenziellen Energie $\mathrm{d}E_\mathrm{k} = c\mathrm{d}\boldsymbol{I} - (1/2)c^2\,\mathrm{d}m$ und $\mathrm{d}E_\mathrm{p} = mg\,\mathrm{d}z + gz\,\mathrm{d}m$, so erhält man mit (1-2) die Gibbs'sche Fundamentalform der inneren Energie

$$\mathrm{d}U = T\,\mathrm{d}S - p\,\mathrm{d}V + \sum_{i=1}^{K}\mu_i\,\mathrm{d}n_i . \qquad (1\text{-}14)$$

Die Zerlegung der Energie nach (1-2) trennt eine Phase somit formal in zwei unabhängige Teilsysteme, von denen das äußere bei konstanter Masse von den Variablen $\boldsymbol{I}$ und z, das innere, für die Thermodynamik besonders interessante, von den Variablen S, V und n_i abhängt. Das Verhalten einer Phase bei inneren Zustandsänderungen, also z. B. bei einem ruhenden System, wird durch die Funktion

$$U = U(S, V, n_i) , \qquad (1\text{-}15)$$

der *Fundamentalgleichung für die innere Energie*, vollständig beschrieben. Alle thermodynamischen Eigenschaften lassen sich auf diese Funktion und ihre Ableitungen zurückführen. Aus (1-14) und (1-15) folgen durch Differenzieren zunächst die Zustandsgleichungen

$$(\partial U/\partial S)_{V,n_i} = T(S,\ V,\ n_i) , \quad (1 \leqq i \leqq K) , \qquad (1\text{-}16)$$

$$(\partial U/\partial V)_{S,n_i} = -p(S,\ V,\ n_i) , \quad (1 \leqq i \leqq K) , \qquad (1\text{-}17)$$

$$(\partial U/\partial n_i)_{S,V,n_{j\neq i}} = \mu_i(S,\ V,\ n_j) , \quad (1 \leqq j \leqq K) . \qquad (1\text{-}18)$$

Die explizite Form dieser Gleichungen ist stoffabhängig. Eliminiert man z. B. aus (1-16) und (1-17) die Entropie, erhält man die thermische Zustandsgleichung einer Phase,

$$p = p(T, V, n_i)\,, \tag{1-19}$$

die ebenso der Messung zugänglich ist wie – vgl. 1.5.2 – die Wärmekapazität bei konstantem Volumen

$$C_V \equiv (\partial U/\partial T)_{V,n_i} = T(\partial S/\partial T)_{V,n_i}\,. \tag{1-20}$$

Nach (1-16) bis (1-18) hängen die intensiven Zustandsgrößen des inneren Teilsystems nicht allein von den konjugierten extensiven Variablen ab. Die Integrale über die Energieformen bei einer Zustandsänderung von 1 nach 2 sind daher keine Zustandsgrößen, sondern wegabhängige Prozessgrößen, d. h. das innere Teilsystem speichert seine Energie nicht in den Energieformen Wärme oder Arbeit, sondern allein als innere Energie.

Denkt man sich eine Phase aus λ gleichen Teilen zusammengesetzt, dann sind die mengenartigen extensiven Zustandsgrößen das λ-fache der Zustandsgrößen der Teile. Die Fundamentalgleichung (1-15) ist daher wie jede Beziehung zwischen mengenartigen Variablen eine homogene Funktion erster Ordnung

$$U(\lambda S, \lambda V, \lambda n_i) = \lambda U(S, V, n_i)\,. \tag{1-21}$$

Nach einem Satz von Euler [2] erfüllt eine in den Variablen $X_1, X_2, \ldots$ homogene Funktion der Ordnung k

$$y(x_1, x_2, \ldots, \lambda X_1, \lambda X_2, \ldots) = \lambda^k y(x_1, x_2, \ldots, X_1, X_2, \ldots) \tag{1-22}$$

die Identität

$$k y(x_1, x_2, \ldots, X_1, X_2, \ldots) = X_1 \frac{\partial y}{\partial X_1} + X_2 \frac{\partial y}{\partial X_2} + \ldots \tag{1-23}$$

Wendet man diese Beziehung auf (1-21) an, so folgt mit (1-16) bis (1-18) die *Euler'sche Gleichung*

$$U = TS - pV + \sum_{i=1}^{K} \mu_i n_i\,. \tag{1-24}$$

Die Kenntnis der Fundamentalgleichung (1-15) ist danach der Kenntnis von $K + 2$ Zustandsgleichungen (1-16) bis (1-18) äquivalent. Eine weitere Konsequenz der Homogenität der Fundamentalgleichung (1-15) ist die *Gleichung von Gibbs-Duhem*, die sich aus dem Differenzial von (1-24) in Verbindung mit (1-15) ergibt:

$$S\,\mathrm{d}T - V\,\mathrm{d}p + \sum_{i=1}^{K} n_i\,\mathrm{d}\mu_i = 0\,. \tag{1-25}$$

Sie besagt, dass sich nur $K+1$ intensive Variable einer Phase unabhängig voneinander verändern lassen.

1.2.2 Spezifische, molare und partielle molare Größen

Die intensiven Zustandsgrößen T, p und μ_i aus (1-16), (1-17), (1-18) hängen nicht von der Systemgröße ab und sind homogene Funktionen nullter Ordnung der extensiven Variablen. Dies gilt auch für die Massen- und Stoffmengenanteile der Substanzen:

$$\xi_i \equiv m_i/m \quad \text{mit } m = \sum_j m_j\,, \tag{1-26}$$

$$x_i \equiv n_i/n \quad \text{mit } n = \sum_j n_j\,, \tag{1-27}$$

die nach

$$\xi_i = x_i \boldsymbol{M}_i \Big/ \sum_j x_j \boldsymbol{M}_j \tag{1-28}$$

und

$$x_i = (\xi_i/\boldsymbol{M}_i) \Big/ \sum_j (\xi_j/\boldsymbol{M}_j) \tag{1-29}$$

ineinander umzurechnen sind. Es gelten die Summationsbedingungen

$$\sum_{i=1}^{K} \xi_i = 1 \quad \text{und} \quad \sum_{i=1}^{K} x_i = 1\,.$$

Unabhängig von der Systemgröße sind auch die durch die folgenden Gleichungen definierten spezifischen, molaren und partiellen molaren Zustandsgrößen, die sich – ohne Massen und Stoffmengen – aus jeder mengenartigen extensiven Zustandsgröße Z bilden lassen:

$$z \equiv Z/m\,, \tag{1-30}$$

$$Z_\mathrm{m} \equiv Z/n\,, \tag{1-31}$$

$$Z_i \equiv (\partial Z/\partial n_i)_{T,p,n_{j \neq i}}\,. \tag{1-32}$$

Sie können daher in erweitertem Sinn als intensive Zustandsgrößen angesehen werden. Nach dem Euler'schen Satz (1-24) gilt für die partiellen molaren Größen

$$Z(T,\, p,\, n_i) = \sum_i n_i Z_i\,, \tag{1-33}$$

woraus sich durch Differenzieren der linken und rechten Seite

$$\sum_i n_i\, \mathrm{d}Z_i = 0 \text{ für } T,\ p = \text{const} \tag{1-34}$$

herleiten lässt. Zwischen den molaren und den partiellen molaren Zustandsgrößen besteht der Zusammenhang [3]

$$Z_K = Z_\mathrm{m} - \sum_{i=1}^{K-1} x_i \partial Z_\mathrm{m}(T,\, p,\, x_1,\, x_2,\, \ldots,\, x_{K-1})/\partial x_i\,. \tag{1-35}$$

Die Zahl der unabhängigen Variablen ist in homogenen Funktionen nullter Ordnung der extensiven Zustandsgrößen auf $K + 1$ reduziert. Für die Funktion $Z_\mathrm{m} = Z_\mathrm{m}(T,\, p,\, n_i)$ z. B. folgt mit $\lambda = 1/n$ aus (1-22)

$$Z_\mathrm{m} = Z_\mathrm{m}(T,\, p,\, n_i/n)\,, \tag{1-36}$$

d. h., an die Stelle von K Stoffmengen treten wegen $x_k = 1 - \sum_{i=1}^{K-1} x_i$ $K - 1$ unabhängige Stoffmengenanteile. Die Verminderung der Zahl der unabhängigen Variablen der intensiven Zustandsgrößen auf $K + 1$ spiegelt sich auch in der Gibbs'schen Fundamentalform für die spezifische innere Energie wider:

$$\mathrm{d}u = T\mathrm{d}s - p\,\mathrm{d}v + \sum_{i=1}^{K-1}\left(\frac{\mu_i}{M_i} - \frac{\mu_K}{M_K}\right)\mathrm{d}\bar{\xi}_i\,, \tag{1-37}$$

die aus (1-11), (1-15), (1-25) und (1-31) abzuleiten ist. Für Systeme konstanter Zusammensetzung entfällt der letzte Term.

1.2.3 Legendre-Transformierte der inneren Energie

In der Praxis ist es häufig einfacher, anstelle von (1-15) mit den Veränderlichen S und V eine auf die gut messbaren Variablen Druck und Temperatur transformierte Fundamentalgleichung zu benutzen. Die Transformation, welche in der Funktion (1-15) $U = U(X_1, \ldots, X_{K+2})$ die extensive Größe X_j durch die konjugierte intensive Zustandsgröße $\zeta_j = \partial U/\partial X_j$ ersetzt, ist nach der Regel

$$U^{[j]} = U - X_j(\partial U/\partial X_j)_{X_{k\neq j}} \tag{1-38}$$

auszuführen und heißt Legendre-Transformation [4]. Eliminiert man in (1-38) die Größen U und X_j mithilfe von (1-15) und einer Zustandsgleichung (1-16), (1-17) bzw. (1-18), so erhält man die Legendre-Transformierte von U bezüglich der Variablen X_j in der gewünschten Form

$$U^{[j]} = U^{[j]}(X_{1,\ldots},\, X_{j-1},\, \zeta_j,\, X_{j+1,\ldots})\,. \tag{1-39}$$

Diese Funktion ist deshalb ebenfalls eine Fundamentalgleichung, weil sich die Ausgangsgleichung (1-15), welche die gesamte thermodynamische Information über eine Phase enthält, aus ihr rekonstruieren lässt. Hierzu ist die Legendre-Transformation nur erneut auf die Funktion $U^{[j]}$ bezüglich der Variablen ζ_j unter Beachtung der aus (1-38) folgenden Beziehung

$$\partial U^{[j]}/\partial \zeta_j = -X_j \tag{1-40}$$

anzuwenden. Keine Fundamentalgleichungen entstehen dagegen, wenn in (1-15) eine extensive Variable mithilfe einer Zustandsgleichung (1-16), (1-17), (1-18) durch die konjugierte intensive Zustandsgröße ersetzt wird. Die resultierenden Zustandsgleichungen sind Differenzialgleichungen für die Funktion (1-15), aus denen diese nicht vollständig wiederzugewinnen ist [4].

Diese Transformation wird nun auf die innere Energie U angewendet, um eine gleichwertige Funktion mit anderen unabhängigen Variablen zu erhalten. Wird die innere Energie (1-15) getrennt oder gleichzeitig einer Legendre-Transformation in Bezug auf das Volumen und die Entropie unterworfen, gelangt man zu den Fundamentalgleichungen für die Enthalpie $H = H(S,\, p,\, n_i)$, die freie Energie $F = F(T,\, V,\, n_i)$ und die freie Enthalpie $G = G(T,\, p,\, n_i)$. Wegen (1-16), (1-17), (1-24) und (1-38) gilt für diese extensiven, energieartigen Größen

$$H \equiv U + pV = TS + \sum_i \mu_i n_i\,, \tag{1-41}$$

$$F \equiv U - TS = -pV + \sum_i \mu_i n_i\,, \tag{1-42}$$

$$G \equiv U + pV - TS = \sum_i \mu_i n_i\,. \tag{1-43}$$

Bildet man die totalen Differenziale, so folgen mit (1-15) die Gibbs'schen Fundamentalformen für die Enthalpie, die freie Energie und die freie Enthalpie:

$$dH = T\,dS + V\,dp + \sum_i \mu_i\,dn_i\,, \tag{1-44}$$

$$dF = -S\,dT - p\,dV + \sum_i \mu_i dn_i\,, \tag{1-45}$$

$$dG = -S\,dT + V\,dp + \sum_i \mu_i dn_i\,. \tag{1-46}$$

Für die spezifischen Größen gelten zu (1-38) analoge Formulierungen. Nach (1-44), (1-45), (1-46) haben die partiellen Ableitungen der Fundamentalgleichungen nach „ihren" Variablen eine konkrete physikalische Bedeutung. Insbesondere sind die partiellen molaren freien Enthalpien G_i, vgl. (1-33), gleich den chemischen Potenzialen $\mu_i = \mu_i(T, p, x_i)$, welche nach (1-46) die Fundamentalgleichung $G = G(T, p, n_i)$ vollständig bestimmen.

Die Ableitung

$$C_p \equiv (\partial H/\partial T)_{p,n_i} = T(\partial S/\partial T)_{p,n_i} \tag{1-47}$$

heißt analog zu (1-20) Wärmekapazität bei konstantem Druck und ist wie C_V (vgl. 1.5.2) eine messbare Größe.

Die Zustandsgrößen, die in den Fundamentalformen (1-15), (1-44), (1-45) und (1-46) als Koeffizienten der Differenziale der unabhängigen Variablen auftreten, sind durch die Bedingung verknüpft, dass die gemischten partiellen Ableitungen zweiter Ordnung von Funktionen mehrerer Veränderlicher nicht von der Reihenfolge der Differentiation abhängen [5]. Die wichtigsten Zusammenhänge dieser Art, die als Maxwell-Beziehungen bekannt sind, können aus (1-45) und (1-46) abgelesen werden:

$$(\partial S/\partial V)_{T,n_i} = (\partial p/\partial T)_{V,n_i}\,, \tag{1-48}$$

$$(\partial S/\partial p)_{T,n_i} = -(\partial V/\partial T)_{p,n_i}\,, \tag{1-49}$$

$$V_i = (\partial \mu_i/\partial p)_{T,x_j}\,, \tag{1-50}$$

$$S_i = -(\partial \mu_i/\partial T)_{p,x_j}\,. \tag{1-51}$$

Hierin bedeuten V_i und S_i das partielle molare Volumen und die partielle molare Entropie der Substanz i, vgl. (1-33). Aus $G = H - TS$ nach (1-41) und (1-43) folgt mit H_i als der partiellen molaren Enthalpie des Stoffes i

$$\mu_i = H_i - TS_i\,, \tag{1-52}$$

was in Verbindung mit (1-51) auf

$$H_i/T^2 = -(\partial(\mu_i/T)/\partial T)_{p,x_j}\,. \tag{1-53}$$

führt.

Obwohl Fundamentalgleichungen selten explizit bekannt sind, vgl. Kapitel 2, schafft ihre bloße Existenz ein Ordnungsschema, das Sätze experimentell bestimmbarer, unabhängiger Stoffeigenschaften aufzufinden gestattet, auf die sich alle weiteren thermodynamischen Größen zurückführen lassen. Für ein System konstanter Zusammensetzung können hierfür die zweiten Ableitungen der spezifischen freien Enthalpie $\partial^2 g/\partial T^2 = -c_p/T$, $\partial^2 g/\partial p\partial T = (\partial v/\partial T)_p$ und $\partial^2 g/\partial p^2 = (\partial v/\partial p)_T$, d. h. die isobare spezifische Wärmekapazität c_p und die thermische Zustandsgleichung (1-19), benutzt werden. Die systematische Reduktion thermodynamischer Eigenschaften auf diese Größen ist in [6] gezeigt und ergibt für die isochore, d. h. bei konstantem Volumen zu nehmende spezifische Wärmekapazität

$$c_v = c_p + T(\partial v/\partial)_p^2/(\partial v/\partial p)_T\,. \tag{1-54}$$

Einige häufig gebrauchte Beziehungen sind in Tabelle 1-1 zusammengestellt.

Tabelle 1-1. Ableitungen thermodynamischer Funktionen bei konstanter Zusammensetzung, dargestellt durch spezifische Wärmen und die thermische Zustandsgleichung. Herleitung aus den Definitionen der spezifischen Wärmen c_v und c_p, den Gibbs'schen Fundamentalformen für u und h und den Maxwell-Beziehungen für s

$(\partial u/\partial T)_v = c_v(T, v)$	$(\partial u/\partial v)_T = T(\partial p/\partial T)_v - p$
$(\partial h/\partial T)_p = c_p(T, p)$	$(\partial h/\partial p)_T = v - T(\partial v/\partial T)_p$
$(\partial s/\partial T)_v = c_v(T, v)/T$	$(\partial s/\partial v)_T = (\partial p/\partial T)_v$
$(\partial s/\partial T)_p = c_p(T, p)/T$	$(\partial s/\partial p)_T = -(\partial v/\partial T)_p$

1.3 Gleichgewichte

Nicht immer sind die intensiven Zustandsgrößen in Fluiden räumlich homogen, d. h. sie können nicht mehr als eine einheitliche Phase betrachtet werden.

Die Medien müssen dann im Sinne der Thermodynamik als aus mehreren, im einfachsten Fall aus zwei Phasen zusammengesetzte Systeme aufgefasst werden. Dieses gilt z. B. für eine siedende Flüssigkeit, wo die sich bildenden Dampfblasen als eine zweite Phase zu betrachten sind. Wenn es die inneren Beschränkungen erlauben, können die Phasen α und β über ihre gleichartigen extensiven Variablen X_j^α und X_j^β in Wechselwirkung treten, was in der Regel in Form eines Austauschprozesses

$$X_j^\alpha + X_j^\beta = \text{const}\,, \quad X_{k\neq j}^\alpha = \text{const}\,, \quad X_{k\neq j}^\beta = \text{const} \tag{1-55}$$

geschieht. Eine Phase gewinnt dann so viel an der Größe X_j, z. B. an Masse, wie die andere abgibt. Die Zustandsmannigfaltigkeit, die durch die Prozessbedingungen (1-55) gegeben ist, enthält als ausgezeichneten Punkt den Gleichgewichtszustand, auf den der Austausch zwischen den Phasen α und β hinführt. Die Beschreibung dieser Gleichgewichtszustände zwischen zwei oder mehreren Phasen ist eine zentrale Aufgabe der Technischen Thermodynamik, vgl. Kapitel 3.

1.3.1 Extremalbedingungen

Eine grundlegende Erkenntnis aus dem zweiten Hauptsatz ist, dass das Gleichgewicht hinsichtlich der möglichen Austauschprozesse in einem geschlossenen System durch ein Maximum der Entropie bei einem festen Wert der Energie bzw. durch ein Minimum der Energie bei einem festen Wert der Entropie des Systems gekennzeichnet ist. Dabei sind die Arbeitskoordinaten, insbesondere das Volumen des Systems, konstant zu halten. Die an die Energie gestellten Forderungen übertragen sich bei ruhenden, geschlossenen Systemen geringer Höhenausdehnung auf die innere Energie. Aus diesem Gleichgewichtskriterium lassen sich weitere Minimalprinzipen herleiten [7]:

Wird einem ruhenden, geschlossenen System von dem als Umgebung wirkenden Reservoir R der konstante Druck p^R aufgeprägt, hat seine Enthalpie bei einem vorgegebenen Wert der Entropie im Gleichgewicht ein Minimum.

Denn aus

$$U + U^\mathrm{R} = \text{Min}$$

unter den Nebenbedingungen des freien Volumenaustausches

$$V + V^\mathrm{R} = \text{const} \quad \text{bei} \quad p^\mathrm{R} = \text{const}$$
$$\text{und} \quad n_i^\mathrm{R} = \text{const}$$

folgt wegen (1-15) mit V als unabhängiger Variablen

$$\mathrm{d}(U + U^\mathrm{R}) = \mathrm{d}U + p^\mathrm{R}\mathrm{d}V = \mathrm{d}(U + p^\mathrm{R}V) = \mathrm{d}H = 0$$

und

$$\mathrm{d}^2(U + U^\mathrm{R}) = \mathrm{d}^2U + \mathrm{d}^2(U + p^\mathrm{R}V) = \mathrm{d}^2H > 0\,.$$

Entsprechend besitzt ein ruhendes, geschlossenes System, das von der Umgebung auf der konstanten Temperatur T^R gehalten wird, im Gleichgewicht bei einem vorgegebenen Wert des Volumens ein Minimum seiner freien Energie.

Schließlich nimmt in einem ruhenden, geschlossenen System, dem von der Umgebung die festen Werte p^R und T^R von Druck und Temperatur vorgeschrieben werden, die freie Enthalpie im Gleichgewicht ein Minimum an.

Die genannten vier Funktionen $U = U(S, V, n_i)$, $H = H(S, p, n_i)$ sowie $F = F(T, V, n_j)$ und $G = G(T, p, n_i)$ heißen aufgrund der Minimalprinzipe thermodynamische Potenziale. Vorteilhaft anzuwenden ist das Extremalprinzip für die Funktion, mit deren Variablen die Prozessbedingungen für die Einstellung des Gleichgewichts formuliert sind. Unterschiedliche Prozessbedingungen führen auf unterschiedliche Gleichgewichtszustände. Mit den Werten der Variablen im Gleichgewicht sind aber alle Gleichgewichtskriterien gleichermaßen erfüllt. Es spielt keine Rolle, ob die Werte aufgezwungen oder frei eingestellt sind.

1.3.2 Notwendige Gleichgewichtsbedingungen

Aus den oben genannten Extremalprinzipien ergeben sich nach den Regeln der Differenzialrechnung die notwendigen Bedingungen für das gesuchte Gleichgewicht. Für ein ruhendes, geschlossenes Zweiphasensystem mit starren äußeren Wänden verlangt das Minimumprinzip für die Energie wegen (1-1) und (1-2)

$$dU = dU^\alpha + dU^\beta = 0\,. \qquad (1\text{-}56)$$

Ist die Phasengrenze zwischen den Phasen α und β verschieblich, wärme- und stoffdurchlässig und werden keine Substanzen durch chemische Reaktionen erzeugt oder verbraucht, lauten die Nebenbedingungen für das Minimum:

$$\left.\begin{aligned} S^\alpha + S^\beta &= \text{const}\,, \\ V^\alpha + V^\beta &= \text{const}\,, \end{aligned}\right\} \qquad (1\text{-}57)$$

$$n_i^\alpha + n_i^\beta = \text{const} \quad (1 \leqq i \leqq K)\,. \qquad (1\text{-}58)$$

Aus (1-15), (1-56), (1-57), (1-58) folgt

$$dU = (T^\alpha - T^\beta)dS^\alpha - (p^\alpha - p^\beta)dV^\alpha + \sum_{i=1}^{K}\left(\mu_i^\alpha - \mu_i^\beta\right)dn_i = 0\,, \qquad (1\text{-}59)$$

d. h., notwendig für das Phasengleichgewicht bei freiem Entropie-, Volumen- und Stoffaustausch ohne chemische Reaktionen sind das thermische, mechanische und stoffliche Gleichgewicht:

$$\left.\begin{aligned} T^\alpha &= T^\beta = T\,, \\ p^\alpha &= p^\beta = p\,, \end{aligned}\right\} \qquad (1\text{-}60)$$

$$\mu_i^\alpha = \mu_i^\beta = \mu_i \quad (1 \leqq i \leqq K)\,. \qquad (1\text{-}61)$$

Eine Modifizierung dieser Bedingungen ergibt sich für chemisch reaktionsfähige Systeme, die im Folgenden betrachtet werden. In den Phasen α und β können dann verschiedene Reaktionen r der Gestalt

$$\sum_{j=1}^{K} \nu_{jr} A_j = 0 \qquad (1\text{-}62)$$

mit ν_{jr} als den stöchiometrischen Zahlen der Substanzen A_j ablaufen. Vereinbarungsgemäß sind die ν_{jr} für die Reaktionsprodukte positiv und für die Ausgangsstoffe negativ. Für die Synthesereaktion $CO + 2H_2 \rightarrow CH_3OH$ z. B. ist $\nu_{CO} = -1$, $\nu_{H_2} = -2$ und $\nu_{CH_3OH} = 1$. Die ν_{jr} unterliegen der stöchiometrischen Bedingung, dass auf der linken und rechten Seite einer Reaktionsgleichung die Menge jedes Elements gleich groß sein muss. Bezeichnet man mit a_{ij} die Stoffmenge des Elementes i bezogen auf die Stoffmenge der Verbindung j und mit L die Anzahl der Elemente im System, so gilt

$$\sum_{j=1}^{K} a_{ij}\nu_{jr} = 0 \quad \text{mit} \quad 1 \leqq i \leqq L\,. \qquad (1\text{-}63)$$

Für NH_3 z. B. ist $a_{N,NH_3} = 1$ und $a_{H,NH_3} = 3$. Das homogene lineare Gleichungssystem (1-63) besitzt mit R als Rang der Matrix (a_{ij}) $K - R$ linear unabhängige Lösungen für die stöchiometrischen Koeffizienten ν_{ji} [8]. Häufig stimmt R mit der Zahl L der Elemente im System überein. In einer Phase gibt es somit nur $K - R$ unabhängige Reaktionen; alle anderen sind als Linearkombinationen der unabhängigen Reaktionen darstellbar.

Aufgrund des Stoffumsatzes wird in reagierenden Systemen die Austauschbedingung (1-59) ungültig. An ihre Stelle tritt die Forderung nach der Konstanz der Mengen n_i^0 der Elemente im System unabhängig von ihrer Verteilung auf die einzelnen Verbindungen, die mit den Mengen n_j^α und n_j^β im System enthalten sind:

$$\sum_{j=1}^{K} a_{ij} n_j^\alpha + \sum_{j=1}^{K} a_{ij} n_j^\beta = n_i^0 \quad 1 \leqq i \leqq L \qquad (1\text{-}64)$$

$$\text{mit } n_j^\alpha \geqq 0 \quad \text{und} \quad n_j^\beta \geqq 0 \quad 1 \leqq j \leqq K\,. \qquad (1\text{-}65)$$

Äquivalent hierzu sind Erhaltungssätze für die Mengen von R Basiskomponenten c, aus denen sich stöchiometrisch gesehen das reagierende Stoffgemisch herstellen lässt.

Die notwendigen Bedingungen für das Energieminimum der Phasen α und β unter den Beschränkungen (1-58) und (1-65) lassen sich vorteilhaft nach der Methode der Lagrangeschen Multiplikatoren [9] bestimmen. Das Ergebnis sind neben den Relationen (1-60) und (1-61) Gleichgewichtsbedingungen für die unabhängigen Reaktionen (1-62) einer Phase, z. B. α:

$$\sum_{j=1}^{K} \mu_j^\alpha \nu_{jr} = 0 \quad \text{für} \quad 1 \leqq r \leqq K - R\,. \qquad (1\text{-}66)$$

Mit (1-61) und (1-66) sind entsprechende Gleichgewichtsbedingungen für alle homogenen und heterogenen Reaktionen erfüllt, die zwischen Stoffen einer oder beider Phasen ablaufen können. Sind die im Gleichgewicht vorhandenen Phasen richtig angesetzt, trifft (1-66) von selbst zu. Wie sich mithilfe der Erhaltungssätze für die Basiskomponenten und der Gleichgewichtsbedingungen für die Bildung der Nichtbasis- aus Basiskomponenten zeigen lässt, reduziert sich für alle Zustände des chemischen Gleichgewichts die Gibbssche Fundamentalform (1-15) einer Phase auf

$$dU^\alpha = T^\alpha dS^\alpha - p^\alpha dV^\alpha + \sum_{c=1}^{R} \mu_c^\alpha dn_c^{0\alpha} . \quad (1\text{-}67)$$

Unabhängige Stoffmengen sind dann nur die rechnerisch-stöchiometrisch vorhandenen Mengen $n_c^{0\alpha}$ der Basiskomponenten. Die einzelnen im Gleichgewicht vorhandenen Teilchenarten brauchen nicht bekannt zu sein. Für das Phasengleichgewicht gilt die Austauschbedingung (1-59). Teilchenarten und Basiskomponenten werden häufig gemeinsam als Komponenten bezeichnet. Die in diesem Abschnitt dargestellten Gleichgewichtsbedingungen ermöglichen die Berechnung z. B. von Phasengleichgewichten oder von Reaktionsgleichgewichten, wie sie im Kapitel 3 vorgestellt werden.

1.3.3 Stabilitätsbedingungen und Phasenzerfall

In einem Zustand, in dem die notwendigen Gleichgewichtsbedingungen (1-60) und (1-61) erfüllt sind, hat die innere Energie eines aus den Phasen α und β zusammengesetzten Systems ein Minimum, wenn die Funktion (1-15) für die innere Energie jeder Phase in der Umgebung dieses Zustands konvex ist [10]. Eine notwendige Bedingung hierfür ist

$$d^2U = (1/2) \sum_{i,j}^{N} (\partial^2 U / \partial X_i \partial X_j) dX_i dX_j \geqq 0 , \quad (1\text{-}68)$$

wobei für die X_i die N extensiven Variablen S, V und n_i der Phasen einzusetzen sind. Die quadratische Form (1-68) ist positiv semidefinit, wenn für die innere Energie und ihre Legendre-Transformierten

$$\frac{\partial^2 U}{\partial X_1^2} \geqq 0 , \quad \frac{\partial^2 U^{[1]}}{\partial X_2^2} \geqq 0, \ldots , \frac{\partial^2 U^{[1,\ldots,N-2]}}{\partial X_{N-1}^2} \geqq 0 \quad (1\text{-}69)$$

gilt [11]. Die Indizierung der Variablen ist dabei beliebig. Für ein Zweikomponentensystem mit der Variablenfolge (S, V, n_1, n_2) erhält man daraus

$$\left(\frac{\partial^2 U}{\partial S^2}\right)_{V,n_1,n_2} \geqq 0 ; \quad \left(\frac{\partial^2 F}{\partial V^2}\right)_{T,n_1,n_2} \geqq 0 ;$$
$$\left(\frac{\partial^2 G}{\partial n_1^2}\right)_{p,T,n_2} \geqq 0 . \quad (1\text{-}70)$$

Dies geht mit (1-20), (1-45) und (1-46) in

$$C_v \geqq 0 ; \quad (\partial p / \partial v)_T \leqq 0 ; \quad (\partial \mu_i / \partial x_i)_{T,p} \leqq 0 \quad (1\text{-}71)$$

über, was weitere Relationen, z. B. $c_p \geqq c_v$ nach (1-55) einschließt.

Die Bedingungen (1-69) und (1-70) heißen Stabilitätsbedingungen. Denn kehrt eine der Ableitungen in (1-69) das Vorzeichen um, ändert ein zusammengesetztes System trotz Gültigkeit der Gleichgewichtsbedingungen (1-60) und (1-61) spontan seinen Zustand. Dies soll am Beispiel eines Einstoffsystems aus zwei identischen Phasen mit $(\partial p / \partial v)_T > 0$ an Bild 1-2 erläutert werden. Der Zustandspunkt beider Phasen soll anfänglich bei A_0 zwischen den Wendepunkten W_1 und W_2 der mit $T < T_k$ bezeichneten Isotherme im f, v-Diagramm liegen. Dem Minimumprinzip für die freie Energie folgend verlässt das System jedoch diesen Zustand und bildet bei konstantem Volumen zwei neue Phasen, deren Zustandspunkte A^α und A^β die Berührungspunkte der Doppeltangente sind, die an die Isotherme gelegt werden kann. Dabei nimmt die spezifische freie Energie des Systems von f_{A_0} auf f_A ab, wie aus den Bedingungen

$$F = m^\alpha f^\alpha + m^\beta f^\beta ; \quad V = m^\alpha v^\alpha + m^\beta v^\beta ;$$
$$m = m^\alpha + m^\beta$$
$$f = F/m \quad \text{und} \quad v = V/m$$

herzuleiten ist. Die neuen Phasen sind im Gleichgewicht, denn neben $T^\alpha = T^\beta = T$ ist wegen $p = -(\partial f / \partial v)_T$ auch $p^\alpha = p^\beta = p_s$, und der geometrische Zusammenhang $f^\alpha - f^\beta = p_s(v^\beta - v^\alpha)$ sichert $\mu^\alpha = \mu^\beta$. Daraus folgt unmittelbar das Maxwell-Kriterium für das Phasengleichgewicht reiner Stoffe

$$p_s(v^\beta - v^\alpha) = \int_{v^\alpha}^{v^\beta} p(v, T) dv , \quad (1\text{-}72)$$

das die Gleichheit der schraffierten Flächen im p, v-Diagramm im unteren Teil von Bild 1-2 verlangt.

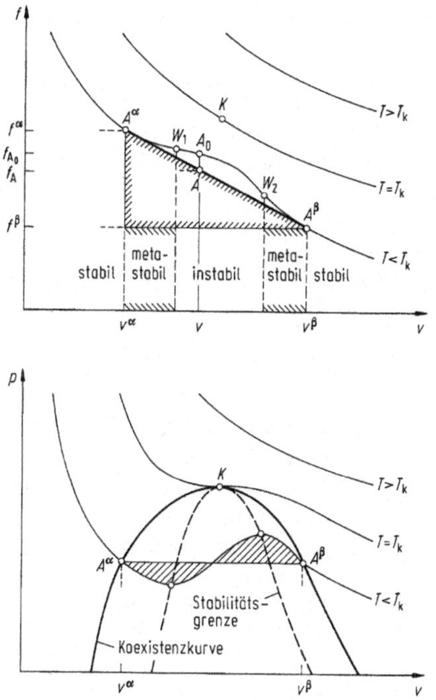

Bild 1-2. Phasenzerfall eines Einstoffsystems

Der instabile Zustandsbereich, in dem jede Schwankung des spezifischen Volumens in Teilen des Systems zur Abnahme der freien Energie und damit zum Phasenzerfall führt, ist durch die Wendepunkte der Isothermen mit $(\partial^2 f/\partial v^2)_T = 0$ begrenzt. Hierin spiegelt sich das allgemeine Gesetz wider, dass beim Instabilwerden eines Systems die letzte der Bedingungen (1-70) zuerst verletzt wird und das Verschwinden der entsprechenden Ableitung die Stabilitätsgrenze markiert. Diese Bedingung lässt sich auf andere thermodynamische Potenziale umrechnen. Für ein Mehrstoffsystem erhält man in der Formulierung mit der molaren freien Enthalpie als Stabilitätsgrenze [11]

$$D_1 \equiv \begin{vmatrix} \partial^2 G_\mathrm{m}/\partial x_1^2 & \ldots \; \partial^2 G_\mathrm{m}/\partial x_1 \partial x_{K-1} \\ \vdots & \vdots \\ \partial^2 G_\mathrm{m}/\partial x_{K-1}\partial x_1 & \ldots \; \partial^2 G_\mathrm{m}/\partial x_{K-1}^2 \end{vmatrix} = 0\,. \tag{1-73}$$

Bemerkenswert ist, dass in dem Gebiet zwischen der Stabilitätsgrenze und der Koexistenzkurve, die von den Punkten A^α und A^β gebildet wird, trotz $(\partial^2 f/\partial v^2)_T > 0$ bei hinreichend großen Störungen des inneren Gleichgewichts Phasenzerfall möglich ist. Die Existenz dieses metastabilen Gebietes zeigt, dass die lokale Konvexität nach (1-69) zur Kennzeichnung stabiler, auch bei großen Störungen unveränderlicher Zustände nicht ausreicht. Metastabile Zustände sind im Gegensatz zu instabilen experimentell realisierbar. Die Wendepunkte der Isothermen der f, v, T-Fläche fallen für die kritische Temperatur $T = T_\mathrm{k}$ im Punkt K, dem kritischen Punkt, zusammen und verschwinden für $T > T_\mathrm{k}$ ganz. In K ist $(\partial^2 f/\partial v^2)_T = 0$ und $(\partial^3 f/\partial v^3)_T = 0$, sodass die kritische Isotherme an dieser Stelle im p, v-Diagramm eine horizontale Wendetangente besitzt, vgl. Bild 1-2:

$$(\partial p/\partial v)_T = 0 \text{ und } (\partial^2 p/\partial v^2)_T = 0\,. \tag{1-74}$$

Diese berührt dort gleichzeitig die Stabilitätsgrenze und die Koexistenzkurve, die in K einen gemeinsamen Punkt haben. Im Gegensatz zu den anderen Punkten der Stabilitätsgrenze repräsentiert der kritische Punkt einen stabilen Zustand, in dem die koexistierenden Phasen identisch werden [11]. Kritische Zustände in Mehrstoffsystemen zeichnen sich durch dieselben Eigenschaften aus, sind aber eine höherdimensionale Zustandsmannigfaltigkeit. Diese ist in der Darstellung mit der molaren freien Enthalpie durch

$$D_1 = 0 \quad \text{und} \quad D_2 = 0 \tag{1-75}$$

gegeben, wobei D_1 nach (1-73) zu berechnen ist und

$$D_2 \equiv \begin{vmatrix} \partial^2 G_\mathrm{m}/\partial x_1^2 & \ldots \; \partial^2 G_\mathrm{m}/\partial x_1 \partial x_{K-1} \\ \vdots & \vdots \\ \partial^2 G_\mathrm{m}/\partial x_{K-2}\partial x_1 & \ldots \; \partial^2 G_\mathrm{m}/\partial x_{K-2}\partial x_{K-1} \\ \partial D_1/\partial x_1 & \ldots \; \partial D_1/\partial x_{K-1} \end{vmatrix} \tag{1-76}$$

bedeutet [11]. Statt (1-76) ist eine Formulierung mit der molaren freien Energie möglich, die mit (1-76) korrespondiert, aber weniger praktisch ist.

1.4 Messung der thermodynamischen Temperatur

Nach diesen grundlegenden Betrachtungen soll in diesem Abschnitt eine wichtige Anwendung der

Stabilitätsbeziehungen nach (1-60) in Bezug auf die thermodynamische Temperatur T erfolgen. Grundlegend für die Temperaturmessung ist, dass zwei Systeme im thermischen Gleichgewicht nach (1-60) dieselbe thermodynamische Temperatur haben. Bei der Messung wird ein System mit einem zweiten, als Thermometer dienenden System durch Energieaustausch über die Entropievariable ins thermische Gleichgewicht gebracht, wobei die Wärmekapazität des Thermometers so klein sein muss, dass der Meßprozeß den Zustand des Systems nicht merklich verändert.

Da die Relation, im thermischen Gleichgewicht zu sein, transitiv und symmetrisch ist, sind zwei Systeme A und B im thermischen Gleichgewicht, wenn zwischen ihnen und einem dritten, als Thermometer benutzten System thermisches Gleichgewicht vorhanden ist. Diese Tatsache wird manchmal als nullter Hauptsatz der Thermodynamik bezeichnet und erlaubt zusammen mit der Reflexivität des thermischen Gleichgewichts, Systeme in zueinander fremde Äquivalenzklassen gleicher und ungleicher thermodynamischer Temperatur einzuteilen. Jeder Klasse gleicher thermodynamischer Temperatur lässt sich eine willkürliche empirische Temperatur Θ zuordnen, die durch die Ablesevariable des Thermometers bestimmt ist. Hierzu eignet sich im Prinzip jede Größe wie die Länge eines Flüssigkeitsfadens oder der elektrische Widerstand eines Leiters [12], die umkehrbar eindeutig von der thermodynamischen Temperatur T abhängt.

Unter den empirischen Temperaturen nimmt die Temperatur Θ des Gasthermometers eine Sonderstellung ein. Hierbei handelt es sich um ein mit gasförmiger Materie kleiner Stoffmengenkonzentration $\bar{c} \equiv n/V$ gefülltes System konstanten Drucks oder konstanten Volumens, aus dessen Zustandsgrößen die Ablesevariable

$$\Theta = \Theta_{tr} \lim_{\bar{c}\to 0}(pV_m) / \lim_{\bar{c}\to 0}(pV_m)_{\Theta_{tr}} \qquad (1\text{-}77)$$

gebildet wird. Sie bezieht sich auf den Grenzzustand des idealen Gases und ist unabhängig von der Natur der Füllsubstanz. Die Nennergröße ist bei der Tripelpunkttemperatur Θ_{tr} des Wassers zu bestimmen, d. h. der einzigen Temperatur, bei der nach 3.1 Eis, flüssiges Wasser und Wasserdampf im Gleichgewicht nebeneinander bestehen können. Durch internationale Vereinbarung wurde dieser Temperatur der Wert

$$\Theta_{tr} = 273{,}16\,\text{K} \qquad (1\text{-}78)$$

zugewiesen, wobei das Einheitenzeichen K die Temperatureinheit Kelvin bedeutet. Im Rahmen der Messgenauigkeit findet man damit für den Eis und Siedepunkt des Wassers beim Normdruck $p_n = 101\,325\,\text{Pa}$ $\Theta_0 = 273{,}15\,\text{K}$ und $\Theta_1 = 373{,}15\,\text{K}$. Für die aus den Konstanten von (1-78) zusammengesetzte universelle Gaskonstante erhält man als derzeit besten Wert [13]

$$R_m \equiv (1/\Theta_{tr}) \lim_{\bar{c}\to 0}(pV_m)_{\Theta_{tr}}$$
$$= (8{,}314472 \pm 0{,}000015)\,\text{J}/(\text{mol}\cdot\text{K})\,. \qquad (1\text{-}79)$$

Der Zusammenhang zwischen der Temperatur Θ des Gasthermometers und der thermodynamischen Temperatur T lässt sich aus einem Ergebnis der statistischen Mechanik herleiten, wonach die molare innere Energie der Materie im idealen Gaszustand bei konstanter Zusammensetzung allein von der Temperatur, nicht aber vom Molvolumen abhängt:

$$(\partial U_m/\partial V_m)_{T,x_i} = (\partial U_m/\partial V_m)_{\Theta,x_i} = 0\,. \qquad (1\text{-}80)$$

Mit (1-15) und (1-48) folgt daraus

$$T(\partial p/\partial\Theta)_{V_m,x_i} \cdot (\mathrm{d}\Theta/\mathrm{d}T) - p = 0\,. \qquad (1\text{-}81)$$

Andererseits ist nach (1-77) und (1-79) für den Grenzzustand des idealen Gases $p = R_0\Theta/V_m$, sodass aus (1-81) die Differenzialgleichung $\mathrm{d}\Theta/\Theta = \mathrm{d}T/T$ mit der Lösung

$$T(\Theta) = (T_{tr}/\Theta_{tr})\Theta \qquad (1\text{-}82)$$

resultiert. Da die Entropie nach (1-22) gegenüber der Transformation $S' = S/\lambda$ und $T' = \lambda T$ invariant ist, darf hier T_{tr} gesetzt werden. Die thermodynamische Temperatur ist danach identisch mit der Temperatur des Gasthermometers und wird durch diese realisiert. Die thermodynamische Temperatur ist eine universelle intensive Zustandsgröße, die somit unabhängig von einer willkürlichen abzulesenden Variablen ist. Sie hat einen absoluten Nullpunkt und die Einheit Kelvin. Ein Kelvin ist über den Tripelpunkt des Wassers definiert.

Von der thermodynamischen Temperatur abgeleitet ist die Celsius-Temperatur

$$t \equiv T - 273{,}15\,\text{K}\,. \qquad (1\text{-}83)$$

Der Gradschritt auf der Celsiusskala ist das Kelvin, das in Verbindung mit Celsius-Temperaturen aber Grad Celsius (Einheitenzeichen °C) genannt wird, um auf den verschobenen Nullpunkt der Celsius-Temperatur hinzuweisen.
In angelsächsischen Ländern wird neben dem Kelvin die Temperatureinheit Rankine

$$1\,\mathrm{R} = (5/9)\,\mathrm{K} \qquad (1\text{-}84)$$

benutzt. Ferner ist dort die Fahrenheitsskala in Gebrauch

$$t_\mathrm{F} \equiv T - 459{,}67\,\mathrm{R}\,, \qquad (1\text{-}85)$$

deren Temperaturen in Analogie zur Celsius-Temperatur in Grad Fahrenheit (Einheitszeichen °F mit 1 °F = 1 R) angegeben werden. Der Eispunkt des Wassers liegt exakt bei 32 °F, sodass für die Umrechnung von Fahrenheit- in Celsius-Temperaturen die zugeschnittene Größengleichung

$$t/{}^\circ\mathrm{C} = (5/9)(t_\mathrm{F}/{}^\circ\mathrm{F} - 32) \qquad (1\text{-}86)$$

gilt.

1.5 Bilanzgleichungen der Thermodynamik

Für jede mengenartige Zustandsgröße X_j, die über die Grenzen eines Systems transportiert werden kann, lassen sich Bilanzen aufstellen. Sie beziehen sich auf das von der Systemgrenze eingeschlossene Kontrollgebiet, das frei nach Gesichtspunkten der Zweckmäßigkeit definierbar ist, und haben die Form

Geschwindigkeit der Änderung des Bestands der Größe X_j im System	=	Differenz der über die Systemgrenze zu- und abfließenden Ströme der Größe X_j	+	Differenz der Quell- und Senkenströme der Größe X_j im System .	(1-87)

oder

$$\mathrm{d}X_j/\mathrm{d}\tau = \left(\sum_\mathrm{ein} \dot{X}_{j,e} - \sum_\mathrm{aus} \dot{X}_{j,a}\right) + (\dot{X}_{j,\mathrm{Quell}} - \dot{X}_{j,\mathrm{Senk}})\,. \qquad (1\text{-}88)$$

Der Strom der Größe X_j ist dabei als

$$\dot{X}_j = \lim_{\Delta\tau\to 0} \Delta X_j/\Delta\tau \qquad (1\text{-}89)$$

erklärt, wobei ΔX_j die Menge der Größe X_j bedeutet, die im Zeitintervall $\Delta\tau$ die Systemgrenze überschreitet. Sind die Systeme stationär, d. h. hängen ihre Zustandsgrößen nicht von der Zeit ab, verschwindet die linke Seite von (1-88) und alle Ströme $\dot{X}_j$ sind zeitlich konstant. Die Systemgrenzen sind bei offenen Systemen oftmals fest im Raum stehende Flächen; sog. Kontrollräume. Bei geschlossenen Systemen entfällt der materiegebundene Transport von X_j über die Systemgrenze. Die Quell- und Senkenströme in (1-88) werden null, wenn für X_j ein Erhaltungssatz gilt. Nachfolgend werden einige in der Thermodynamik wichtige Bilanzgleichungen vorgestellt.

1.5.1 Stoffmengen- und Massenbilanzen

Mit X_j als der Menge n_i der Teilchenart i in der Phase α eines Mehrphasensystems folgt aus (1-88) für das Bilanzgebiet α [14], in welchem die Bilanzgrenze die Phasengrenze der Phase α sei:

$$\mathrm{d}n_i^\alpha/\mathrm{d}\tau = (\dot{n}_i^\alpha)_\mathrm{z} + (\dot{n}_i^\alpha)_\mathrm{t} + (\dot{n}_i^\alpha)_\mathrm{r}\,. \qquad (1\text{-}90)$$

Hierin bedeutet $(\dot{n}_i^\alpha)_z$ den Nettostrom des Stoffes i, welcher der Phase α extern aus der Umgebung des Mehrphasensystems zugeführt wird, und $(\dot{n}_i^\alpha)_\mathrm{t}$ den Nettostrom von i, der aus anderen Teilen des Mehrphasensystems intern in die Phase α transportiert wird. $(\dot{n}_i^\alpha)_\mathrm{r}$ ist die Differenz der Quell- und Senkenströme, die von Erzeugung und Verbrauch des Stoffes i bei chemischen Reaktionen in der Phase α herrühren.

Multipliziert man (1-90) mit der Molmasse M_i des Stoffes i und summiert über alle Stoffe und Phasen, erhält man die Massenbilanz des Gesamtsystems, das auch Maschinen und Anlagen umfassen kann. Die Bilanz lautet mit m als der Systemmasse sowie $\dot{m}_\mathrm{e}$ und $\dot{m}_\mathrm{a}$ als den an der Grenze des Mehrphasensystems zu der externen Umgebung ein- und ausfließenden Massenströmen

$$\mathrm{d}m/\mathrm{d}\tau = \sum_{\text{ein}} \dot{m}_\mathrm{e} - \sum_{\text{aus}} \dot{m}_\mathrm{a}\,. \qquad (1\text{-}92)$$

Denn die zwischen den Phasen übertragenen Stoffströme heben sich in der Summe heraus, und chemische Reaktionen verändern die Masse einer Phase nicht. Jeder Massenstrom in (1-92) lässt sich als Produkt der mittleren Strömungsgeschwindigkeit c, dem zu c senkrechten Strömungsquerschnitt A und der über A konstant vorausgesetzten Dichte $\varrho = 1/v$ an der Systemgrenze darstellen:

$$\dot{m} = \varrho c A\,. \qquad (1\text{-}93)$$

Der Quotient $\dot{V} = \dot{m}/\varrho = cA$ ist der zu $\dot{m}$ gehörende Volumenstrom. Die Integration von (1-92) über die Zeit ergibt

$$m_2 - m_1 = \sum_{\text{ein}} m_{\mathrm{e}12} - \sum_{\text{aus}} m_{\mathrm{a}12}\,. \qquad (1\text{-}94)$$

Dabei sind $m_2 - m_1$ die Massenänderung des Systems, $m_{\mathrm{e}12}$ und $m_{\mathrm{a}12}$ die ein- und ausströmenden Massen während der Zeit $\Delta\tau = \tau_2 - \tau_1$.

1.5.2 Energiebilanzen

Auch für die Energie lassen sich gemäß (1-88) Bilanzen aufstellen, die oft als erster Hauptsatz für die zugrundeliegenden Systeme bezeichnet werden und als Energiebilanzgleichungen einen zentralen Platz in der angewandten Thermodynamik einnehmen. Zunächst soll eine offene Phase α, die Teil eines Mehrphasensystems ist, als Bilanzgebiet gewählt werden. Die Änderungen der kinetischen und potenziellen Energie seien vernachlässigbar. Die Bilanzgrenze wird dann von Wärmeströmen, Leistungen angreifender Kräfte, elektrischer Leistung und von Strömen innerer Energie überschritten, die an übertragene Materie gekoppelt sind. Quell- und Senkenströme treten nach dem ersten Hauptsatz nicht auf, die Energie ist eine Erhaltungsgröße.

Die der Phase α zugeführten Wärmeströme werden analog zu den Komponentenmengenströmen in die Anteile $\dot{Q}^\alpha_\mathrm{z}$ aus der externen Umgebung und $\dot{Q}^\alpha_\mathrm{t}$ aus benachbarten Teilen des Mehrphasensystems aufgeteilt, vgl. Bild 1-3. Abgeführte Wärmeströme sind vereinbarungsgemäß negativ. Die Ströme der inneren

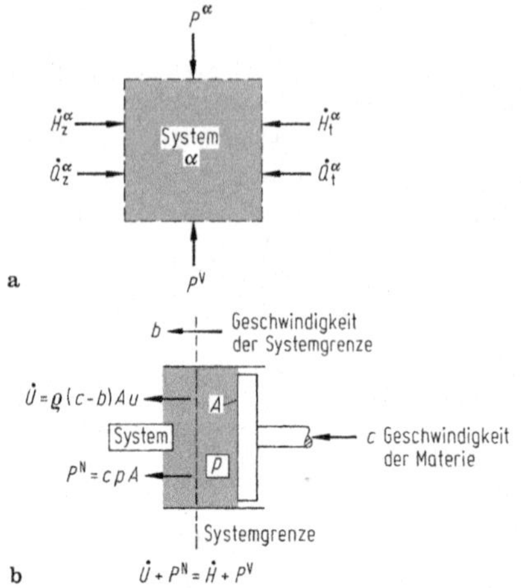

Bild 1-3. Zur Energiebilanz einer ruhenden, offenen Phase. **a** zufließende Energieströme; **b** Zusammenfassung des Stroms $\dot{U}$ der inneren Energie und der Leistung P^N der Normalkräfte zu dem Enthalpiestrom $\dot{\boldsymbol{H}} = \varrho(c-b)A(u+p/\varrho)$ und der Volumenänderungsleistung $P^\mathrm{v} = bpA$

Energie und die Leistung der Normalkräfte an der Bilanzgrenze lassen sich als Summe der Enthalpieströme $\dot{H}^\alpha_\mathrm{z}$ und $\dot{H}^\alpha_\mathrm{t}$, die aus der externen Umgebung und aus benachbarten Phasen stammen, und einer mit der Bewegung der Bilanzgrenzen verknüpften Leistung darstellen. Diese ist wegen der Vernachlässigung der kinetischen und potenziellen Energie als Volumenänderungsleistung $(P^\mathrm{v})^\alpha$ zu deuten. Die Wellenleistung ergibt zusammen mit der elektrischen Leistung P^α. Damit erhält man, vgl. [15], für die Änderung der Inneren Energie der bilanzierten Phase α

$$\mathrm{d}U^\alpha/\mathrm{d}\tau = \dot{Q}^\alpha_\mathrm{z} + \dot{Q}^\alpha_\mathrm{t} - p^\alpha \mathrm{d}V^\alpha/\mathrm{d}\tau + P^\alpha + \sum_{i=1}^{k} H^\alpha_i\left[(\dot{n}^\alpha_i)_\mathrm{z} + (\dot{n}^\alpha_i)_\mathrm{t}\right], \qquad (1\text{-}95)$$

wobei $(P^\mathrm{V})^\alpha$ nach (1-5) und $\dot{H}^\alpha$ nach (1-33) mit H^α_i als der partiellen molaren Enthalpie des Stoffes i in der Phase α berechnet ist. Unter denselben Voraussetzungen lässt sich für das aus mehreren Phasen α, β ... bestehende heterogene Gesamtsystem, das nur eine Grenze zu der externen Umgebung besitzt, folgende Energiebilanz aufstellen:

$$\sum_\alpha \mathrm{d}U^\alpha/\mathrm{d}\tau = \sum_\alpha \dot{Q}_z^\alpha - \sum_\alpha p^\alpha \mathrm{d}V^\alpha/\mathrm{d}\tau + \sum_\alpha P^\alpha + \sum_\alpha \sum_{i=1}^{K} H_i^\alpha (\dot{n}_i^\alpha)_z \,. \quad (1\text{-}96)$$

Der Vergleich von (1-95) und (1-96) liefert für ein aus den zwei Phasen α und β zusammengesetztes System wegen $(\dot{n}_i^\alpha)_t = -(\dot{n}_i^\beta)_t$

$$\dot{Q}_t^\alpha + \dot{Q}_t^\beta + \sum_{i=1}^{K} \left(H_i^\alpha - H_i^\beta\right)(\dot{n}_i^\alpha)_t = 0 \,. \quad (1\text{-}97)$$

Dieses Ergebnis, das unabhängig von den Vorgängen an der externen Systemgrenze ist, vereinfacht sich für geschlossene Phasen zu $\dot{Q}_t^\alpha = -\dot{Q}_t^\beta$. Letzteres bleibt auch in bewegten Systemen gültig.

Integriert man (1-96) für eine einzige, geschlossene Phase über die Zeit und lässt den Phasenindex α fort, so folgt

$$U_2 - U_1 = Q_{12} - \int_1^2 p\,\mathrm{d}V + W_{12} \,. \quad (1\text{-}98)$$

Dabei ist $U_2 - U_1$ die Änderung der inneren Energie zwischen dem Anfangszustand 1 und dem Endzustand 2 des Systems. Die Wärme Q_{12}, die Volumenänderungsarbeit $-\int_1^2 p\,\mathrm{d}V$ und die Arbeit W_{12} sind die bei der Realisierung der Zustandsänderung, d. h. dem Prozess 12, zugeführten Energien.

So lassen sich z. B. durch Messung der mit der Dissipation elektrischer Arbeit W_{12}^{el} in einem adiabaten Prozess verbundenen Temperaturerhöhung ΔT die isochore und isobare Wärmekapazität einer Phase mithilfe von (1-98) bestimmen, siehe Bild 1-4. Vernachlässigt man die Energieänderung des elektrischen Leiters, so gilt

$$C_V \equiv \lim_{\Delta T\to 0} (\Delta U/\Delta T)_{V,n_i} = \lim_{\Delta T\to 0} (W_{12}^{\mathrm{el}}/\Delta T)_{V,n_i} \,, \quad (1\text{-}99)$$

$$C_p \equiv \lim_{\Delta T\to 0} (\Delta H/\Delta T)_{p,n_i} = \lim_{\Delta T\to 0} (W_{12}^{\mathrm{el}}/\Delta T)_{p,n_i} \,. \quad (1\text{-}100)$$

Von besonderer technischer Bedeutung sind Energiebilanzen für Kontrollräume mit feststehenden

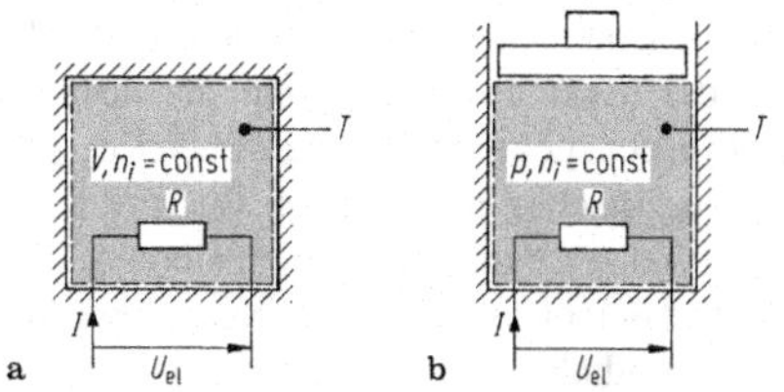

Bild 1-4. Messung der Wärmekapazität einer Phase. **a** Bei konstantem Volumen, **b** bei konstantem Druck

Grenzen, die Maschinen und Anlagen einschließen, vgl. Bild 1-5. In das System fließen der Nettowärmestrom $\dot{Q}$ sowie die mechanische und elektrische Nettoleistung P, die durch Wellen oder Kabel übertragen wird. Wellen- und elektrische Leistung können bei dem betrachteten Systemtyp auch abgegeben werden und sind dann negativ. Die Stoffströme transportieren wie bei der offenen Phase Enthalpie über die Systemgrenze. Im Allgemeinen muss in der Bilanz aber auch die mitgeführte kinetische und potenzielle Energie berücksichtigt werden. Die Leistung der Schubkräfte ist in den Ein- und Austrittsquerschnitten vernachlässigbar und an den festen Wänden null. Damit folgt aus (1-88)

$$\mathrm{d}E/\mathrm{d}\tau = \dot{Q} + P + \sum_{\mathrm{ein}} \dot{m}_\mathrm{e}\left(h_\mathrm{e} + c_\mathrm{e}^2/2 + g z_\mathrm{e}\right) - \sum_{\mathrm{aus}} \dot{m}_\mathrm{a}\left(h_\mathrm{a} + c_\mathrm{a}^2/2 + g z_\mathrm{a}\right) \,. \quad (1\text{-}101)$$

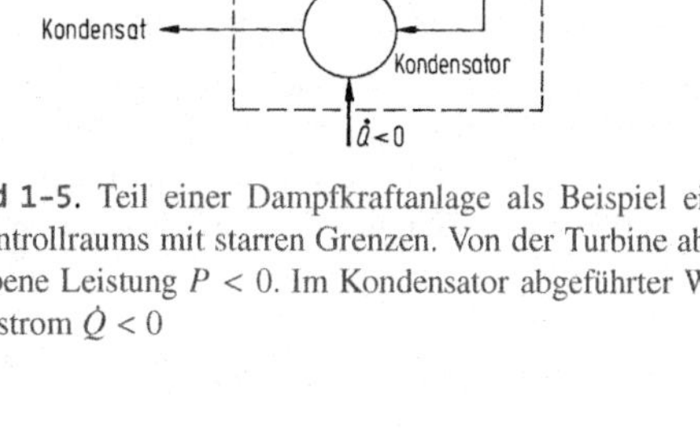

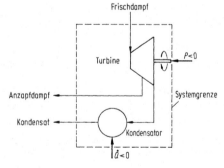

Bild 1-5. Teil einer Dampfkraftanlage als Beispiel eines Kontrollraums mit starren Grenzen. Von der Turbine abgegebene Leistung $P < 0$. Im Kondensator abgeführter Wärmestrom $\dot{Q} < 0$

Die materiegebundenen Energieströme sind dabei als Produkt der Massenströme $\dot{m}$ und der spezifischen Enthalpie h, der spezifischen kinetischen Energie $c^2/2$ und der spezifischen potenziellen Energie gz dargestellt. Die Indizes e und a beziehen sich auf die Ein- und Austrittsquerschnitte an der Systemgrenze. Die spezifische Enthalpie h kann anhand einer kalorischen Zustandsgleichung für die strömende Materie berechnet werden, vgl. 2.1.

Ein wichtiger Sonderfall, dem viele technische Anlagen genügen, ist das stationäre Fließsystem mit $\mathrm{d}m/\mathrm{d}\tau = 0$ und $\mathrm{d}E/\mathrm{d}\tau = 0$. Ist nur ein zu- und abfließender Massenstrom vorhanden, gilt nach (1-92) $\dot{m}_\mathrm{e} = \dot{m}_\mathrm{a} = \dot{m}$. In diesem Fall werden die Ein- und Austrittsquerschnitte durch die Indizes 1 und 2, bei einer Folge von durchströmten Kontrollräumen durch i und $i+1$ gekennzeichnet. Nach Division durch $\dot{m}$ vereinfacht sich (1-101) zu

$$q_{12} + w_{\mathrm{t}12} = h_2 - h_1 + (1/2)(c_2^2 - c_1^2) + g(z_2 - z_1) \qquad \text{(1-102)}$$

mit $q_{12} \equiv \dot{Q}/\dot{m}$ und $w_{\mathrm{t}12} \equiv P/\dot{m}$ als der spezifischen technischen Arbeit zwischen den Querschnitten 1 und 2.

Ein weiterer Sonderfall, der häufig beim Füllen von Behältern auftritt, sind zeitlich konstante Zustandsgrößen $h + c^2/2 + gz$ in den Ein- und Austrittsquerschnitten des Kontrollraums. Dann kann (1-101) in geschlossener Form über die Zeit integriert werden. Gibt es nur einen zu- und abfließenden Massenstrom und ist die Änderung der kinetischen und potenziellen Energie innerhalb des Kontrollraums vernachlässigbar, erhält man

$$U_2 - U_1 = Q_{12} + W_{\mathrm{t}12} + m_{\mathrm{e}12}(h_\mathrm{e} + c_\mathrm{e}^2/2 + gz_\mathrm{e}) - m_{\mathrm{a}12}(h_\mathrm{a} + c_\mathrm{a}^2/2 + gz_\mathrm{a}) \,. \qquad \text{(1-103)}$$

Besteht der Kontrollraum aus einer endlichen Zahl von Phasen, ist die innere Energie in den Anfangs- und Endzuständen 1 und 2 des Systems aus $U = \sum_\alpha U^\alpha$ zu berechnen. Q_{12} ist die Wärme und $W_{\mathrm{t}12}$ die Wellen- und elektrische Arbeit, die dem Kontrollraum während der Zeit $\Delta\tau$ zugeführt werden; $m_{\mathrm{e}12}$ und $m_{\mathrm{a}12}$ sind die während dieser Zeit ein- und ausfließenden Massen.

1.5.3 Entropiebilanzen. Bernoulli'sche Gleichung

Die zeitliche Änderung $\mathrm{d}S/\mathrm{d}\tau = \sum_\alpha \mathrm{d}S^\alpha/\mathrm{d}\tau$ der Entropie eines aus mehreren ruhenden, offenen Phasen zusammengesetzten Systems lässt sich durch Verknüpfung der Energiebilanz (1-95) mit der Gibbs'schen Fundamentalform (1-14) der einzelnen Phasen unter Berücksichtigung von (1-52) und (1-90) darstellen [16]. Das Ergebnis ist eine Entropiebilanzgleichung der Form (1-88)

$$\mathrm{d}S/\mathrm{d}\tau = \dot{S}_\mathrm{z} + \dot{S}_\mathrm{irr} \qquad \text{(1-104)}$$

$$\text{mit} \quad \dot{S}_\mathrm{z} = \sum_\alpha \dot{Q}_\mathrm{z}^\alpha / T^\alpha + \sum_\alpha \sum_{i=1}^{K} S_i^\alpha (\dot{n}_i^\alpha)_\mathrm{z} \qquad \text{(1-105)}$$

$$\text{und} \quad \dot{S}_\mathrm{irr} \geqq 0 \,. \qquad \text{(1-106)}$$

Der aus der Umgebung zufließende Nettoentropiestrom $\dot{S}_\mathrm{z}$ ist dadurch gekennzeichnet, dass beide Vorzeichen möglich sind. Er ist an Wärme- und Stoffströme gekoppelt, die sich als Träger von Entropieströmen erweisen. Mechanische oder elektrische Leistung führen dagegen keine Entropie mit sich, sie sind entropiefrei. Für geschlossene adiabate Systeme ist $\dot{S}_\mathrm{z} = 0$.

Der Strom $\dot{S}_\mathrm{irr}$ der erzeugten Entropie ist ein positives Quellglied. Bei unterbundenem Entropiefluss zur Umgebung $\dot{S}_\mathrm{z} = 0$ kann die Entropie eines Systems nicht abnehmen, weil nach dem zweiten Hauptsatz Entropievernichtung unmöglich ist. Ursachen der Entropieerzeugung sind die Dissipation mechanischer und elektrischer Leistung sowie der Wärme- und Stoffaustausch einschließlich chemischer Reaktionen im Inneren des Systems. Diese Beiträge verschwinden, wenn das System die Gleichgewichtsbedingungen von 1.3.2 erfüllt. Alle in der Natur ablaufenden Prozesse sind mit Erzeugung von Entropie verbunden und wegen der Unmöglichkeit der Entropievernichtung irreversibel. Die beteiligten Systeme können danach nicht wieder in ihren Ausgangszustand gelangen, ohne dass Änderungen in der Umgebung zurückbleiben. Reversible Prozesse, bei denen dies möglich wäre, sind als Grenzfall verschwindender Entropieerzeugung denkbar. Sie müssen dissipationsfrei ablaufen und die Systeme durch eine Folge von Gleichgewichtszuständen bezüglich der jeweils möglichen Austauschvorgänge führen.

Aus (1-106) lässt sich ableiten, dass natürliche, von selbst ablaufende Prozesse in abgeschlossenen Systemen auf den Zustand des thermischen, mechanischen und stofflichen Gleichgewichts hingerichtet sind. Für ein aus den starren Phasen α und β ohne Stoffaustausch und chemische Reaktionen zusammengesetztes, abgeschlossenes System folgt mit (1-97) zunächst

$$\dot{S}_{irr} = (T^\beta - T^\alpha)\dot{Q}_t^\alpha/(T^\alpha T^\beta) \geqq 0\,. \qquad (1\text{-}107)$$

Die Wärme fließt danach in Richtung fallender Temperatur, sodass der Temperaturunterschied zwischen den Phasen abgebaut wird. Gibt man für das isotherme System mit $T^\alpha = T^\beta = T$ die Bedingung starrer Phasen auf, erhält man mit (1-96)

$$\dot{S}_{irr} = (1/T)(p^\alpha - p^\beta)\mathrm{d}V^\alpha/\mathrm{d}\tau \geqq 0\,. \qquad (1\text{-}108)$$

Die Phase mit dem höheren Druck vergrößert ihr Volumen auf Kosten der anderen und führt so den Druckausgleich herbei. Erlaubt man im isothermen System gleichförmigen Drucks den Übergang einer einzigen Komponente i von einer Phase zur anderen, ergibt sich

$$\dot{S}_{irr} = (1/T)\left(\mu_i^\beta - \mu_i^\alpha\right)\left(\mathrm{d}\dot{n}_i^\alpha\right)_T \geqq 0\,. \qquad (1\text{-}109)$$

Die Komponente wandert in Richtung abnehmenden chemischen Potenzials μ_i und bewirkt den Ausgleich dieser Größe zwischen den Phasen. Das chemische Potenzial μ_i^α ist ein Maß für die Unbeliebtheit der Komponente i in der Phase α. Auf die Berechnung des chemischen Potenzials wird in Kap. 2 eingegangen. Bei nichtisothermem Stoffübergang mehrerer Komponenten gelten kompliziertere Bedingungen. Schließlich erhält man für den Ablauf chemischer Reaktionen in einer Phase α

$$\dot{S}_{irr} = -\sum_{i=1}^{K}(\mu_i^\alpha/T^\alpha)(\mathrm{d}\dot{n}_i^\alpha)_r \geqq 0\,. \qquad (1\text{-}110)$$

Integriert man (1-104) für eine einzige, geschlossene Phase über die Zeit und lässt die Indizes α und z fort, so folgt

$$S_2 - S_1 = \int_1^2 \mathrm{d}Q/T + (S_{irr})_{12} \quad \text{mit} \quad (S_{irr})_{12} \geqq 0\,, \qquad (1\text{-}111)$$

$$\text{bzw.} \int_1^2 T\,\mathrm{d}S = Q_{12} + \boldsymbol{\Psi}_{12}$$

$$\text{mit} \quad \boldsymbol{\Psi}_{12} \equiv \int_1^2 T\,\mathrm{d}S_{irr} \geqq 0\,. \qquad (1\text{-}112)$$

In diesen manchmal als zweiter Hauptsatz bezeichneten Gleichungen ist dQ die im Zeitintervall $d\tau$ vom System bei der Temperatur T aufgenommene Wärme. Sie addiert sich für den gesamten Prozess zwischen den Zuständen 1 und 2 zu Q_{12}. Die Größe (S_{irr}) ist die bei dem Prozess erzeugte Entropie und Ψ_{12} die Dissipationsenergie des Prozesses.
Ist die Zusammensetzung des Systems konstant, oder ist es stets im chemischen Gleichgewicht, gilt nach (1-14) bzw. (1-67)

$$\int_1^2 T\,\mathrm{d}S = U_2 - U_1 + \int_1^2 p\,\mathrm{d}V\,. \qquad (1\text{-}113)$$

Aus (1-112), (1-113) und der Energiebilanz (1-98) folgt dann

$$-\int_1^2 p\,\mathrm{d}V = W_{12} - \boldsymbol{\Psi}_{12}\,, \qquad (1\text{-}114)$$

wobei die Volumenänderungs- und die dissipierte Arbeit zur Gesamtarbeit W_{12} zusammengefaßt sind. Nach Übergang zu spezifischen Größen lassen sich (1-112) und (1-114) durch Flächen unter den Zustandslinien im T, s- und p, v-Diagramm veranschaulichen, vgl. Bild 1-6a und b. Dabei ist $q_{12} \equiv Q_{12}/m$, $\psi_{12} \equiv \boldsymbol{\Psi}_{12}/m$ und $w_{12} = W_{12}/m$ mit m als der Systemmasse gesetzt. Generell wird Entropie durch Wärme und Stoffströme über die Systemgrenze getragen, daher lassen sich auch für Kontrollräume, die nicht aus einer endlichen Zahl ruhender Phasen bestehen, Entropiebilanzen aufstellen. Auf die Aufschlüsselung des Stroms der erzeugten Entropie muss dabei jedoch verzichtet werden. Nach (1-88) gilt

$$\mathrm{d}S/\mathrm{d}\tau = \int_A (\dot{q}/T)\mathrm{d}A + \sum_{\text{ein}} \dot{m}_e s_e - \sum_{\text{aus}} \dot{m}_a s_a + \dot{S}_{irr}$$

$$\text{mit} \quad \dot{S}_{irr} \geqq 0\,. \qquad (1\text{-}115)$$

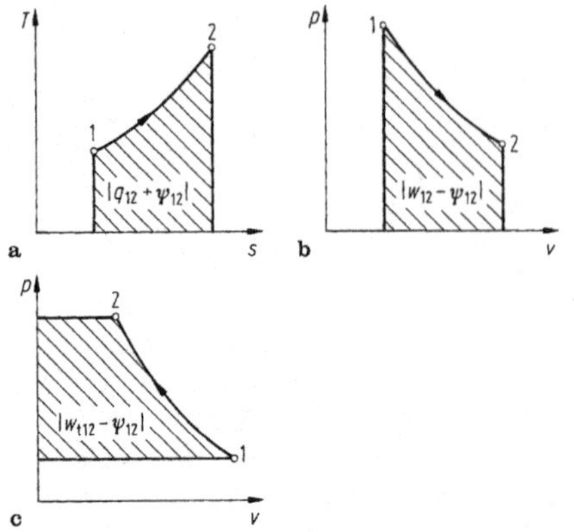

Bild 1-6. Bedeutung von Flächen in Zustandsdiagrammen. **a** T, s-Diagramm; **b** und **c** p, v-Diagramm

wobei $\dot{q} \equiv d\dot{Q}/dA$ die Wärmestromdichte auf einem Oberflächenelement dA des Kontrollraums bedeutet, an dem der Wärmestrom $d\dot{Q}$ bei der Temperatur T übertragen wird. Die materiegebundenen Entropieströme sind als Produkt von Massenströmen $\dot{m}$ und spezifischen Entropien s dargestellt.

Für stationäre Fließsysteme ist $dS/d\tau = 0$. Gibt es darüber hinaus nur einen zu- und abfließenden Massenstrom $\dot{m}$, vgl. (1-92), vereinfacht sich (1-115) zu

$$s_2 - s_1 = (1/\dot{m}) \int_A (\dot{q}/T) dA + (S_{irr})_{12}$$

$$\text{mit} \quad (s_{irr})_{12} \equiv \dot{S}_{irr}/\dot{m} \geqq 0\,. \tag{1-116}$$

Die Indizes 1 und 2 kennzeichnen wieder die Ein- und Austrittsquerschnitte des Kontrollraums. Ist dieser nach Bild 1-7 ein Kanal, und ist in eindimensionaler Betrachtungsweise die Zustandsänderung der Materie längs der Kanalachse bekannt, kann (1-116) in Analogie zu (1-112) in

$$\int_1^2 T ds = q_{12} + \psi_{12} \quad \text{mit} \quad \psi_{12} \equiv \int_1^2 T ds_{irr} \geqq 0 \tag{1-117}$$

umgeformt werden. Die Differenziale der spezifischen Entropie sind Inkremente auf der Kanalachse; $q_{12} \equiv \dot{Q}/\dot{m}$ ist der auf den Massenstrom bezogene Wärmestrom und ψ_{12} die spezifische Dissipationsenergie für den Kontrollraum. Das Ergebnis (1-117)

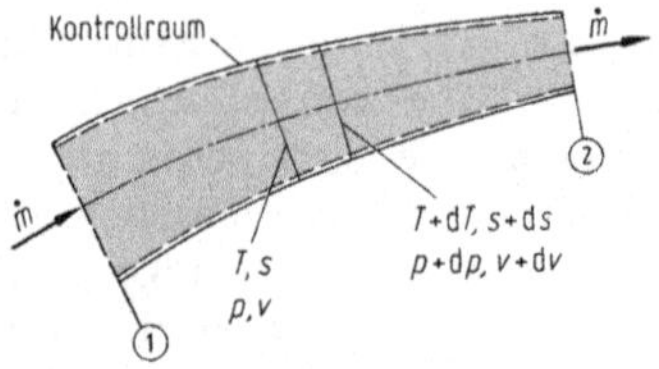

Bild 1-7. Stationäre Kanalströmung mit Zustandsänderung zwischen zwei benachbarten Querschnitten

lässt sich wieder im T, s-Diagramm, vgl. Bild 1-6a, veranschaulichen.

Ändert das strömende Medium seine Zusammensetzung im Kanal nicht, oder ist es im chemischen Gleichgewicht, folgt aus (1-44)

$$\int_1^2 T\, ds = h_2 - h_1 - \int_1^2 v\, dp\,. \tag{1-118}$$

Die Integrale sind dabei wieder für die Zustandsänderung längs des Kanals zu berechnen. Verknüpft man (1-117) und (1-118) mit der Energiebilanz (1-102), erhält man die Bernoulli'sche Gleichung

$$w_{t12} - \psi_{12} = \int_1^2 v\, dp + \frac{1}{2}\left(c_2^2 - c_1^2\right) + g(z_2 - z_1)$$

$$\text{mit} \quad \psi_{12} \geqq 0\,. \tag{1-119}$$

Diese Energiegleichung für eine stationäre Kanalströmung enthält mit Ausnahme von ψ_{12} keine kalorischen Größen. Zur Auswertung genügen aber im Gegensatz zu (1-102) die Zustandsgrößen an den Grenzen des Kontrollraums nicht.

Sind die Änderungen der kinetischen und potenziellen Energie vernachlässigbar, folgt aus (1-119)

$$\int_1^2 v\, dp = w_{t12} - \psi_{12}\,, \tag{1-120}$$

was nach Bild 1-6c im p, v-Diagramm darstellbar ist.

1.6 Energieumwandlung

Die wechselseitige Umwandelbarkeit von Energieformen wird durch ihre jeweils unterschiedliche Beladung mit Entropie bestimmt. Energieumwandlungen mit Entropievernichtung sind gemäß des zweiten Hauptsatzes unmöglich.

1.6.1 Beispiele stationärer Energiewandler. Kreisprozesse

Elektrische Maschinen wandeln nach Bild 1-8a mechanische und elektrische Leistung, P_{mech} und P_{el}, ineinander um. Sie geben dabei einen Abwärmestrom $\dot{Q}_0 \leq 0$ bei einer als einheitlich angenommenen Temperatur T_0 an die Umgebung ab. Aus den Energie- und Entropiebilanzen (1-101) und (1-115) für den stationären Betrieb dieser geschlossenen Systeme

$$P_{\mathrm{el}} + P_{\mathrm{mech}} + \dot{Q}_0 = 0 \quad \text{und} \quad \dot{Q}_0/T_0 + \dot{S}_{\mathrm{irr}} = 0$$

folgt, dass im reversiblen Grenzfall mit $\dot{S}_{\mathrm{irr}} = 0$ mechanische und elektrische Leistung vollständig ineinander überführbar sind. Entropieerzeugung z. B. durch mechanische Reibung oder durch Ohm'sche Widerstände schmälert die gewünschte Nutzleistung, der hierdurch bedingte Wärmestrom kann nur abgegeben werden, in der Regel an die Umgebung als Wärmesenke.

Wärmekraftmaschinen gewinnen nach Bild 1-8b mechanische oder elektrische Leistung $P < 0$ aus einem Wärmestrom $\dot{Q} > 0$. Sie sind nicht funktionsfähig, ohne einen Abwärmestrom $\dot{Q}_0 < 0$ auf Kosten der Nutzleistung an die Umgebung als Wärmesenke abzuführen. Wärmezu- und -abfuhr sollen bei jeweils einheitlichen thermodynamischen Temperaturen T und $T_0 < T$ erfolgen. Die Bilanzen (1-101) und (1-115) für den stationären Betrieb,

$$P + \dot{Q} + \dot{Q}_0 = 0$$
$$\text{und} \quad \dot{Q}/T + \dot{Q}_0/T_0 + \dot{S}_{\mathrm{irr}} = 0\,, \qquad (1\text{-}121)$$

liefern als thermischen Wirkungsgrad der Maschine

$$\eta_{\mathrm{th}} \equiv -P/\dot{Q} = \eta_{\mathrm{C}} - T_0\dot{S}_{\mathrm{irr}}/\dot{Q} \leqq \eta_{\mathrm{C}} \qquad (1\text{-}122)$$
$$\text{mit} \quad \eta_{\mathrm{C}} \equiv 1 - T_0/T\,. \qquad (1\text{-}123)$$

Der Maximalwert η_{C}, der von einer reversiblen Wärmekraftmaschine erreicht wird, heißt Carnot'scher Wirkungsgrad. Die Umgebung ist das Wärmereservoir mit der niedrigsten Temperatur, sodass T_0 nicht unter die Temperatur T_{u} der natürlichen Umgebung auf der Erde sinken kann. Die obere Prozesstemperatur T ist in der Regel durch die Temperatur der Wärmequelle und die Festigkeit von Bauteilen nach oben begrenzt, so gilt stets $\eta_{\mathrm{C}} < 1$. Ein Wärmestrom kann daher prinzipiell nicht vollständig in mechanische Leistung umgewandelt werden. Der umwandelbare Anteil steigt mit wachsender Temperatur T und wird bei $T = T_0$ zu Null.

Die abgegebene Leistung ist entropiefrei. Der Abwärmestrom

$$|\dot{Q}_0| = (1 - \eta_{\mathrm{C}})\dot{Q} + T_0\dot{S}_{\mathrm{irr}} \qquad (1\text{-}124)$$

führt den mit dem Wärmestrom $\dot{Q}$ eingebrachten sowie den zusätzlich erzeugten Entropiestrom aus der Maschine in die Umgebung ab. Der erste Summand ist nach dem zweiten Hauptsatz unumgänglich, der zweite bedeutet einen im Prinzip vermeidbaren Leistungsverlust.

Wärmepumpen, die zur Heizung dienen, nehmen nach Bild 1-8c einen Wärmestrom $\dot{Q}_0 > 0$ bei einer tiefen Temperatur, z. B. aus der natürlichen Umgebung, auf und wandeln ihn in einen Wärmestrom $\dot{Q} < 0$ um, der bei höherer Temperatur an den zu heizenden Raum abgegeben wird. Dazu benötigen sie eine mechanische oder elektrische Antriebsleistung $P > 0$. Die Temperaturen der Wärmezu- und -abfuhr

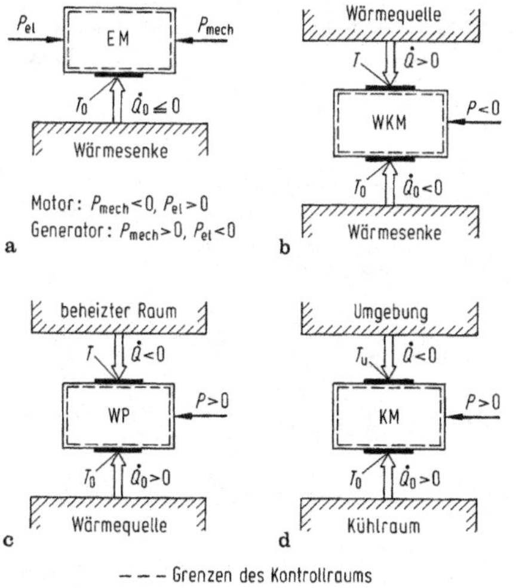

Bild 1-8. Energiewandler. **a** Elektrische Maschine EM; **b** Wärmekraftmaschine WKM; **c** Wärmepumpe WP; **d** Kältemaschine KM

sollen wieder einheitliche Werte T_0 und $T > T_0$ besitzen, und der Betrieb sei stationär. Die Energie- und Entropiebilanzen lauten dann wie (1-121) und ergeben für die Leistungszahl

$$\varepsilon \equiv -\dot{Q}/P = \varepsilon_{\text{rev}}(1 - T_0\dot{S}_{\text{irr}}/P) \leqq \varepsilon_{\text{rev}} \quad (1\text{-}125)$$

$$\text{mit} \quad \varepsilon_{\text{rev}} \equiv T/(T - T_0)\,. \quad (1\text{-}126)$$

Eine Sonderform der Wärmepumpe ist die Kältemaschine, siehe Bild 1-8d. Sie entzieht einem Kühlraum den Wärmestrom $\dot{Q}_0 > 0$ bei einer Temperatur T_0 unterhalb der Temperatur T_u der natürlichen Umgebung und führt den Wärmestrom $\dot{Q} > 0$ bei $T = T_u$ an diese Umgebung ab. Aus den Energie- und Entropiebilanzen (1-121) erhält man für die Leistungszahl der Kältemaschine

$$\varepsilon_K \equiv \dot{Q}_0/P = (\varepsilon_K)_{\text{rev}}(1 - T_u\dot{S}_{\text{irr}}/P) \leqq (\varepsilon_K)_{\text{rev}} \quad (1\text{-}127)$$

$$\text{mit} \quad (\varepsilon_K)_{\text{rev}} \equiv T_0/(T_u - T_0)\,. \quad (1\text{-}128)$$

Beide Verhältnisse von Nutzen zu Aufwand, ε und ε_K, nehmen für den reversiblen Grenzfall einen temperaturabhängigen Maximalwert an und werden durch Entropieerzeugung gemindert. Wegen $-\dot{Q} = \dot{Q}_0 + P$ ist stets $\varepsilon \geqq 1$, während ε_K Werte größer oder kleiner als eins annehmen kann.

Die Ergebnisse (1-122), (1-125) und (1-127) lassen sich auf den Fall der Wärmezu- und -abfuhr bei nicht einheitlicher Temperatur übertragen, wenn anstelle von T und T_0 thermodynamische Mitteltemperaturen benutzt werden. Diese sind als

$$T_m \equiv \frac{\dot{Q}}{\int d\dot{Q}/T} \quad (1\text{-}129)$$

definiert, wobei $d\dot{Q}$ der auf dem Flächenelement dA der Systemgrenze bei der Temperatur T übertragene Wärmestrom ist, der sich für die Gesamtfläche zu $\dot{Q}$ summiert. Die Nennergröße bedeutet den von $\dot{Q}$ mitgeführten Entropiestrom. Mit (1-129) bleiben alle Entropiebilanzen formal unverändert. Wird die Wärme über die Wände eines Kanals an ein reversibel und isobar strömendes Fluid konstanter Zusammensetzung übertragen, folgt mit (1-116), (1-117) und (1-118) aus (1-129)

$$T_m = (h_2 - h_1)/(s_2 - s_1)\,. \quad (1\text{-}130)$$

Damit ist T_m auf die Zustandsänderung des wärmeabgebenden bzw. wärmeaufnehmenden Fluids zurückgeführt.

Im Allgemeinen durchläuft in den energiewandelnden Maschinen von Bild 1-8b bis d ein fluides Arbeitsmittel konstanter Zusammensetzung einen Kreisprozess. Dieser ist so erklärt, dass in der Folge der Zustandsänderungen der Endzustand des Arbeitsmittels mit dem Anfangszustand übereinstimmt. In technischen Ausführungen strömt das Arbeitsmittel meist nach Bild 1-9 durch eine in sich geschlossene Kette stationärer Maschinen und Apparate, die zusammen die energiewandelnde Maschine darstellen. Aber auch periodische Zustandsänderungen des Arbeitsmittels im Zylinder einer Kolbenmaschine sind denkbar. Obwohl in diesem Fall ein stationärer Zustand nur im zeitlichen Mittel möglich ist, gelten die Bilanzen (1-121) und ihre Folgerungen aufgrund von (1-98) und (1-111) auch hier.

Summiert man (1-117) und (1-120) über alle Teile einer in sich geschlossenen Reihenschaltung stationärer Fließsysteme, folgt mit $q \equiv \sum q_{ik}, \psi \equiv \sum \psi_{ik}$ und $w_t \equiv \sum w_{t,ik}$

$$\oint T\,ds = q + \psi \quad \text{und} \quad \oint v\,dp = w_t - \psi\,. \quad (1\text{-}131)$$

Danach ist die von den Zustandslinien im T,s-Diagramm, siehe Bild 1-10a, eingeschlossene Fläche gleich dem Betrag der Wärme q und der Dissipati-

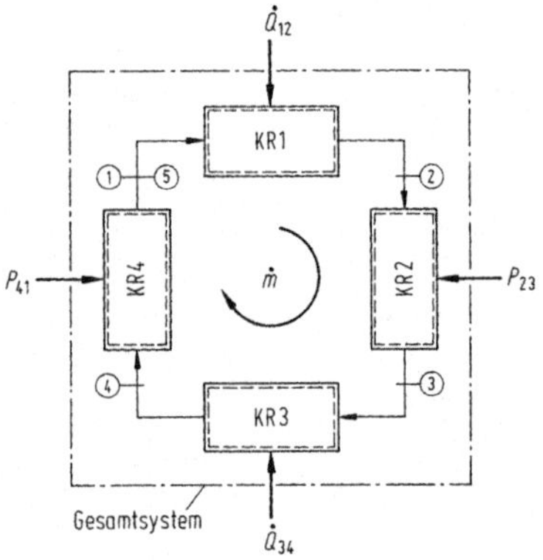

Bild 1-9. Ausführung eines Kreisprozesses als stationärer Fließprozess in einer geschlossenen Kette von Kontrollräumen KR1 bis KR4

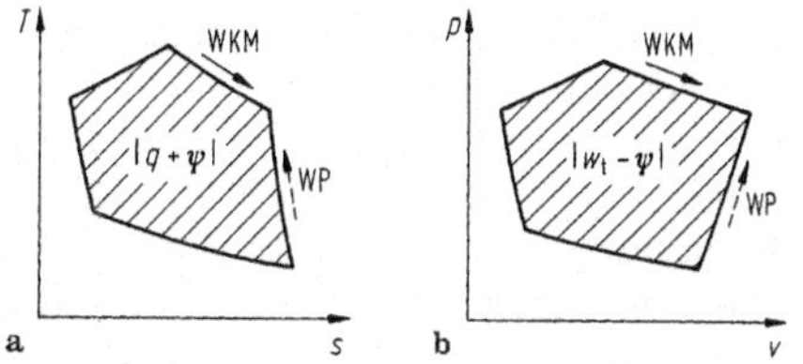

Bild 1-10. Eingeschlossene Flächen in Zustandsdiagrammen und Umlaufsinn der Kreisprozesse für Wärmekraftmaschine WKM und Wärmepumpe WP. **a** T, s-Diagramm; **b** p, v-Diagramm

onsenergie ψ des Kreisprozesses. Die entsprechende Fläche im p, v-Diagramm, siehe Bild 1-10b, ist der Betrag der um die Dissipationsenergie verminderten technischen Arbeit w_t. Beide Flächen sind nach (1-118) betragsgleich:

$$q + \psi = \oint T\,\mathrm{d}s = -\oint v\,\mathrm{d}p = -(w_t - \psi)\,, \quad (1\text{-}132)$$

worin sich die Energiebilanz des Kreisprozesses widerspiegelt. Aufgrund der Vorzeichen von q und w_t sind Wärmekraftmaschinenprozesse in beiden Diagrammen rechtsläufig und Wärmepumpenprozesse linksläufig. Für Kreisprozesse mit periodisch arbeitenden Maschinen erhält man auf der Grundlage von (1-112), (1-113) und (1-114) identische Ergebnisse.

1.6.2 Wertigkeit von Energieformen

Für die thermodynamische Analyse zur Umwandelbarkeit von Energieformen hat sich neben der Darstellung aus dem vorhergehenden Abschnitt ein weiterer, gleichwertiger Ansatz etabliert. Hierzu wird jede Energieform formal in die Anteile

$$\text{Energie} = \text{Exergie} + \text{Anergie} \quad (1\text{-}133)$$

zerlegt. Die Exergie ist dabei – nach Maßgabe der jeweils zugelassenen Austauschprozesse mit der Umgebung – der in jede Energieform, insbesondere in Nutzarbeit umwandelbare Teil der Energie. Die Anergie ist der nicht in Nutzarbeit umwandelbare Rest.

In dieser Definition ist die Umgebung als Reservoir im inneren Gleichgewicht idealisiert, das bei konstanten Werten der Temperatur T_u, der Drucks p_u und der chemischen Potenziale μ_{iu} seiner Komponenten Entropie, Volumen und Stoffmengen aufnehmen und abgeben kann. Zur Anwendung auf Verbrennungsprozesse hat Baehr [17] eine Umgebung aus gesättigter feuchter Luft, vgl. 2.2.2, sowie den Mineralien Kalkspat und Gips vorgeschlagen. Ein komplizierteres Umgebungsmodell zur Quantifizierung der Werte T_u, p_u und μ_{iu} findet man in [18] oder [19].

Wellen- und elektrische Arbeit sind in jede andere Energieform umwandelbar und bestehen somit aus reiner Exergie. Dies lässt sich auch für die kinetische und potenzielle Energie in einer ruhenden Umgebung der Höhe $z_u = 0$ zeigen. Von der Volumenänderungsarbeit W_{12}^V eines Systems ist dagegen der an der Umgebung verrichtete Anteil $-p_u \Delta V$ nicht technisch nutzbar und muss als Anergie gerechnet werden. Damit ergibt sich für die Exergie und Anergie der Volumenänderungsarbeit

$$E_{W^V} = -\int_1^2 (p - p_u)\mathrm{d}V\,, \quad (1\text{-}134)$$

$$B_{W^V} = -p_u(V_2 - V_1)\,. \quad (1\text{-}135)$$

Die Exergie $\dot{E}_Q$ und Anergie $\dot{B}_Q$ eines Wärmestroms $\dot{Q}$ mit der thermodynamischen Mitteltemperatur T_m ist durch die Leistung und den Abwärmestrom einer reversiblen Wärmekraftmaschine gegeben. Nach (1-122) und (1-123) gilt

$$\dot{E}_Q = (1 - T_u/T_m)\dot{Q}\,, \quad (1\text{-}136)$$

$$\dot{B}_Q = (T_u/T_m)\dot{Q}\,. \quad (1\text{-}137)$$

Für $T_m < T_u$ ist $1 - T_u/T_m < 0$, sodass die zugehörige Exergie entgegengesetzt zur Wärme strömt.

Die Exergie einer Phase α mit der inneren Energie U^α findet man als maximale Nutzarbeit $(-W^n)_{max}$ eines Prozesses, der die Phase ins Gleichgewicht mit der Umgebung U bringt. In diesem Zustand besitzt das Gesamtsystem aus α und Umgebung nach dem zweiten Hauptsatz ein Minimum seiner inneren Energie und hat seine Arbeitsfähigkeit verloren. Aus den Bilanzen (1-96) und (1-104) für das zusammengesetzte System

$$\mathrm{d}W^n = \mathrm{d}U^\alpha + \mathrm{d}U^U \quad \text{und} \quad \mathrm{d}S^\alpha + \mathrm{d}S^U = \mathrm{d}S_{irr}$$

lässt sich die maximale Nutzarbeit berechnen, die bei einem reversiblen Prozess anfällt. Es folgt für die

Exergie E^α und die Anergie B^α der Inneren Energie der Phase α:

$$E^\alpha = U_1^\alpha - U_u^\alpha - T_u(S_1^\alpha - S_u^\alpha) + p_u(V_1^\alpha - V_u^\alpha)\,, \quad (1\text{-}138)$$

$$B^\alpha = U_u^\alpha + T_u(S_1^\alpha - S_u^\alpha) - p_u(V_1^\alpha - V_u^\alpha)\,. \quad (1\text{-}139)$$

Der Index 1 bezieht sich auf den Anfangszustand, der Index u auf das Gleichgewicht der Phase α mit der Umgebung. Wird außer dem thermischen und mechanischen auch das stoffliche Gleichgewicht mit der Umgebung hergestellt, gilt

$$U_u^\alpha = \sum_{i=1}^{K} U_{iu}(n_i^\alpha)\,,$$

$$S_u^\alpha = \sum_{i=1}^{K} S_{iu}(n_i^\alpha) \quad (1\text{-}140)$$

$$\text{und} \quad V_u^\alpha = \sum_{i=1}^{K} V_{iu}(n_i^\alpha)\,,$$

wobei X_{iu} die partiellen molaren Zustandsgrößen der Stoffe i in der Umgebung sind. Für isothermisobare Prozesse bei T_u und p_u wird (1-138) gleich der Abnahme der freien Enthalpie.

Die spezifische Exergie eines Stoffstroms $\dot{m}$ mit der spezifischen Enthalpie h und der spezifischen Entropie s lässt sich als maximale Nutzarbeit $(-w_t)_{max}$ einer stationären Maschine bestimmen, die den Stoffstrom ins Gleichgewicht mit der Umgebung setzt. Die Bilanzen (1-101) und (1-115) für das aus der Umgebung und der Maschine zusammengesetzte System

$$dU^U/d\tau = \dot{m}w_t + \dot{m}h \quad \text{und} \quad dS^U/d\tau = \dot{m}s + \dot{S}_{irr}$$

zeigen, dass die maximale Nutzarbeit von einer reversiblen Maschine geliefert wird, und ergeben für die spezifische Exergie e und die spezifische Anergie b der Enthalpie

$$e = h - h_u - T_u(s - s_u)\,, \quad (1\text{-}141)$$

$$b = h_u + T_u(s - s_u)\,. \quad (1\text{-}142)$$

Der Index u kennzeichnet wieder den Gleichgewichtszustand des Stoffstroms mit der Umgebung. Besteht neben dem thermischen und mechanischen auch stoffliches Gleichgewicht, ist analog zu (1-139)

$$h_u = \sum_{i=1}^{K} H_{iu}\bar{\xi}_i/M_i \quad \text{und} \quad s_u = \sum_{i=1}^{K} S_{iu}\bar{\xi}_i/M_i \quad (1\text{-}143)$$

zu setzen. Dabei sind $\bar{\xi}_i$ die Massenanteile der Komponenten i des Stoffstroms und M_i ihre Molmassen. Im Gegensatz zur Exergie der inneren Energie kann die Exergie der Enthalpie auch negativ werden, sodass Arbeit aufzuwenden ist, um den Stoffstrom in die Umgebung zu fördern. Wie Wärme bei Umgebungstemperatur sind die innere Energie einer Phase und die Enthalpie eines Stoffstroms im Gleichgewichtszustand mit der Umgebung reine Anergie.

Für Exergie und Anergie lassen sich Bilanzen der Form (1-88) aufstellen:

$$dE/d\tau = \sum_{ein} \dot{E}_e - \sum_{aus} |\dot{E}_a| - \dot{E}_v\,, \quad (1\text{-}144)$$

$$dB/d\tau = \sum_{ein} \dot{B}_e - \sum_{aus} |\dot{B}_a| + \dot{E}_v\,, \quad (1\text{-}145)$$

deren Summe den Energieerhaltungssatz ergibt. Der Exergieverluststrom $\dot{E}_v$ ist stets positiv, denn aus dem Vergleich der Anergiebilanz mit der Entropiebilanz (1-115) für einen beliebigen Kontrollraum folgt

$$\dot{E}_v = T_u\dot{S}_{irr} \geqq 0\,. \quad (1\text{-}146)$$

Alle Lebens- und Produktionsprozesse benötigen Exergie, die durch Entropieerzeugung unwiderbringlich in Anergie verwandelt wird. Diese Entwertung von Energie ist in der Sprache der Energiewirtschaft der Energieverbrauch. Exergiebilanzen zeigen, wo Exergie verloren geht, und bilden die Grundlage für die Definition exergetischer Wirkungsgrade [20].

2 Stoffmodelle

Für die praktische Anwendung der allgemeingültigen thermodynamischen Beziehungen fluider Phasen von Kapitel 1 müssen zusätzlich Stoffmodelle für die jeweils betrachteten Substanzen hinzugezogen werden. Diese individuellen Stoffmodelle werden durch Zustandsgleichungen bereitgestellt, die durch Messung von Zustandsgrößen, in Teilen ergänzt durch molekulartheoretische Berechnungen für die verschiedenen Substanzen abgeleitet werden. Das Zustandsverhalten einer fluiden Phase kann gemäß (1-15) durch eine Fundamentalgleichung der Form $U = U(S, V, n_i)$ oder deren Legendre-Transformierte vollständig beschrieben werden. Da nur für wenige Substanzen derartige Fundamentalgleichungen bekannt sind, vgl. Kapitel 2.1.4, werden vielfach einfach zu handhabende spezielle Zustandsgleichungen verwendet; die thermische Zustandsgleichung $p = p(T, V, n_i)$, die kalorische Zustandsgleichung $U = U(T, V, n_i)$ bzw. $H = H(T, p, n_i)$ und die Entropie-Zustandsgleichung z. B. in der Form $S = S(T, V, n_i)$, vgl. (1-16) bis (1-18) in Kapitel 1.2.1. Die thermische Zustandsgleichung ist von Bedeutung, da die thermischen Zustandsgrößen p, T und $v = V/m$ gut messbar sind und auf deren Basis das Realverhalten von Fluiden beschrieben werden kann. Die kalorischen Zustandsgleichungen sind zur Auswertung der Energiebilanzgleichung (1-98) bzw. (1-101) notwendig, die Entropie-Zustandsgleichung zur Auswertung der Entropiebilanzgleichung (1-115). Weder die Innere Energie U noch die Enthalpie H oder die Entropie S sind einer direkten Messung zugänglich, sie müssen über die entsprechenden Zustandsgleichungen anhand messbarer Zustandsgrößen, z. B. p und T, für den jeweiligen Zustand und das jeweilige Fluid berechnet werden.

Die Stoffmodelle für Gemische basieren auf den Zustandsgleichungen der beteiligten reinen Komponenten, die durch Mischungsregeln verknüpft und durch Korrekturterme ergänzt werden. Die Zustandsgleichungen für reine Stoffe basieren in der Regel auf dem theoretisch fundierten Modellfluid des idealen Gases, ergänzt mit Abweichungsfunktionen für das durch molekulare Wechselwirkungen bedingte Realverhalten.

2.1 Reine Stoffe

In Bild 2-1 ist die p, v, T-Zustandsfläche eines Reinstoffes dargestellt [1]. Es wird deutlich, dass bereits die thermische Zustandsgleichung für ein reales reines Fluid keine einfache analytische Funktion sein kann.

Im Grenzzustand niedriger Dichte verhalten sich reale Gase annähernd wie ein ideales Gas. Das ideale Gas ist ein Modellfluid, welches über besonders einfache, theoretisch belastbare Zustandsgleichungen definiert ist. Analoges gilt für den Grenzzustand hoher Dichte, wo sich reale Stoffe annähernd wie ein inkompressibles Fluid verhalten.

2.1.1 Ideale Gase

Aus der Sicht der Statischen Mechanik, vgl. B 8, ist ein ideales Gas ein System punktförmiger Teilchen, die keine Kräfte aufeinander ausüben. Dieses Modell gibt das Grenzverhalten der Materie bei verschwindender Dichte wieder und kann näherungsweise auf Gase mit Drücken bis zu 1 MPa (10 bar) angewendet werden. Jedes reine ideale Gas genügt der thermischen Zustandsgleichung

$$pV = nR_\mathrm{m}T = mRT \qquad (2\text{-}1)$$

$$\text{mit } R_\mathrm{m} = (8{,}314472 \pm 0{,}000015\,\mathrm{J/(mol\cdot K)} \qquad (2\text{-}2)$$

$$\text{und } R = R_\mathrm{m}/M\,. \qquad (2\text{-}3)$$

Dabei ist R_m nach (1-79) die universelle und R die spezielle Gaskonstante; M ist die molare Masse des Gases. Die Zustandsgrößen des idealen Gases werden durch den Index iG gekennzeichnet. Im Normzustand mit $t_\mathrm{n} = 0\,°\mathrm{C}$ und $p_\mathrm{n} = 1{,}01325\,\mathrm{bar}$ beträgt das Molvolumen eines idealen Gases einheitlich $V_\mathrm{mn}^\mathrm{iG} = 22{,}41410\,\mathrm{m^3/kmol}$. Gleichungen für die Isothermen ($T = \mathrm{const}$), Isobaren ($p = \mathrm{const}$) und Isochoren ($v = \mathrm{const}$) eines idealen Gases lassen sich unmittelbar aus (2-1) ablesen, vgl. B 8.7. Aus $(\partial u/\partial v)_T (\partial p/\partial T)_v - p$ nach Tabelle 1-1 folgt mit (2-1) $(\partial u/\partial v)_T = 0$, d. h. die kalorische Zustandsgleichung $u(T, v) = u^{iG}(T)$ für die spezifische innere Energie des idealen Gases ist eine reine Temperaturfunktion. Wegen $h = u + pv$ nach (1-41) überträgt sich diese Eigenschaft auf die kalorische Zustandsgleichung $h(T, p) = u^{iG}(T) + RT = h^{iG}(T)$ für die Enthalpie sowie auf die spezifischen Wärmen

$$c_v(T, v) = (\partial u/\partial T)_v = \mathrm{d}u^{iG}(T)/\mathrm{d}T = c_v^{iG}(T)\,, \qquad (2\text{-}4)$$

$$c_p(T, p) = (\partial h/\partial T)_p = \mathrm{d}h^{iG}(T)/\mathrm{d}T = c_p^{iG}(T)\,, \qquad (2\text{-}5)$$

$$\text{mit } c_p^{iG}(T) - c_v^{iG}(T) = R\,, \qquad (2\text{-}6)$$

vgl. (1-20), (1-47) und (1-54). Im Gegensatz zu (2-1) ist $c_v^{iG}(T)$ bzw. $c_p^{iG}(T)$ nach Bild 2-2 eine individuelle, von den molekularen Freiheitsgraden abhängige Eigenschaft jedes Gases. Für Edelgase ist $c_v^{iG} = (3/2)R$. Eine Näherungsgleichung zur Berechnung der spezifischen Wärmekapazität idealer Gase in Abhängigkeit von Temperatur lautet

$$c_p^{iG}(T) = \sum_{k=1}^{12} c_k (T/T^*)^{k-8}\,, \qquad (2\text{-}7)$$

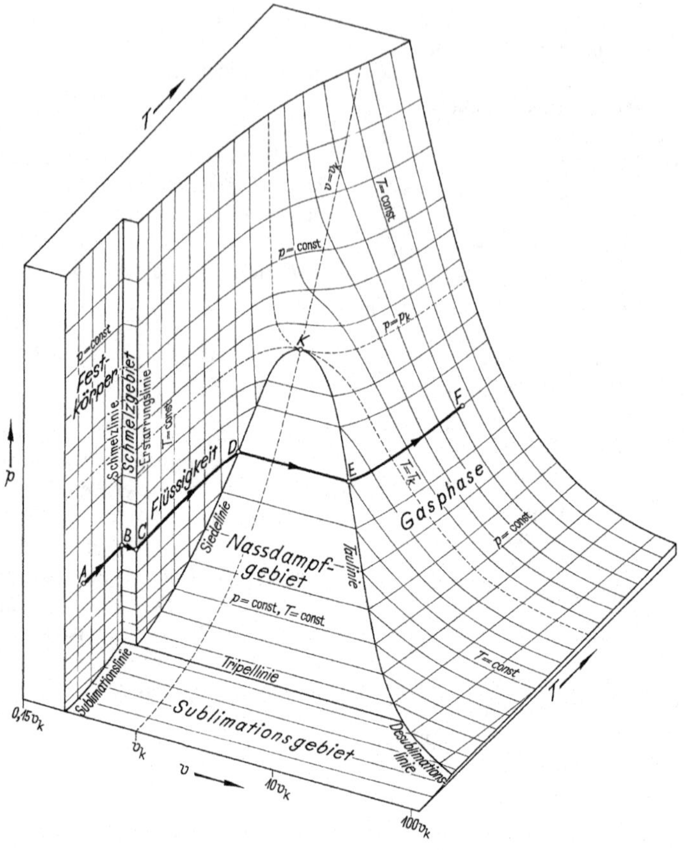

Bild 2-1. p, v, T-Fläche eines reinen Stoffes

wobei die Koeffizienten c_k für einige Gase in Tabelle 2-1 angegeben sind. Die Bezugstemperatur ist $T^* = 1000\,\mathrm{K}$ [2]. Das Verhältnis der spezifischen Wärmekapazitäten,

$$\kappa(T) = c_v^{iG}(T)/c_p^{iG}(T)\,, \qquad (2\text{-}8)$$

ist der Isentropenexponent des idealen Gases. Die Integration von (2-4) und (2-5) über die Temperatur liefert für die spezifische innere Energie und die spezifische Enthalpie des idealen Gases

$$u^{iG}(T) = u(T_0) + \int_{T_0}^{T} c_v^{iG}(T)\,\mathrm{d}T$$
$$= u(T_0) + (h - h_0) - R(t - t_0)\,, \qquad (2\text{-}9)$$

$$h^{iG}(T) = h(T_0) + \int_{T_0}^{T} c_p^{iG}(T)\,\mathrm{d}T$$
$$= h(T_0) + \bar{c}_p^{iG}(t)t - \bar{c}_p^{iG}(t_0)t_0 \qquad (2\text{-}10)$$

$$\text{mit} \quad \bar{c}_p^{iG}(t) \equiv (1/t)\int_0^t c_p^{iG}(t)\,\mathrm{d}t\,, \qquad (2\text{-}11)$$

wobei t die Celsius-Temperatur bedeutet.
Zustandsgleichungen für die spezifische Entropie lassen sich unter Berücksichtigung der speziellen Eigenschaften (2-1), (2-4) und (2-5) idealer Gase durch Integration der Beziehungen

$$\mathrm{d}s = \mathrm{d}u/T + (p/T)\,\mathrm{d}v$$

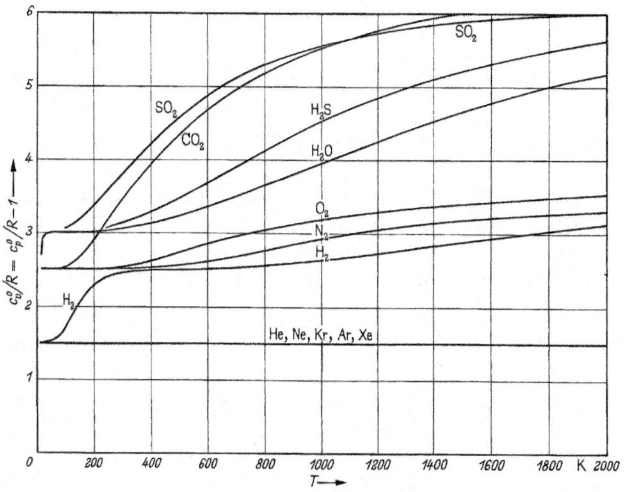

Bild 2-2. Verhältnis $c_v^{iG}/R = c_p^{iG}/R - 1$ für verschiedene ideale Gase als Funktion der Temperatur T [1]

und

$$\mathrm{d}s = \mathrm{d}h/T - (v/T)\,\mathrm{d}p \tag{2-12}$$

gewinnen, die bei konstanter Zusammensetzung aus (1-37) und (1-41) folgen.
Das Ergebnis ist

$$s(T,v) = s(T_0,v_0) + \int_{T_0}^{T} \left(c_v^{iG}(T)/T\right) \mathrm{d}T + R\,\ln(v/v_0)\,, \tag{2-13}$$

$$s(T,p) = s(T_0,p_0) + \int_{T_0}^{T} \left(c_p^{iG}(T)/T\right) \mathrm{d}T - R\,\ln(p/p_0)\,, \tag{2-14}$$

$$= s^{iG}(T) - R\ln(p/p_0)\,, \tag{2-15}$$

$$\text{mit} \quad s^{iG}(T) \equiv s_0 + \int_{T_0}^{T} \left(c_p^{iG}(T)/T\right) \mathrm{d}T\,. \tag{2-16}$$

Für die in der Tabelle 2-1 aufgeführten Gase kann die spezifische Enthalpie im idealen Gaszustand gemäß

$$h^{iG}(T) = T^* \left[c_0 + c_7 \ln(T/T^*) + \sum_{\substack{k=1\\k\neq 7}}^{12} \frac{c_k}{k-7} (T/T^*)^{k-7} \right] \tag{2-17}$$

und die Temperaturfunktion der spezifischen Entropie gemäß

$$s^{iG}(T) = d_0 + c_8 \ln(T/T^*) + \sum_{\substack{k=1\\k\neq 8}}^{12} \frac{c_k}{k-8} (T/T^*)^{k-8} \tag{2-18}$$

berechnet werden. Die Integrationskonstante c_0 wurde so bestimmt, dass die spezifische Enthalpie $h^{iG}(T)$ für $T = 273{,}15\,\mathrm{K}$ ($t = 0\,°\mathrm{C}$) gleich null wird. Die Integrationskonstante d_0 für die spezifische Entropie $s^{iG}(T)$ wurde so angepasst, dass bei der thermochemischen Standardtemperatur $T_0 = 298{,}15\,\mathrm{K}$ ($t = 25\,°\mathrm{C}$) der Wert der spezifischen Standardentropie $s^{\square}$ erreicht wird. Für die technisch wichtigen Gase Luft (trocken) und Wasser (gasförmig) sind diese Werte für den idealen Gaszustand in Tabelle 2-2 als Funktion der Temperatur zusammengestellt [2].

Tabelle 2-1. Gaskonstante R, spezifische konventionelle (absolute) Entropie $s^{\square}$ im Standardzustand, Koeffizienten c_1 bis c_{12} der Gl.(2-7), der Koeffizient c_0 und d_0 in (2-17) bzw. (2-18) für fünf ideale Gase. Alle Angaben in kJ/kg K

	N_2	O_2	CO_2	H_2O	CH_4
R	0,296803	0,259837	0,188922	0,461523	0,518294
$s^{\square}$	6,83991	6,41124	4,8576	10,48192	11,6101
c_0	−1,376336638	−1,097473175	−1,120840650	3,759590061	−0,405923627
c_1	−0,0000797270	0,0000152385	−0,0000481280	0,0000685451	−0,000425411
c_2	0,0023227098	−0,0003952036	0,0013119490	−0,0024292033	0,010275063
c_3	−0,029183817	0,004000136	−0,015483339	0,035937090	−0,10429816
c_4	0,20640159	−0,01804445	0,10362701	−0,29186010	0,580986652
c_5	−0,89792462	0,01378745	−0,43314776	1,43739067	−1,9602634
c_6	2,4588600	0,2108220	1,1831570	−4,4771600	4,1914281645
c_7	−4,149474	−0,908682	−2,186309	8,965501	−5,4207437
c_8	5,082928	2,389091	3,292046	−9,730609	3,91323688
c_9	−2,102458	−0,909577	−0,963963	9,294361	5,7457815673
c_{10}	0,722736	0,375736	0,300080	−3,621326	−3,147775574
c_{11}	−0,1381195	−0,0721146	−0,0506986	0,7448079	0,8111713164
c_{12}	0,01126722	0,00535447	0,00361903	−0,06278425	−0,08104304
d_0	6,7561483	7,554335	5,301110	12,342754	7,1806396

Ist $c_p^{iG}(T)$ in einem Temperaturbereich näherungsweise konstant, kann die Entropie nach (2-14) und (2-6) auch in der Form

$$s = s_0 + c_v^{iG} \ln(p/p_0) + c_p^{iG} \ln(v/v_0) \tag{2-19}$$

dargestellt werden. Die Isentropengleichungen eines idealen Gases, welche Zustandsänderungen bei konstanter Entropie s = const beschreiben, folgen unmittelbar aus (2-13), (2-14) und (2-19). Bei konstanter spezifischer Wärmekapazität lauten sie

$$T/T_0 = (p/p_0)^{R/c_p^{iG}} = (p/p_0)^{\kappa-1/\kappa} \tag{2-20}$$

sowie

$$p/p_0 = (v_0/v)^{c_p^{iG}/c_v^{iG}} = (v_0/v)^{\kappa} \tag{2-21}$$

mit dem Isentropenexponenten $\kappa(T) = c_p^{iG}(T)/c_v^{iG}(T)$, vgl. (2-8). Die isentrope Enthalpiedifferenz

$$\Delta h_s \equiv h(p_2, s_1) - h(p_1, s_1) = \int\limits_1^2 v(p, s_1)\,\mathrm{d}p\,, \tag{2-22}$$

lässt sich bei näherungsweiser konstanten Wärmekapazität zu

$$\Delta h_s = \frac{\kappa}{\kappa - 1} R\,T_1 \left[(p_2/p_1)^{(\kappa-1)/\kappa} - 1\right] \tag{2-23}$$

bestimmen.

Für das chemische Potenzial eines reinen idealen Gases folgt aus (1-9) mit (1-46)

$$\mu^{iG}(T, p) = \left(\frac{\partial U^{iG}}{\partial n}\right)_{s,v} = \left(\frac{\partial G^{iG}}{\partial n}\right)_{T,p} = \mu^{iG}(T) + R_\mathrm{m} T \ln(p/p_0)\,. \tag{2-24}$$

Dabei ist $\mu^{iG}(T)$ das chemische Potenzial beim Standarddruck p_0 und der Temperatur T, in das über die molare isobare Wärmekapazität $C_{p,\mathrm{m}}$ die individuellen Stoffeigenschaften eingehen

$$\mu^{iG}(T) = \mu_0^{iG}(T_0, p_0) + \int\limits_{T_0}^{T} C_{p,\mathrm{m}}^{iG}(T)\,\mathrm{d}T - T \int\limits_{T_0}^{T} \frac{C_{p,m}^{iG}(T)}{T}\,\mathrm{d}T \tag{2-25}$$

und

$$\mu_0^{iG}(T_0, p_0) = H_{0,\mathrm{m}}^{iG}(T_0) - T_0 \cdot S_{0,\mathrm{m}}^{iG}(T_0, p_0)\,.$$

Tabelle 2-2. Die spez. Wärmekapazität c_p^{iG} in kJ/kg K, die spez. Enthalpie h^{iG} in kJ/kg sowie die spez. Entropie s^{iG} in kJ/kg K als Funktion der Celsius-Temperatur [57]. Bezugswerte siehe Text

	$c_p^{iG}(t)$		$h^{iG}(t)$		$s^{iG}(t)$	
t in °C	Luft	H_2O	Luft	H_2O	Luft	H_2O
−50	1,0026	1,8515	−50,1543	−92,7405	6,5736	9,9439
−25	1,0030	1,8546	−25,0838	−46,4171	6,6801	10,1407
0	1,0037	1,8589	0,0000	0,0000	6,7764	10,3189
25	1,0047	1,8644	25,1046	46,5385	6,8644	10,4819
50	1,0061	1,8713	50,2396	93,2318	6,9453	10,6323
75	1,0080	1,8799	75,4158	140,1187	7,0203	10,7721
100	1,0104	1,8899	100,6447	187,2375	7,0903	10,9028
125	1,0132	1,9011	125,9383	234,6222	7,1559	11,0257
150	1,0165	1,9134	151,3088	282,3012	7,2177	11,1418
175	1,0203	1,9264	176,7682	330,2973	7,2762	11,2520
200	1,0245	1,9401	202,3277	378,6283	7,3317	11,3569
225	1,0292	1,9544	227,9979	427,3087	7,3846	11,4572
250	1,0341	1,9690	253,7882	476,3500	7,4351	11,5533
275	1,0394	1,9840	279,7066	525,7622	7,4835	11,6455
300	1,0449	1,9993	305,7600	575,5536	7,5299	11,7343
350	1,0565	2,0309	358,2924	676,3042	7,6178	11,9029
400	1,0685	2,0634	411,4147	778,6567	7,6998	12,0608
450	1,0805	2,0969	465,1390	882,6594	7,7768	12,2098
500	1,0924	2,1311	519,4636	988,3551	7,8494	12,3512
550	1,1040	2,1660	574,3766	1095,7795	7,9182	12,4858
600	1,1152	2,2013	629,8588	1204,9605	7,9837	12,6145
650	1,1258	2,2370	685,8863	1315,9172	8,0461	12,7381
700	1,1359	2,2727	742,4321	1428,6595	8,1057	12,8570
750	1,1454	2,3084	799,4680	1543,1880	8,1629	12,9718
800	1,1544	2,3438	856,9655	1659,4948	8,2177	13,0828
900	1,1706	2,4133	973,2336	1897,3706	8,3213	13,2937

2.1.2 Inkompressible Fluide

Neben dem Modellfluid des idealen Gases kann ein weiteres vereinfachtes Stoffmodell eingeführt werden. In begrenzten Temperatur- und Druckbereichen haben Flüssigkeiten näherungsweise konstante Dichte ρ und folgen der thermischen Zustandsgleichung

$$v(T, p) = v_0 = 1/\rho_0 = \text{const} . \qquad (2\text{-}26)$$

Dies führt nach Tabelle 1-1 zu $(\partial s/\partial p)_T = 0$, d. h., die spezifische Entropie s und die spezifische Wärmekapazität $c_p(T, p) = c(T)$ des inkompressiblen Fluids hängen allein von der Temperatur ab. Innerhalb des Gültigkeitsbereichs von (2-26) ist es zulässig, $c(T) = c = \text{const}$ zu setzen. Dann folgt mit $du = dh - v dp - p dv$ nach (1-41) und $dh = c\, dT + v_0\, dp$ nach Tabelle 1-1 sowie durch Integration für die innere Energie und die Enthalpie

$$u = u_0 + c(T - T_0) , \qquad (2\text{-}27)$$

$$h = h_0 + c(T - T_0) + v_0(p - p_0) . \qquad (2\text{-}28)$$

Wegen $c_v = (\partial u/\partial T)_v = c$ besitzt das inkompressible Fluid nur eine einzige spezifische Wärmekapazität $c_p = c_v = c$. Für die Entropie findet man aus $ds = (c/T)dT$ nach Tabelle 1-1

$$s = s_0 + c \ln(T/T_0) , \qquad (2\text{-}29)$$

und die in (2-22) definierte isentrope Enthalpiedifferenz wird

$$\Delta h_s = v_0(p_2 - p_1)\,. \tag{2-30}$$

Der Herleitung entsprechend gelten (2-26) bis (2-29) auch für Gemische, wenn für die Parameter c und v_0 die entsprechenden Gemischgrößen eingesetzt werden.

2.1.3 Reale Fluide

Die vorgehend beschriebenen einfachen Stoffmodelle sind nur für eingeschränkte Zustandsbereiche näherungsweise gültig. Der sinnvolle Anwendungsbereich der thermischen Zustandsgleichung des idealen Gases kann durch eine Reihenentwicklung erweitert werden. Diese führt auf die theoretisch begründete Virialzustandsgleichung, welche man durch die Reihenentwicklung des Realgasfaktors

$$z := \frac{p \cdot v}{R \cdot T} = \frac{p \cdot V_m}{R_m \cdot T} \tag{2-31}$$

nach der Stoffmengenkonzentration $\bar{c} = 1/V_m$

$$z = 1 + B(T)/V_m + C(T)/V_m^2 + \ldots \tag{2-32}$$

bzw. nach dem Druck

$$z = 1 + B'(T)p + C'(T)p^2 + \ldots \tag{2-33}$$

erhält. Die stoffabhängigen Temperaturfunktionen $B(T)$ und $B'(T)$ heißen zweite, $C(T)$ und $C'(T)$ dritte Virialkoeffizienten. Beide Koeffizientensätze sind ineinander umrechenbar; insbesondere ist [8]

$$B' = B/(R_m T) \quad \text{und}$$

$$C' = (C - B^2)/(R_m T)^2\,. \tag{2-34}$$

Die Größen B und C lassen sich anhand gemessener p, v, T-Daten auf einer Isotherme

$$B = \lim_{\bar{c}\to 0}[(z-1)V_m]_T \tag{2-35}$$

$$C = \lim_{\bar{c}\to 0}\left[(z - 1 - B/V_m)V_m^2\right]_T \tag{2-36}$$

bestimmen. Werte für den zweiten Virialkoeffizienten einzelner Gase sind in [10] zusammengestellt. Für nicht stark polare und nicht assoziierende oder dimerisierende Stoffe wurde von Tsonopoulos [11] die nach dem Korrespondenzprinzip generalisierte Darstellung

$$B \cdot p_k/(R_m T_k) = f^{(0)}(T_r) + \omega f^{(1)}(T_r) \tag{2-37}$$

$$\text{mit} \quad f^{(0)} = 0{,}1445 - 0{,}330/T_r - 0{,}1385/T_r^2 - 0{,}0121/T_r^3 - 0{,}000607/T_r^8 \tag{2-38}$$

$$\text{und} \quad f_1^{(0)} = 0{,}0637 + 0{,}331/T_r^2 - 0{,}423/T_r^3 - 0{,}008/T_r^8 \tag{2-39}$$

gefunden. Neben den kritischen Größen p_k und T_k tritt hier als weiterer stoffspezifischer Parameter der azentrische Faktor nach Pitzer [4]

$$\omega = -\lg\left[p_s(T_r = 0{,}7)/p_k\right] - 1$$

auf. Beschränkt man sich auf Gaszustände bis zur halben kritischen Dichte, darf die Virialentwicklung nach dem 2. Glied abgebrochen werden. Aus (2-31) und (2-32) folgt dann die nach dem Druck und Molvolumen auflösbare Beziehung

$$pV_m = R_m T + Bp\,. \tag{2-40}$$

Das sehr einfache Modell des inkompressiblen Fluids aus Kapitel 2.1.2 kann durch den in T und p linearen Ansatz

$$v(T, p) = v_0\left[1 + \beta_0(T - T_0) - \kappa_0(p - p_0)\right] \tag{2-41}$$

erweitert werden. Hierbei sind β_0 und κ_0 die Werte des Volumen-Ausdehnungskoeffizienten bzw. des isothermen Kompressibilitätskoeffizienten

$$\beta_0 := \frac{1}{v}\left(\frac{\partial v}{\partial T}\right)_p \;; \quad \kappa_0 := -\frac{1}{v}\left(\frac{\partial v}{\partial p}\right)_T \tag{2-42}$$

in dem durch den Index 0 gekennzeichneten, frei wählbaren Bezugszustand. Werte von β_0 und κ_0 sind z. B. im Tabellenwerk Landolt-Börnstein [58] enthalten.

Thermische Zustandsgleichungen, die das ganze fluide Zustandsgebiet einschließlich der hier möglichen Aufspaltung in eine flüssige und eine dampfförmige Phase (Nassdampfgebiet in Bild 2-1) beschreiben können, müssen nach Kapitel 1.3.3 bereichsweise auch $(\partial p/\partial v)_T > 0$ zulassen.

Tabelle 2-3. Temperatur T_k, Druck p_k, Molvolumen V_{mk} und Realgasfaktor z_k im kritischen Zustand sowie azentrischer Faktor ω ausgewählter Substanzen [6], [21]

	T_k/K	p_k/MPa	$V_{mk}/(dm^3/mol)$	z_k	ω
Einfache Gase					
Argon Ar	150,8	4,87	0,0749	0,291	0,0
Brom Br_2	584	10,3	0,127	0,270	0,132
Chlor Cl_2	417	7,7	0,124	0,275	0,073
Helium ^4He	5,2	0,227	0,0573	0,301	−0,387
Wasserstoff H_2	33,1	1,31	0,0650	0,305	−0,22
Krypton Kr	209,4	5,50	0,0912	0,288	0,0
Neon Ne	44,4	2,76	0,0417	0,311	0,0
Stickstoff N_2	126,3	3,40	0,0895	0,290	0,036
Sauerstoff O_2	154,6	5,04	0,0734	0,288	0,023
Xenon Xe	289,7	5,84	0,118	0,286	0,0
Verschiedene anorganische Substanzen					
Ammoniak NH_3	405,6	11,28	0,0725	0,242	0,250
Kohlendioxid CO_2	304,3	7,38	0,0940	0,274	0,224
Schwefelkohlenstoff CS_2	552	7,9	0,170	0,293	0,115
Kohlenmonoxid CO	132,9	3,50	0,0931	0,295	0,048
Tetrachlorkohlenstoff CCl_4	556,4	4,56	0,276	0,272	0,194
Chloroform $CHCl_3$	536,4	5,5	0,239	0,293	0,216
Hydrazin N_2H_4	653	14,7	0,0961	0,260	0,328
Chlorwasserstoff HCl	324,6	8,3	0,081	0,249	0,12
Cyanwasserstoff HCN	456,8	5,39	0,139	0,197	0,407
Schwefelwasserstoff H_2S	373,2	8,94	0,0985	0,284	0,100
Stickstoffoxid NO	180	6,5	0,058	0,25	0,607
Distickstoffoxid N_2O	309,6	7,24	0,0974	0,274	0,160
Schwefeldioxid SO_2	430,8	7,88	0,122	0,268	0,251
Schwefeltrioxid SO_3	491,0	8,2	0,130	0,26	0,41
Wasser H_2O	647,1	22,06	0,056	0,229	0,345
Verschiedene organische Substanzen					
Methan CH_4	190,6	4,60	0,099	0,288	0,012
Ethan C_2H_6	305,4	4,88	0,148	0,285	0,099
Propan C_3H_8	369,8	4,25	0,203	0,281	0,152
n-Butan C_4H_{10}	425,1	3,80	0,255	0,274	0,200
Isobutan C_4H_{10}	408,1	3,65	0,263	0,283	0,176
n-Pentan C_5H_{12}	469,6	3,37	0,304	0,262	0,251
Isopentan C_5H_{12}	460,4	3,38	0,306	0,271	0,227
Neopentan C_5H_{12}	433,8	3,20	0,303	0,269	0,197
n-Hexan C_6H_{14}	507,4	2,97	0,370	0,260	0,301
n-Heptan C_7H_{16}	540,2	2,74	0,432	0,263	0,351
n-Oktan C_8H_{18}	568,8	2,48	0,492	0,259	0,398
Ethylen C_2H_4	282,4	5,04	0,129	0,276	0,085
Propylen C_3H_6	365,0	4,62	0,181	0,275	0,148
1-Buten C_4H_8	419,6	4,02	0,240	0,277	0,187
1-Penten C_5H_{10}	464,7	4,05	0,300	0,31	0,245
Essigsäure CH_3COOH	594,4	5,79	0,171	0,200	0,454
Aceton CH_3COCH_3	508,1	4,70	0,209	0,232	0,309
Acetonitril CH_3CN	547,9	4,83	0,173	0,184	0,321
Acetylen C_2H_2	308,3	6,14	0,113	0,271	0,184

Tabelle 2-3. Fortsetzung

	T_k/K	p_k/MPa	$V_{mk}/(dm^3/mol)$	z_k	ω
Benzol C_6H_6	562,1	4,89	0,259	0,271	0,212
1,3-Butadien C_4H_6	425,0	4,33	0,221	0,270	0,195
Chlorbenzol C_6H_5Cl	632,4	4,52	0,308	0,265	0,249
Cyclohexan C_6H_{12}	553,4	4,07	0,308	0,273	0,213
Diethylether $C_2H_5OC_2H_5$	466,7	3,64	0,280	0,262	0,281
Ethanol C_2H_5OH	516,2	6,38	0,167	0,248	0,635
Ethylenoxid C_2H_4O	469	7,19	0,140	0,258	0,200
Methanol CH_3OH	512,6	8,10	0,118	0,224	0,559
Methylchlorid CH_3Cl	416,3	6,68	0,139	0,268	0,156
Methylethylketon $CH_3COC_2H_5$	535,6	4,15	0,267	0,249	0,329
Toluol $C_6H_5CH_3$	591,7	4,11	0,316	0,264	0,257
Monochlordifluormethan (R22) $CHClF_2$	369,3	4,989	0,166	0,270	0,220
Tetrafluorethan (R134a) CF_3CH_2F	374,2	4,056	0,197	0,257	0,327

Die halbempirischen sogenannten kubischen Zustandsgleichungen fassen die Reihenglieder von (2-32) in wenigen Termen zusammen. Praktisch bewährt hat sich für unpolare und schwach polare Stoffe die Gleichung von Redlich-Kwong-Soave [16]

$$p = R_m T/(V_m - b) - a/[V_m(V_m + b)] \quad (2\text{-}43)$$

$$\text{mit} \quad a = a_k \alpha(T_r, \omega) , \quad (2\text{-}44)$$

$$\alpha = \left[1 + \bar{m}\left(1 - T_r^{0,5}\right)\right]^2 \quad (2\text{-}45)$$

$$\text{und} \quad \bar{m} = 0{,}480 + 1{,}574\,\omega - 0{,}176\,\omega^2 , \quad (2\text{-}46)$$

in der $a(T_r = 1) = a_k$ ist. Die Koeffizienten a_k und b sind aus der Bedingung zu ermitteln, dass die kritische Isotherme im kritischen Punkt eine horizontale Wendetangente besitzt, vgl. Bild 1-2 unten. Die Auswertung von (1-74) und (2-43) am kritischen Punkt [17] liefert für das kritische molare Volumen

$$V_{mk} = (1/3) R_m T_k / p_k \quad (2\text{-}47)$$

und für die beiden Koeffizienten

$$a_k = (1/9) R_m^2 T_k^2 / (b_r p_k) = V_{mk}^2 p_k / b_r \quad (2\text{-}48)$$

$$b = (1/3) b_r R_m T_k / p_k = b_r V_{mk} \quad (2\text{-}49)$$

$$\text{mit} \quad b_r = 2^{1/3} - 1 = 0{,}2599 , \quad (2\text{-}50)$$

die sämtlich durch Vorgabe von p_k und T_k festgelegt sind. Mit diesem Ergebnis lässt sich (2-43) in eine dimensionslose Form bringen, sodass das Korrespondenzprinzip erfüllt ist. Eine äquivalente Schreibweise ist die kubische Gleichung

$$v_r^3 - 3(T_r/p_r)v_r^2 + [(\alpha - 3T_r b_r^2)/(b_r p_r) - b_r^2]v_r - \alpha/p_r = 0 , \quad (2\text{-}51)$$

aus der bei gegebenen Werten von p_r und T_r das reduzierte Volumen $v_r = v/v_k = V_m/V_{mk}$ ohne Iteration mithilfe der Cardanischen Formeln [18] zu berechnen ist. Vergleichbar mit dem unteren Teil von Bild 1-2 erhält man für $T < T_k$ drei reelle Wurzeln, von denen die größte dem gasförmigen Zustand und die kleinste dem flüssigen Zustand zuzuordnen ist, während die mittlere zu einem instabilen, unphysikalischen Zustand gehört. Die größten Fehler in der Vorhersage des reduzierten Volumens treten im Flüssigkeitsgebiet auf und betragen bis zu 10%. Dieser Fehler kann durch eine Volumentranslation nach Peneloux [59] vermindert werden. Hierbei wird das mit der kubischen Zustandsgleichung berechnete molare Volumen durch eine Konstante c korrigiert:

$$V_m = V_{m,kZG} - c .$$

Der Korrekturfaktor kann durch

$$c = 0{,}40768\,(0{,}29441 - Z_{RA}) \frac{R_m T_k}{p_k}$$

und dem Rackett-Kompressibilitätsfaktor

$$Z_{RA} \simeq 0{,}29056 - 0{,}08775\,\omega$$

angenähert werden. Weitere thermische Zustandsgleichungen werden in [60] diskutiert.
Die kalorischen Zustandsgrößen x realer Fluide, speziell die spezifische innere Energie u, Enthalpie h und Entropie s, lassen sich aus einem Beitrag x^{iG} des hypothetischen idealen Gases bei den Werten der Variablen (T, v) bzw. (T, p) des Fluids und einem Realanteil $\Delta x^{\mathrm{R}v}$ bzw. $\Delta x^{\mathrm{R}p}$ zusammensetzen

$$x(T, v) = x^{\mathrm{iG}}(T, v) + \Delta x^{\mathrm{R}v}(T, v)\,, \quad (2\text{-}52)$$

$$x(T, p) = x^{\mathrm{iG}}(T, p) + \Delta x^{\mathrm{R}p}(T, p)\,. \quad (2\text{-}53)$$

Der Beitrag des idealen Gases ist dabei durch (2-9), (2-10), (2-13) und (2-14) gegeben. Zu beachten ist, dass für einen Zustand im Allgemeinen $x^{\mathrm{iG}}(T, v) = x^{\mathrm{iG}}(T, p^{\mathrm{iG}} = RT/v) \neq x^{\mathrm{iG}}(T, p)$ ist, weil das reale Fluid die thermische Zustandsgleichung des idealen Gases nicht erfüllt. Für die Realanteile gilt

$$\Delta x^{\mathrm{R}v}(T, v) = (x - x^{\mathrm{iG}})_{T, v=\infty} + \int_{\infty}^{v} [\partial(x - x^{\mathrm{iG}})/\partial v]_T \,\mathrm{d}v\,, \quad (2\text{-}54)$$

$$\Delta x^{\mathrm{R}p}(T, p) = (x - x^{\mathrm{iG}})_{T, p=0} + \int_{0}^{p} [\partial(x - x^{\mathrm{iG}})/\partial p]_T \,\mathrm{d}p\,. \quad (2\text{-}55)$$

Da sich jede Substanz bei $v = \infty$ bzw. $p = 0$ wie ein ideales Gas verhält, ist der erste Summand Null. Mit $(\partial x/\partial v)_T$ und $(\partial x/\partial p)_T$ nach Tabelle 1-1 und x^{iG} nach 2.1.1 folgt

$$\Delta u^{\mathrm{R}v}(T, v) = \int_{\infty}^{u} [T(\partial p/\partial T)_v - p] \,\mathrm{d}v\,, \quad (2\text{-}56)$$

$$\Delta h^{\mathrm{R}p}(T, p) = \int_{0}^{p} [v - T(\partial v/\partial T)_p] \,\mathrm{d}p\,, \quad (2\text{-}57)$$

$$\Delta s^{\mathrm{R}v}(T, v) = \int_{\infty}^{v} [(\partial p/\partial T)_v - R/v] \,\mathrm{d}v\,, \quad (2\text{-}58)$$

$$\Delta s^{\mathrm{R}p}(T, p) = \int_{0}^{p} [-(\partial v/\partial T)_p + R/p] \,\mathrm{d}p\,. \quad (2\text{-}59)$$

Aus der Definition (1-41) der Enthalpie ergibt sich

$$\Delta u^{\mathrm{R}p}(T, p) = \Delta h^{\mathrm{R}p}(T, p) - [pv(T, p) - RT]\,, \quad (2\text{-}60)$$

$$\Delta h^{\mathrm{R}v}(T, v) = \Delta u^{\mathrm{R}v}(T, v) + [vp(T, v) - RT]\,. \quad (2\text{-}61)$$

Bei einer druckexpliziten thermischen Zustandsgleichung sind die Variablen (T, v) anzuwenden; für die Variablen (T, p) werden volumenexplizite Zustandsgleichungen benötigt. Die Differenz der spezifischen inneren Energie, der spezifischen Enthalpie bzw. der spezifischen Entropie zwischen zwei gegebenen Zustandspunkten 1 und 2 eines Reinstoffes erhält man aus (2-56) bis (2-58) zu

$$u(T_2, v_2) - u(T_1, v_1) = \int_{T_1}^{T_2} c_v^{\mathrm{iG}}(T)\,\mathrm{d}T + \int_{\infty}^{v_2} \left[T\left(\frac{\partial p}{\partial T}\right)_v - p\right]_{T=T_2} \mathrm{d}v - \int_{\infty}^{v_1} \left[T\left(\frac{\partial p}{\partial T}\right)_v - p\right]_{T=T_1} \mathrm{d}v \quad (2\text{-}62)$$

$$h(T_2, p_2) - h(T_1, p_1) = \int_{T_1}^{T_2} c_p^{\mathrm{iG}}(T)\,\mathrm{d}T + \int_{0}^{p_2} \left[v - T\left(\frac{\partial v}{\partial T}\right)_p\right]_{T=T_2} \mathrm{d}p - \int_{0}^{p_1} \left[v - T\left(\frac{\partial v}{\partial T}\right)_p\right]_{T=T_1} \mathrm{d}p \quad (2\text{-}63)$$

$$s(T_2, p_2) - s(T_1, p_1) = \int_{T_1}^{T_2} \frac{c_p^{\mathrm{iG}}(T)}{T}\,\mathrm{d}T - R\ln\left(\frac{p_2}{p_1}\right) - \int_{0}^{p_2} \left[\left(\frac{\partial v}{\partial T}\right)_p - \frac{R}{p}\right]_{T=T_2} \mathrm{d}p + \int_{0}^{p_1} \left[\left(\frac{\partial v}{\partial T}\right)_p - \frac{R}{p}\right]_{T=T_1} \mathrm{d}p\,. \quad (2\text{-}64)$$

Auf der Grundlage der spezifischen Wärme im idealen Gaszustand und einer thermischen Zustandsgleichung sind die Größen u, h und s realer Fluide nach (2-52), (2-53) und (2-56) bis (2-59) berechenbar. Die kalorischen Zustandsgrößen sind dabei nur bis auf eine Konstante bestimmt, die durch Vereinbarung festgelegt werden muss. Die Ergebnisse solcher Rechnungen sind für einige technisch wichtige Stoffe in sogenannten Dampftafeln, z. B. [12, 13, 21], niedergelegt.

Die in (2-22) definierte isentrope Enthalpiedifferenz lässt sich für reale Fluide mithilfe von Dampftafeln ermitteln. Die Enthalpie im Zustand 2 ist dabei zweckmäßig mit der Formel

$$h(p_2, s_1) = h(p_0, s_0) + v_0(p_2 - p_0) + T_0(s_1 - s_0) \tag{2-65}$$

zu interpolieren, welche die Funktion $h(p, s)$ an einem geeigneten Gitterpunkt 0 der Dampftafel linearisiert.

Ein anderes Verfahren zur Berechnung von Δh_s geht von dem Isentropenexponenten

$$\gamma \equiv -(v/p)(\partial p/\partial v)_s \tag{2-66}$$

aus. Diese im Prinzip veränderliche Größe [24]

$$\gamma(T, v) = (v/p)[(T/c_v)(\partial p/\partial T)_v^2 - (\partial p/\partial v)_T] \tag{2-67}$$

$$\text{mit} \quad c_v(T, v) = c_v^{\mathrm{iG}}(T) + T \int_{\infty}^{v} (\partial^2 p/\partial T^2)_v \mathrm{d}v \tag{2-68}$$

oder

$$1/\gamma(T, p) = -(p/v)\left[(T/c_p)(\partial v/\partial T)_p^2 + (\partial v/\partial p)_T\right] \tag{2-69}$$

$$\text{mit} \quad c_p(T, p) = c_p^{\mathrm{iG}}(T) - T \int_{0}^{p} (\partial^2 v/\partial T^2)_p \,\mathrm{d}p \,, \tag{2-70}$$

die für ideale Gase $\gamma = \kappa\,(T)$ wird, ist in Bereichen des Gasgebietes näherungsweise konstant [25, 26]. Mit einem Mittelwert γ = const folgt aus (2-66) die Isentropengleichung $p = p_0(v_0/v)^\gamma$, die für (2-22) in Verallgemeinerung von (2-23) die Lösung ergibt

$$\Delta h_s = \frac{\gamma}{\gamma - 1} R T_1 [(p_2/p_1)^{(\gamma-1)/\gamma} - 1] \,. \tag{2-71}$$

Für das chemische Potenzial eines realen Fluids benutzt man in Analogie zu (2-24) den Ansatz

$$\mu(T, p) = \mu^{\mathrm{iG}}(T) + R_\mathrm{m} T \ln(f/p_0)$$
$$= \mu^{\mathrm{iG}}(T) + R_\mathrm{m} T \ln(p/p_0) + R_\mathrm{m} T \ln \varphi \tag{2-72}$$
$$\text{mit} \quad \varphi \equiv f/p \tag{2-73}$$
$$\text{und} \quad \lim_{p \to 0} \varphi = 1 \,. \tag{2-74}$$

Die Größe $\mu^{\mathrm{iG}}(T)$ ist dabei das chemische Potenzial des hypothetischen idealen Gases beim Standarddruck p_0 und der Temperatur T vgl. (2-25). Die durch (2-72) definierte Fugazität f des Fluids hat die Dimension eines Drucks und geht im Grenzfall $p \to 0$ in den Druck über. Der Fugazitätskoeffizient φ kennzeichnet als Realteil die Abweichung des chemischen Potenzials des realen Fluids von dem des idealen Gases. Differenziert man (2-72) bei T = const unter Beachtung von (1-50) nach dem Druck und integriert das Ergebnis bei T = const über diese Variable, so folgt

$$\ln \varphi = \int_0^p [V_\mathrm{m}(T, p)/(R_\mathrm{m} T) - 1/p] \,\mathrm{d}p \,. \tag{2-75}$$

Der Fugazitätskoeffizient ist danach aus einer volumenexpliziten Zustandsgleichung zu berechnen. Eine Variablentransformation von p nach V_m [27] bringt (2-75) in die Form

$$\ln \varphi = -\int_{\infty}^{V_\mathrm{m}} [p(T, V_\mathrm{m})/(R_\mathrm{m} T) - 1/V_m] \mathrm{d}\, V_\mathrm{m} + z - 1 - \ln z \,, \tag{2-76}$$

die sich mit einer druckexpliziten Zustandsgleichung und dem Realgasfaktor z auswerten lässt.

2.1.4 Fundamentalgleichungen

In Kap. 1.2 wurden Fundamentalgleichungen eingeführt, aus denen sich alle thermodynamischen Eigenschaften eines Fluides berechnen lassen und welche somit die Information der thermischen, kalorischen und entropischen Zustandsgleichung zusammenfassen. Diese Fundamentalgleichungen sind bei Reinstoffen in der ursprünglichen Formulierung eine Funktion der inneren Energie $U = U(V, S)$, vgl. (1-15). Diese lässt sich ohne Informationsverlust durch eine Legendre-Transformation z. B. in die freie Energie $F = U - T\,S = F(T, V)$, auch Helmholtz-Energie genannt, überführen, vgl. 1.2.3. Eine solche Fundamentalgleichung in der Formulierung der freien Energie F ist durch die gut messbaren Variablen T und V besser zu handhaben als eine entsprechende Fundamentalgleichung $U = U(V, S)$. Für ca. 50 verschiedene Stoffe sind inzwischen Fundamentalgleichungen in der freien Energie bekannt [12, 14, 15, 61], deren 15 bis ca. 60 stoffspezifischen Parameter an umfangreiche Meßdaten des jeweiligen Stoffes angepasst wurden.

Die spezifische Form dieser Gleichungen ist analog zu (2-52) grundsätzlich als Summe

$$f(v, T) = f^{\mathrm{iG}}(v, T) + f^{\mathrm{R}}(v, T) \qquad (2\text{-}77)$$

aus dem idealen Gasanteil f^{iG} und dem Realanteil f^{R} additiv zusammengesetzt. Aus (2-77) lassen sich alle weiteren thermodynamischen Zustandsgrößen wie z. B. der Druck

$$p = -(\partial f/\partial v)_T = \varrho^2 (\partial f/\partial \varrho)_T \qquad (2\text{-}78)$$

berechnen. Die Gleichungen werden in der dimensionslosen Form

$$\frac{f(v, T)}{RT} = \varphi(\delta, \tau) = \varphi^{\mathrm{iG}}(\delta, \tau) + \varphi^{R}(\delta, \tau) \qquad (2\text{-}79)$$

angegeben, wobei $\delta = v_k/v$ und $\tau = T_k/T$ die neuen dimensionslosen Variablen sind, welche sich aus dem spezifischen Volumen v und der Temperatur mit Hilfe der entsprechenden kritischen Größen ergeben. Die Berechnung weiterer thermodynamischer Zustandsgrößen aus der dimensionslosen freien Energie ist in Tabelle 2-4 zusammengefasst. Für φ^{iG} muss eine Funktion der spezifischen Wärmekapazität in Abhängigkeit der Temperatur $c_v^{\mathrm{iG}}(T)$ bekannt sein, aus welcher sich durch Integration gemäß der Definition der freien Energie (1-42)

$$f^{\mathrm{iG}}(T, v) = u_0^{\mathrm{iG}} - T s_0^{\mathrm{iG}} + \int_{T_0}^{T} c_v^{\mathrm{iG}}(T)\mathrm{d}T - T\int_{T_0}^{T} \frac{c_v^{\mathrm{iG}}(T)}{T}\mathrm{d}T + RT\ln\left(\frac{v_0}{v}\right) \qquad (2\text{-}80)$$

eine Funktion der Form

$$\varphi^{\mathrm{iG}}(\tau, \delta) = C_0 + C_1 \ln\tau + \sum_i C_i \tau^{t_i} + \ln\delta \qquad (2\text{-}81)$$

ergibt, wenn für die spezifische Wärmekapazität ein Polynom der Art (2-7) gewählt wird. Für den Realanteil der reduzierten freien Energie φ^{R} haben sich Ansätze der Form

$$\varphi^{\mathrm{R}}(\tau, \delta) = \sum_i^{I_P} n_i \tau^{t_i} \delta^{d_i} + \sum_{i=I_p+1}^{I_p+I_e} n_i \tau^{t_i} \delta^{d_i} \exp(-\delta^{p_i}) \qquad (2\text{-}82)$$

bewährt. Dabei wird die geeignete, für den jeweilig vorhandenen Satz an Meßdaten angepasste Kombination an Termen für (2-82) durch Strukturoptimierung und nichtlineare Parameteranpassung herausgearbeitet [15]. Ziel hierbei ist es, mit möglichst wenig Termen eine extrapolierbare Gleichung anzugeben, welche die Meßdaten im Rahmen der Meßgenauigkeit wiedergibt. Die bekannteste Gleichung dieser Art ist die Fundamentalgleichung für Wasser, welche in ihrer wissenschaftlichen Formulierung mit 56 Parametern den fluiden Zustandsbereich bis 1273 K und 1000 MPa darstellt [12]. Bei etwas reduzierten Ansprüchen an die Genauigkeit lassen sich mehrere Substanzen durch eine einheitliche Gleichungsstruktur mit einem stoffspezifischen Parametersatz angeben [61].

2.2 Gemische

Zur Beschreibung der Zustandsgrößen von Gemischen werden die Zustandsgleichungen der beteiligten reinen Komponenten durch Mischungsregeln verknüpft und durch Korrekturfunktionen ergänzt. Die Eigenschaften einer Komponente i im Gemisch, z. B. die partiellen molaren Größen, werden durch den Index i gekennzeichnet. Wird ausdrücklich auf die reine Komponente i Bezug genommen, wird der Index $0i$ verwendet.

2.2.1 Ideale Gasgemische

Dieses Modell beschreibt das Verhalten von gasförmigen Gemischen im Grenzzustand verschwindender Dichte. Nach einem Theorem von Gibbs [28] sind die

Tabelle 2-4. Aus der reduzierten freien Energie $\varphi(\delta, \tau)$ abgeleitete Zustandsgrößen

Zustandsgrößen	*Berechnungsvorschrift*
$p(T, v) = -(\partial f/\partial v)_T$	$p = \frac{RT}{v}(1 + \varphi\varphi_\delta^r)$
$s(T, v) = -(\partial f/\partial T)_v$	$\frac{s}{R} = \tau\left(\varphi_\tau^{\mathrm{iG}} + \varphi_\tau^r\right) - \varphi^{\mathrm{iG}} - \varphi^r$
$u(T, v) = f + Ts$	$\frac{u}{RT} = \tau\left(\varphi_\tau^{\mathrm{iG}} + \varphi_\tau^r\right)$
$c_v(T, v) = (\partial u/\partial T)_v$	$\frac{c_v}{R} = -\tau^2\left(\varphi_{\tau\tau}^{\mathrm{iG}} + \varphi_{\tau\tau}^r\right)$
$h(T, v) = u + pv$	$\frac{h}{RT} = 1 + \tau\left(\varphi_\tau^{\mathrm{iG}} + \varphi_\tau^r\right) + \delta\varphi_\delta^r$
$c_p(T, v) = (\partial h/\partial T)_p$	$\frac{c_p}{R} = -\tau^2\left(\varphi_{\tau\tau}^{\mathrm{iG}} + \varphi_{\tau\tau}^r\right) + \frac{\left(1 + \delta\varphi_\delta^r - \delta_\tau\varphi_{\delta\tau}^r\right)^2}{1 + 2\delta\varphi_\delta^r + \delta^2\varphi_{\delta\delta}^r}$
$\omega(T, v) = \sqrt{\frac{1}{v^2}(\partial p/\partial v)_s}$	$\frac{\omega^2}{RT} = 1 + 2\delta\varphi_\delta^r + \delta^2\varphi_{\delta\delta}^r - \frac{\left(1 + \delta\varphi_\delta^r - \delta_\tau\varphi_{\delta\tau}^r\right)^2}{\tau^2\left(\varphi_{\tau\tau}^{\mathrm{iG}} + \varphi_{\tau\tau}^r\right)}$
Sättigungszustand:	*gleichzeitiges Lösen von:*
$T' = T'' = T_s$	$\frac{p_s}{RT_s}(v'' - v') - \ln\frac{v''}{v'} = \varphi^r(\tau_s, \delta') - \varphi^r(\tau_s, \delta'')$
$p(T_s, v') = p(T_s, v'') = p_s$	$\delta'\left[1 + \delta'\varphi_\delta^r(\tau_s, \delta')\right] = \delta''\left[1 + \delta''\varphi_\delta^r(\tau_s, \delta'')\right]$
$\delta(T_s, v') + p_s v' = \delta(T_s, v'') + p_s v''$	

$$\varphi_\delta^r = \left(\frac{\partial\varphi^r}{\partial\delta}\right)_\tau ; \quad \varphi_\tau^r = \left(\frac{\partial\varphi^r}{\partial\tau}\right)_\delta ; \quad \varphi_{\delta\delta}^r = \left(\frac{\partial^2\varphi^r}{\partial\delta^2}\right)_\tau ;$$

$$\varphi_{\tau\tau}^r = \left(\frac{\partial^2\varphi^r}{\partial\tau^2}\right)_\delta ; \quad \varphi_{\delta\tau}^r = \left(\frac{\partial^2\varphi^r}{\partial\delta\,\partial\tau}\right)$$

δ' : reduziertes spezifisches Volumen auf der Siedelinie

δ'' : reduziertes spezifisches Volumen auf der Taulinie

innere Energie und die Entropie eines idealen Gasgemisches die Summe der entsprechenden Größen der reinen idealen Gase, aus denen das System zusammengesetzt ist, bei der Temperatur und dem Volumen der Mischung

$$U(T, V, m_i) = \sum_{i=1}^{k} U_{0i}(T, V, m_i) = \sum_{i=1}^{k} m_i u_{0i}^{\mathrm{iG}}(T) , \qquad (2\text{-}83)$$

$$S(T, V, m_i) = \sum_{i=1}^{k} S_{0i}(T, V, m_i) = \sum_{i=1}^{k} m_i s_{0i}(T, V/m_i) . \qquad (2\text{-}84)$$

Mithilfe von $p = T(\partial S/\partial V)_{U,m_i}$ nach (1-14) erhält man aus (2-83) und (2-84) für das Gemisch dieselbe thermische Zustandsgleichung wie für ein reines ideales Gas:

$$pV = nR_\mathrm{m}T = mRT . \qquad (2\text{-}85)$$

Dabei sind

$$R \equiv \sum_i \bar{\xi}_i R_i = R_\mathrm{m}/M \quad \text{mit} \quad \bar{\xi}_i = m_i/m \qquad (2\text{-}86)$$

und

$$M \equiv m/n = \sum_i x_i M_i \quad \text{mit} \quad x_i = n_i/n$$

$$\text{und} \quad \begin{cases} m = \sum_i m_i \\ n = \sum_i n_i \end{cases} \qquad (2\text{-}87)$$

die spezielle Gaskonstante und die molare Masse des Gemisches. Aus (2-85) ergibt sich das Dalton'sche Gesetz. Danach ist der für beliebige Gemische definierte Partialdruck einer Komponente,

$$p_i \equiv x_i p \,, \tag{2-88}$$

in einem idealen Gasgemisch gleich dem Druck $p_{0i} = n_i R_\mathrm{m} T / V$ des reinen idealen Gases i bei der Temperatur T und dem Volumen V der Mischung.

Die spezifische innere Energie und Enthalpie idealer Gasgemische sind nach (2-83), (1-41) und (2-85) reine Temperaturfunktionen

$$u^{iGG} = \sum_{i=1}^{K} \xi_i u_{0i}^{\mathrm{iG}}(T) \,, \tag{2-89}$$

$$h^{iGG} = \sum_{i=1}^{K} \xi_i \left[u_{0i}^{\mathrm{iG}}(T) + R_i T \right] = \sum_{i=1}^{K} \xi_i h_{0i}^{\mathrm{iG}}(T) \,. \tag{2-90}$$

Diese Eigenschaft geht beim Differenzieren nach der Temperatur, vgl. (1-20), (1-47) und (2-11), auf die spezifischen Wärmen über:

$$c_v^{iGG}(T) = \sum_{i=1}^{K} \xi_i c_{v0i}^{\mathrm{iG}}(T) \,, \tag{2-91}$$

$$c_p^{iGG}(T) = \sum_{i=1}^{K} \xi_i c_{p0i}^{\mathrm{iG}}(T) = c_v^{iGG}(T) + R \,, \tag{2-92}$$

$$\bar{c}_p^{iGG}(t) = \sum_{i=1}^{K} \xi_i \bar{c}_{p0i}^{\mathrm{iG}}(t) \,. \tag{2-93}$$

Für die spezifische Entropie idealer Gasgemische folgt aus (2-84) und (2-85)

$$s^{iGG}(T, p) = \sum_{i=1}^{K} \xi_i s_{0i}(T, p_i) = \sum_{i=1}^{K} \xi_i s_{0i}(T, p) + \Delta s^{\mathrm{M}} \,. \tag{2-94}$$

Danach setzt sich die Entropie aus den Beiträgen der reinen Komponenten bei Druck und Temperatur des Gemisches und der stets positiven Mischungsentropie

$$\Delta s^{\mathrm{M}} = -R \sum_{i=1}^{K} x_i \ln x_i > 0 \tag{2-95}$$

zusammen, in der sich die Irreversibilität des isotherm-isobaren Mischens widerspiegelt. Da Δs^{M} nur von der Zusammensetzung abhängt, gelten für ideale Gasgemische konstanter Zusammensetzung (2-13) bis (2-16) für die Entropie und (2-22) für die isentrope Enthalpiedifferenz reiner idealer Gase weiter, wenn die Gemischgrößen R, c_p^{iGG}, c_v^{iGG}, und $\gamma = c_p^{iGG} / c_v^{iGG}$ eingesetzt werden.

Das chemische Potenzial einer Komponente i in einem idealen Gasgemisch ist nach (1-52) mit (2-90) und (2-94)

$$\begin{aligned} \mu_i^{iGG}(T, p, x_i) &= \mu_{0i}^{\mathrm{iG}}(T) + R_\mathrm{m} T \ln(p_i / p_0) \\ &= \mu_{0i}^{\mathrm{iG}}(T) + R_\mathrm{m} T \ln(p / p_0) \\ &\quad + R_\mathrm{m} T \ln x_i \,, \end{aligned} \tag{2-96}$$

wobei $\mu_{0i}^{\mathrm{iG}}(T)$ das chemische Potenzial des reinen idealen Gases i bei der Temperatur T und dem Standarddruck p_0 bedeutet, vgl. (2-25). Bemerkenswert ist, dass μ_i^{iGG} neben T und p nur vom Stoffmengenanteil x_i der Komponente i selbst abhängt.

2.2.2 Gas-Dampf-Gemische. Feuchte Luft

Ideale Gasgemische können neben Bestandteilen, die im betrachteten Temperaturbereich nicht kondensieren, eine als Dampf bezeichnete Komponente enthalten, die als reine flüssige oder feste Phase ausfallen kann. Man spricht dann von Gas-Dampf-Gemischen.

Der Sättigungspartialdruck p_s des Dampfes D, d. h. seine Löslichkeit in der Gasphase, wird durch die Bedingungen des Phasengleichgewichts zwischen Gas und Kondensat bestimmt, vgl. 1.3.2. Wie die Rechnung zeigt [29], ist p_s in guter Näherung gleich dem für jede Temperatur durch das Maxwell-Kriterium (1-72) festgelegten Sättigungsdruck $p_{\mathrm{s}0}(t)$ des reinen Stoffs D.

Gas-Dampf-Gemische heißen ungesättigt, solange für den Partialdruck $p_\mathrm{D} < p_{\mathrm{s}0}$ gilt, und gesättigt für $p_\mathrm{D} = p_{\mathrm{s}0}$; im letzteren Fall können sie Kondensat mitführen. Unter der Taupunkttemperatur T_T eines ungesättigten Gas-Dampf-Gemisches versteht man die Temperatur, auf die das Gemisch isobar abgekühlt werden kann, bis der erste Tautropfen ausfällt. Bei gegebenem Partialdruck p_D des Dampfes ergibt sich die Taupunkttemperatur aus der Bedingung

$$p_{\mathrm{s}0}(T_\mathrm{T}) = p_\mathrm{D} \,. \tag{2-97}$$

Tabelle 2-5. Zusammensetzung trockener Luft in Stoffmengenanteilen x_i und Massenanteilen ξ_i [30]

Komponente i	Stoffmengenanteil x_i	Massenanteil ξ_i
Stickstoff N_2	0,78081	0,75515
Sauerstoff O_2	0,20947	0,23141
Argon Ar	0,00934	0,01288
Kohlendioxid CO_2	0,00036	0,00055
Neon Ne	0,00002	0,00001

Das in den Anwendungen am häufigsten auftretende Gas-Dampf-Gemisch ist feuchte Luft. Ihre nicht kondensierenden Bestandteile werden als trockene Luft L zusammengefaßt, deren Zusammensetzung nach Tabelle 2-5 die molare Masse $M_L = 28{,}9647\,\mathrm{kg/kmol}$ ergibt. Der Wasserdampf W mit der molaren Masse $M_W = 18{,}0153\,\mathrm{kg/kmol}$ und dem Sättigungsdruck $p_{s0}(T)$ nach Tabelle 2-6 ist die Dampfkomponente der feuchten Luft.

Der Wasseranteil ungesättigter feuchter Luft lässt sich durch die absolute Feuchte

$$\varrho_W \equiv m_W/V = p_W/(R_W T) \qquad (2\text{-}98)$$

mit m_W als der Masse des Wassers beschreiben, das bei der Temperatur T im Gasvolumen V gelöst ist. Der Zusammenhang zwischen ϱ_W und dem Partialdruck p_W mit R_W als der speziellen Gaskonstante des Wassers beruht auf dem Dalton'schen Gesetz. Für eine gegebene Temperatur hat ϱ_W im Sättigungszustand den Maximalwert $\varrho_{W_s} = p_{s0}(T)/(R_W T)$. Der absoluten Feuchte zugeordnet ist die relative Feuchte

$$\varphi \equiv \varrho_W/\varrho_{W_s} = p_W/p_{s0}(T)\,, \qquad (2\text{-}99)$$

die bei Sättigung den größten Wert $\varphi_s = 1$ annimmt. Ein Maß für den Wassergehalt, das sich auf ungesättigte und gesättigte feuchte Luft einschließlich des mitgeführten Kondensats anwenden lässt, ist die *Wasserbeladung*

$$X \equiv m_W/m_L\,. \qquad (2\text{-}100)$$

Die Masse m_L der trockenen Luft ist dabei eine Bezugsgröße, die auch beim Austauen und Befeuchten konstant bleibt. Für ungesättigte feuchte Luft gilt nach dem Dalton'schen Gesetz

Tabelle 2-6. Sättigungsdampfdruck p_{s0} von festem und flüssigem Wasser und die Wasserbeladung im Sättigungszustand X_S als Funktion der Celsiustemperatur t [62]

t in °C	p_{s0}/hPa	X_S in g/kg
−50	0,0394	0,02448
−40	0,1284	0,07988
−30	0,3801	0,237
−20	1,0326	0,643
−10	2,5990	1,621
0,01	6,1166	3,828
10	12,282	7,733
20	23,393	14,90
30	42,470	27,59
40	73,849	49,60
50	123,52	87,66
60	199,46	154,98
70	312,01	282,08
80	474,14	560,84
90	701,82	1464,1
100	1014,18	∞

$$X = \frac{R_L}{R_W}\frac{p_W}{(p-p_W)} \quad \text{mit} \quad X \leqq X_s\,. \qquad (2\text{-}101)$$

Dabei sind R_W und R_L die speziellen Gaskonstanten, p_W und $p_L = p - p_W$ die Partialdrücke der Komponenten und p der Gesamtdruck. Überschreitet X die Beladung X_s der gesättigten Gasphase, siehe (2-101) mit $p_W = p_{s0}(T)$, enthält die feuchte Luft die Kondensatmenge $m_L(X - X_s)$ als Nebel oder Bodenkörper aus flüssigem Wasser oder Eis.

Das spezifische Volumen ungesättigter feuchter Luft ergibt sich aus dem Ansatz $p = p_L + p_W$ und den Partialdrücken p_L und p_W nach dem Dalton'schen Gesetz zu

$$v_{1+X} \equiv V/m_L = (1+X)v = (R_L + XR_w)(T/p) \quad \text{mit} \quad X \leqq X_s\,. \qquad (2\text{-}102)$$

Als Bezugsgröße wird dabei m_L verwendet; $v = V/(m_L + m_W)$ ist das gewöhnliche spezifische Volumen. Näherungsweise kann (2-102) mit $X = X_s$ auch für kondensathaltige feuchte Luft benutzt werden, wenn das Kondensatvolumen vernachlässigbar ist.

Die Enthalpie kondensathaltiger feuchter Luft addiert sich aus den Beiträgen der Phasen, wobei die Enthalpie des Gases nach (2-90) die Summe der Enthalpien der trockenen Luft und des Wasserdampfes ist und als ideales Gasgemisch nicht vom Druck abhängt. Mit m_L als Bezugsgröße erhält man für die spezifische Enthalpie des homogenen oder heterogenen Gemisches

$$h_{1+X} \equiv H/m_L = (1+X)h \tag{2-103}$$

$$= \begin{cases} h_{0L} + Xh^g_{0W} & \text{für} \quad X < X_s \\ h_{0L} + X_s h^g_{0W} + (X - X_s)h^k_{0W} & \text{für} \quad X \geqq X_s \end{cases} \tag{2-104}$$

Hierin ist $h = H/(m_L + m_W)$ die gewöhnliche spezifische Enthalpie des Gemisches, während h_{0L}, h^g_{0W} und h^k_{0W} die spezifischen Enthalpien der trockenen Luft, des Wasserdampfes und des Kondensats bedeuten. Über die Enthalpiekonstanten wird so verfügt, dass die spezifischen Enthalpien von trockener Luft und flüssigem Wasser bei $t = 0\,°C$ null sind. Setzt man konstante spezifische Wärmekapazitäten voraus und vernachlässigt die Druckabhängigkeit der Kondensatenthalpie, so folgt [32]

$$h_{0L} = c^{iG}_{p0L}t = 1{,}0004\,\text{kJ/(kg K)} \cdot t \tag{2-105}$$

$$h^g_{0W} = r_0 + c^{iG}_{p0W}t = 2500\,\text{kJ/kg} + 1{,}86\,\text{kJ/(kg K)} \cdot t \tag{2-106}$$

$$h^k_{0W} = \begin{cases} c_{0W}t = 4{,}19\,\text{kJ/(kg K)} \cdot t \\ \text{für flüssiges Wasser} \\ -r_E + c_{0E}t = -333\,\text{kJ/kg} \\ \qquad +2{,}05\,\text{kJ/(kg K)} \cdot t \\ \text{für Eis}\,. \end{cases} \tag{2-107}$$

(2-108)

Dabei sind r_0 und r_E die Verdampfungs- und Schmelzenthalpien des Wassers bei 0 °C, vgl. 3.1; c_{p0L}, c_{p0W}, c_{0W} und c_{0E} sind die isobaren spezifischen Wärmekapazitäten der trockenen Luft, des Wasserdampfes, des flüssigen Wassers und des Eises. Die spezifische Enthalpie feuchter Luft kann auch aus Diagrammen [33] entnommen werden.

2.2.3 Reale Gemische

Das Zustandsverhalten realer fluider Gemische wird durch die intermolekularen Wechselwirkungen zwischen gleichartigen wie zusätzlich zwischen den unterschiedlichen Molekülen der beteiligten Komponenten geprägt. Hierbei kann zwischen Effekten aufgrund unterschiedlicher Molekülgrößen (entropische Effekte) und unterschiedlichen energetischen Wechselwirkungen unterschieden werden. Gemische, bei denen nur Wechselwirkungen zwischen gleichartigen Molekülen berücksichtigt werden, heißen ideale Lösungen. Um die Eigenschaften fluider Gemische im gesamten Dichtebereich wiederzugeben, benötigt man eine geeignete thermische Zustandsgleichung oder eine Fundamentalgleichung für das Gemisch. Dabei geht man von einem einheitlichen Ansatz für die Zustandsgleichung des Gemisches und seiner realen Komponenten aus, siehe 2.1.3 bzw. 2.1.4. Die Koeffizienten der Gemischzustandsgleichung werden mithilfe von Mischungsregeln aus den Koeffizienten der reinen Stoffe und einigen Zusatzinformationen bestimmt. Theoretisch begründet [34] sind die Mischungsregeln der Virialgleichung (2-32)

$$B = \sum_{i=1}^{K}\sum_{j=1}^{K} x_i x_j B_{ij}\,,$$

$$C = \sum_{i=1}^{K}\sum_{j=1}^{K}\sum_{k=1}^{K} x_i x_j x_k C_{ijk}\,, \quad \text{usw.} \tag{2-109}$$

mit B, C, ... als den Virialkoeffizienten des Gemisches. Die Größen B_{ij}, C_{ijk}, ..., die nur von der Temperatur abhängen, sind für $i = j = k$ die Virialkoeffizienten der reinen Komponenten und andernfalls sog. Kreuzvirialkoeffizienten. Alle Indizes sind aufgrund der Symmetrie der molekularen Wechselwirkungen vertauschbar. Daten für den Kreuzvirialkoeffizienten $B_{ij} = B_{ji}$ vieler Gemische findet man in [10]. Eine Abschätzung erhält man aus (2-37) mit den Mischungsregeln [11]

$$T_{kij} = (T_{ki}T_{kj})^{0,5}\,(1 - k_{ij})\,, \tag{2-110}$$

$$V_{mkij} = \left[\left(V^{1/3}_{mki} + V^{1/3}_{mkj}\right)/2\right]^3\,, \tag{2-111}$$

$$\omega_{ij} = (\omega_i + \omega_j)/2\,, \tag{2-112}$$

$$(z_0)_{kij} = 0{,}291 - 0{,}08\omega_{ij}\,, \tag{2-113}$$

$$p_{kij} = (z_0)_{kij} R_m T_{kij}/V_{mkij}\,. \tag{2-114}$$

Nur für chemisch ähnliche Moleküle vergleichbarer Größe darf der binäre Parameter $k_{ij} = 0$ gesetzt werden.

Die kubische thermische Zustandsgleichung nach Redlich-Kwong-Soave (2-43) benutzt empirische Mischungsregeln [16] für die Gemischkoeffizienten a und b. Danach ist für Gemische aus nicht polaren oder schwach polaren Stoffen

$$a = \sum_{i=1}^{K} \sum_{j=1}^{K} x_i x_j a_{ij} \tag{2-115}$$

mit a_{ii} als dem Koeffizienten a der reinen Komponente i nach (2-44). Der Kreuzkoeffizient ist nach der Vorschrift

$$a_{ij} = (a_{ij} a_{ij})^{0,5}(1 - k_{ij}) \quad \text{für} \quad i \pm j \tag{2-116}$$

zu berechnen. Der binäre Wechselwirkungsparameter $k_{ij} = k_{ji}$ wurde für viele Stoffpaare aus Phasengleichgewichtsmessungen bestimmt [36] und ist trotz kleiner Werte nicht zu vernachlässigen. Da es sich bei den Wechselwirkungsparametern jeweils um angepasste Werte handelt ist der Parameter in (2-116) für gleichartige Gemische nicht identisch mit dem Parameter in (2-110). Die Mischungsregel für den Koeffizienten b lautet unter denselben Voraussetzungen

$$b = \sum_{i=1}^{K} x_i b_i \,, \tag{2-117}$$

wobei der Koeffizient b_i der reinen Komponente i durch (2-49) gegeben ist. Ein Mehrkomponentensystem wird damit durch Informationen über die binären Teilsysteme beschrieben.

Die spezifische innere Energie, Enthalpie und Entropie realer Gemische sind mit denselben Ansätzen zu berechnen, die nach (2-52), (2-53) und (2-56) bis (2-59) für reine reale Fluide gelten. Für die Eigenschaften des idealen Gases sind dabei die Eigenschaften des Gemisches im idealen Gaszustand, siehe 2.2.1, einzusetzen, und zur Auswertung der Realanteile ist eine thermische Zustandsgleichung für das Gemisch heranzuziehen. Entsprechendes gilt für den Isentropenexponenten und die isentrope Enthalpiedifferenz nach (2-66) bis (2-71). In den Tabellen 2-7 und 2-8 sind die Realanteile der kalorischen Zustandsgrößen und der Isentropenexponent realer Gemische auf der Grundlage der Zustandsgleichungen (2-32) und (2-33) zusammengestellt. Die Ergebnisse enthalten als Sonderfall die Eigenschaften reiner Stoffe. Für einige technisch relevanten Gemische wurden speziell angepasste vielparametrige Fundamentalgleichungen entwickelt, so z. B. für Ammoniak-Wasser [63] und für Erdgas [64].

Für das chemische Potenzial einer Komponente i in einem realen Gemisch setzt man in Verallgemeinerung von (2-72)

$$\mu_i = \mu_{0i}^{\mathrm{iG}}(T) + R_\mathrm{m} T \ln(f_i/p_0) \tag{2-118}$$

$$= \mu_{0i}^{\mathrm{iG}}(T) + R_\mathrm{m} T \ln(p_i/p_0) + R_\mathrm{m} T \ln \varphi_i \tag{2-119}$$

$$\text{mit} \quad \varphi_i \equiv f_i/p_i \tag{2-120}$$

$$\text{und} \quad \lim_{p\to 0} \varphi_i = 1 \,. \tag{2-121}$$

Dabei ist μ_{0i}^{iG} das chemische Potenzial des hypothetischen reinen idealen Gases i beim Standarddruck p_0 und f_i die Fugazität der Komponente i im Gemisch vgl. (2-72). Im Grenzzustand des idealen Gasgemisches geht f_i in den Partialdruck p_i über. Der Fugazitätskoeffizient φ_i kennzeichnet die Abweichung des chemischen Potenzials der Komponente i vom Wert dieser Größe in einem idealen Gasgemisch. Auf der Grundlage von (1-50) lässt sich analog zu (2-75)

$$\ln \varphi_i = \int_0^p [V_i(T, p, x_j)/(R_\mathrm{m} T) - 1/p]\mathrm{d}p \tag{2-122}$$

herleiten [38], wobei V_i das partielle molare Volumen der Komponente i nach (1-32) bedeutet. Diese Größe ist von den Stoffmengenanteilen x_j aller Komponenten im Gemisch abhängig. Die Variablentransformation von p nach V ergibt [39]

$$\ln \varphi_i = -\int_\infty^V [(\partial p/\partial n_i)_{T, V, n_{j\neq 1}}/(R_\mathrm{m} T) - 1/V]\mathrm{d}V - \ln z \,. \tag{2-123}$$

Zur Auswertung von (2-122) bedarf es einer volumenexpliziten Zustandsgleichung für das fluide Gemisch, während (2-123) auf druckexplizite Zustandsgleichungen zugeschnitten ist. Die Tabellen 2-7 und 2-8 enthalten auch den Fugazitätskoeffizienten φ_i, berechnet aus den Gemischzustandsgleichungen (2-32) und (2-43) mit dem reinen Stoff i als Sonderfall.

Zur Berechnung der Eigenschaften flüssiger Gemische mit stark polaren Komponenten sind keine genügend genauen thermischen Zustandsgleichungen verfügbar. Ausgangspunkt für die Beschreibung solcher

Tabelle 2-7. Realanteile der kalorischen Zustandsgrößen, Isentropenexponent und Fugazitätskoeffizient nach der Zustandsgleichung (2-32) für reale Gasgemische

$M\Delta h^{Rp}(T, p) = p[B - T(\mathrm{d}B/\mathrm{d}T)]$
$M\Delta s^{Rp}(T, p) = -p(\mathrm{d}B/\mathrm{d}T)$
$1/\gamma(T, p) = -(p/V_m)\{[T/(Mc_p)](\partial V_m/\partial T)_p^2 + (\partial V_m/\partial p)_T\}^*$ mit $V_m = R_m T/p + B$ und $c_p = c_p^{iG}(T) + \partial \Delta h^{Rp}(T, p)/\partial T$
$\ln \varphi_i(T, p) = \left(2 \sum_{j=1}^{k} x_j B_{ij} - B\right)[p/(R_m T)]$

* Dabei ist $V_m = Mv$ mit M als der molaren Masse des Gemisches.

Tabelle 2-8. Realanteile der kalorischen Zustandsgrößen, Isentropenexponent und Fugazitätskoeffizient nach der Zustandsgleichung (2-43) für Gemische

$M\Delta u^{Rv}(T, v) = -(1/b)[a - T(\mathrm{d}a/\mathrm{d}T)]\ln(1 + b/V_m)^{ab}$
$M\Delta s^{Rv}(T, v) = R_m \ln(1 - b/V_m) + (1 + b)(\mathrm{d}a/\mathrm{d}T)\ln(1 + b/V_m)^{ab}$
$\gamma(T, v) = (V_m/p)\{[T/(Mc_v)](\partial p/\partial T)_{V_m}^2 - (\partial p/\partial V_m)_T\}^a$ mit $p = R_m T/(V_m - b) - a/[V_m(V_m + b)]$ und $c_v(T, v) = c_v^{iG}(T) + \partial u^{Rv}(T, v)/\partial T$
$\ln \varphi_i(T, v) = (b_i/b)(z - 1) - \ln[z(1 - b/V_m)] - \left[2 \sum_{j=1}^{k} x_j a_{ij}/(R_m T b)\right]\ln(1 + b/V_m) + [ab_i/(R_M T b^2)]\ln(1 + b/V_m)^a$

[a] Dabei ist $V_m = Mv$ mit M als der molaren Masse des Gemisches.
[b] $\mathrm{d}a/\mathrm{d}T = -(1/T^{0,5}) \sum_{i=1}^{K} \sum_{j=1}^{k} x_i x_j a_{ij} \overline{m}_j/(T_{kj}\alpha_j)^{0,5}$
mit α_j und $\overline{m}_j$ nach (2-45) und (2-46). T_{kj} ist die kritische Temperatur der Komponente j, z der Realgasfaktor.

Systeme sind zu (2-118) parallele Ansätze für die chemischen Potenziale im Gemisch. Existiert die reine Komponente i bei Druck und Temperatur der Mischung als Flüssigkeit, wird

$$\mu_i = \mu_{0i}(T, p) + R_m T \ln(x_i \gamma_i) \quad (2\text{-}124)$$

$$\text{mit} \quad \lim_{x_i \to 1} \gamma_i(T, p, x_j) = 1 \quad (2\text{-}125)$$

gesetzt. Dabei ist $\mu_{0i}(T, p)$ das chemische Potenzial der reinen Flüssigkeit i und γ_i der Aktivitätskoeffizient von i im Gemisch. Er ist dimensionslos, hängt von den Stoffmengenanteilen x_j aller Komponenten ab und wird für den reinen Stoff eins. Gilt für alle Komponenten über den gesamten Konzentrationsbereich $\gamma_i = 1$, spricht man von einer idealen Lösung

$$\mu_i^{iL} = \mu_{0i}(T, p) + R_m T \ln x_i \, . \quad (2\text{-}126)$$

Dieses Lösungsmodell erfüllt die Gibbs-Duhem-Gleichung (1-25) $\sum x_i \mathrm{d}\mu_i = 0$ bei T, p = const und ist damit thermodynamisch konsistent. Physikalisch wird es nur von sehr ähnlichen Komponenten wie Strukturisomeren realisiert. Die Abweichungen eines Gemisches vom Modell der idealen Lösung werden durch die Aktivitätskoeffizienten gekennzeichnet. Die Gibbs-Duhem-Gleichung verlangt hier $\sum_i x_i \mathrm{d} \ln \gamma_i = 0$ für T, p = const, was für ein binäres Gemisch zur Folge hat, dass die Taylor-Entwicklungen von $\ln \gamma_i$ um die Stelle $x_i = 1$ nach $1 - x_i$ mit dem quadratischen Glied beginnen. Der Vergleich von (2-118) und (2-124) ergibt

$$f_i = x_i \gamma_i f_{0i}(T, p) \quad (2\text{-}127)$$

mit f_{0i} als der Fugazität der reinen Flüssigkeit i nach 2.1.3.

Sind die reinen Komponenten i, die in einem Lösungsmittel j gelöst sind, bei dem Druck und der Temperatur der Mischung nicht flüssig, schreibt man in Abwandlung von (2-124) für das chemische Potenzial der gelösten Stoffe

$$\mu_i = \mu_i^* + R_m T \ln(x_i \gamma_i^*) \quad (2\text{-}128)$$

$$\text{mit} \quad \mu_i^* \equiv \lim_{x_i \to 0}(\mu_i - R_m T \ln x_i) \, , \quad (2\text{-}129)$$

$$\gamma_i^* \equiv \gamma_i \gamma_i^\infty \, , \quad (2\text{-}130)$$

$$\gamma_i^\infty \equiv \lim_{x_i \to 0} \gamma_i \quad (2\text{-}131)$$

$$\text{und} \quad \lim_{x_i \to 0} \gamma_i^* = 1 \, . \quad (2\text{-}132)$$

Praktisch kann dieser Ansatz mit γ_i^* als dem rationellen Aktivitätskoeffizienten nur für Zweikomponentensysteme angewendet werden, da die Grenzwerte $x_i \to 0$ nur für diesen Fall eindeutig sind.

Vergleicht man (2-118) mit (2-127) bis (2-130), folgt

$$f_i = x_i \gamma_i^* H_{i,j} \quad (2\text{-}133)$$

$$\text{mit} \quad H_{i,j} \equiv \lim_{x_i \to 0}(f_i/x_i) = \gamma_i^* f_{0i} \, . \quad (2\text{-}134)$$

Der Henry'sche Koeffizient $H_{i,j}$ mit der Dimension eines Drucks ist eine Eigenschaft des gelösten Stoffes i und des Lösungsmittels j und kann aus Phasengleichgewichtsmessungen, vgl. 3.2, bestimmt werden. Für einfache Gase ($i = 2$) und Wasser ($j = 1$) gilt im Temperaturbereich $0 \leqq t \leqq 50\,°\mathrm{C}$ [40]

$$\ln\{H_{2,1}[T p_{s01}(T)]/1013{,}25\,\mathrm{hPa}\} = \alpha_2(1 - T_2/T) - 36{,}855(1 - T_2/T)^2 \quad (2\text{-}135)$$

mit $p_{s01}(T)$ als dem Sättigungsdruck des Wassers. Tabelle 2-9 gibt die Koeffizienten α_2 und T_2 für Helium, Stickstoff, Sauerstoff und Argon an.

Dem Ansatz (2-124) für die chemischen Potenziale entspricht eine Fundamentalgleichung für die molare freie Enthalpie eines flüssigen Gemisches, siehe (1-43),

$$G_m(T, p, x_i) = G_m^{iL}(T, p, x_i) + G_m^E(T, p, x_j) \quad (2\text{-}136)$$

$$\text{mit} \quad G_m^{iL} = \sum_{i=1}^{K} x_i[\mu_{0i}(T, p) + R_m T \ln x_i] \quad (2\text{-}137)$$

$$\text{und} \quad G_m^E = R_m T \sum_{i=1}^{k} x_i \ln \gamma_i\,, \quad (2\text{-}138)$$

die sich aus einem Beitrag G_m^{iL} der idealen Lösung und einem Zusatz- oder Exzessanteil G_m^E zusammensetzt. Daraus folgen mit den Definitionen (1-41) bis (1-43) und den Ableitungen $(\partial G_m^E/\partial p)_{T,x_i} = V_m^E$ und $(\partial G_m^E/\partial T)_{p,x_i} = -S_m^E$ nach (1-46) alle weiteren molaren Größen des Gemisches in der Form

$$Z_m(T, p, x_i) = Z_m^{iL}(T, p, x_i) + Z_m^E(T, p, x_j)\,, \quad (2\text{-}139)$$

Tabelle 2-9. Parameter T_2 und α_2 des Henry'schen Koeffizienten $H_{1,2}$ nach (2-135) für einige in Wasser gelöste Gase [40]

Gelöstes Gas	T_2/K	α_2
Helium He	131,42	41,824
Stickstoff N_2	162,02	41,712
Sauerstoff O_2	168,85	40,622
Argon Ar	168,27	40,404

wobei Z_m^{iL} den Beitrag der idealen Lösung und Z_m^E die molare Zusatzgröße bedeuten. Bei reinen Stoffen ist $Z_m^E = 0$. Insbesondere gilt für das molare Volumen, die molare Enthalpie und Entropie

$$V_m = V_m^{iL} + V_m^E = \sum_{i=1}^{K} x_i V_{0i} + \left(\partial G_m^E/\partial p\right)_{T,x_i}\,, \quad (2\text{-}140)$$

$$H_m = H_m^{iL} + H_m^E = \sum_{i=1}^{K} x_i H_{0i} - T^2\left[\partial\left(G_m^E/T\right)\partial T\right]_{p,x_i}\,, \quad (2\text{-}141)$$

$$S_m = S_m^{iL} + S_m^E = \sum_{i=1}^{K} x_i\,(S_{0i} - R_m \ln x_i) - \left(\partial G_m^E/\partial T\right)_{p,x_i}\,. \quad (2\text{-}142)$$

Die Änderungen der molaren Zustandsgrößen beim isotherm-isobaren Mischen der reinen Komponenten

$$\Delta Z_m^M \equiv \sum_{i=1}^{K} x_i[Z_i(T, p, x_j) - Z_{0i}(T, p)] \quad (2\text{-}143)$$

heißen molare Mischungsgrößen, wobei nach (1-33) $Z_m = \sum x_i Z_i$ mit Z_i als der zugehörigen partiellen molaren Zustandsgröße der Komponente i im Gemisch gesetzt ist. Nach (2-139) und (2-140) und dieser Definition sind V_m^E und H_m^E als molares Mischungsvolumen ΔV_m^M und molare Mischungsenthalpie ΔH_m^M messbar. Gemische mit $\Delta H_m^M > 0$ werden als endotherm, solche mit $\Delta H_m^M < 0$ als exotherm bezeichnet. Bei idealen Lösungen ist $\Delta V_m^M = 0, \Delta H_m^M = 0$ und $\Delta U_m^M = 0$. Für die Aktivitätskoeffizienten findet man nach (1-35), (1-46), (1-50) und (1-53) die in Bezug auf die Gibbs-Duhem-Gleichung konsistente Darstellung

$$R_m T \ln \gamma_i = (\partial G^E/\partial n_i)_{T,p,n_{j\neq i}} = G_m^E - \sum_{j=1}^{K-1} x_j \partial G_m^E(T, p, x_1, \ldots, x_{i-1}\,, x_{i+1} \ldots, x_K)/\partial x_j \quad (2\text{-}144)$$

$$\text{mit} \quad (\partial \ln \gamma_i/\partial p)_{T,x_j} = V_i^E/(R_m T) \quad (2\text{-}145)$$

$$\text{und} \quad (\partial \ln \gamma_i/\partial T)_{p,x_j} = -H_i^E/(R_m T^2)\,. \quad (2\text{-}146)$$

Die partiellen molaren Exzessvolumina V_i^{E} und partiellen molaren Exzessenthalpien H_i^{E} folgen dabei mit (1-35) aus den entsprechenden molaren Zustandsgrößen.

Die in der Fundamentalgleichung (2-136) benötigten Reinstoffeigenschaften sind nach 2.1.3 zu berechnen; die molare freie Exzessenthalpie $G_{\mathrm{m}}^{\mathrm{E}}$ erhält man aus empirischen oder halbtheoretischen Ansätzen [41], deren Konstanten aus Phasengleichgewichtsmessungen, siehe 3.2, bestimmt werden müssen.

Ein verbreiteter Ansatz hierfür ist der UNIQUAC-Ansatz von Abrams und Prausnitz [42], der auf molekularen Vorstellungen aufgebaut und für Mehrstoffsysteme anwendbar ist. Er erfasst die unterschiedliche Größe und Gestalt der Moleküle und ihre energetischer Wechselwirkungen in einem kombinatorischen und einem Restanteil $\left(G_{\mathrm{m}}^{\mathrm{E}}\right)^{\mathrm{C}}$ und $\left(G_{\mathrm{m}}^{\mathrm{E}}\right)^{\mathrm{R}}$ der molaren freien Zusatzenthalpie. Der Ansatz hat daher die Form

$$G_{\mathrm{m}}^{\mathrm{E}} = \left(G_{\mathrm{m}}^{\mathrm{E}}\right)^{\mathrm{C}} + \left(G_{\mathrm{m}}^{\mathrm{E}}\right)^{\mathrm{R}} \qquad \text{(2-147)}$$

mit

$$(G_{\mathrm{m}}^{\mathrm{E}})^{\mathrm{C}}/(R_{\mathrm{m}}T) = \sum_{j=1}^{K} x_j \ln(\Phi_j/x_j) + 5\sum_{j=1}^{K} x_j a_j \ln(\Theta_J/\Phi_j) \qquad \text{(2-148)}$$

und

$$(G_{\mathrm{m}}^{\mathrm{E}})^{\mathrm{R}}/(R_{\mathrm{m}}T) = -\sum_{j=1}^{K} a_j x_j \ln\left[\sum_{k=1}^{K} \Theta_k \tau_{k_j}\right]. \qquad \text{(2-149)}$$

Summiert wird über alle K Komponenten des Gemisches. Im Einzelnen bedeuten

$$\Theta_j \equiv x_j q_j / \sum_{k=1}^{K} x_k q_k$$
$$\text{und } \Phi_j \equiv x_j r_j / \sum_{k=1}^{K} x_k r_k \qquad \text{(2-150)}$$

den molaren Oberflächen- bzw. Volumenanteil und x_j den Stoffmengenanteil der Komponente j. Die Größen q_j und r_j sind die relative van-der-Waals'sche Oberfläche bzw. das relative van-der-Waals'sche Volumen eines Moleküls j in Bezug auf die CH_2-Gruppe eines unendlich langen Polyethylens. Diese Reinstoffeigenschaften sind für viele Substanzen berechnet und in [43] vertafelt. Der Faktor

$$\tau_{kj} \equiv \exp[-\Delta u_{k_j}/(R_{\mathrm{m}}T)] \qquad \text{(2-151)}$$
$$\text{mit } \Delta u_{k_j} \neq \Delta u_{j_k} \text{ und } \Delta u_{jj} = 0 \qquad \text{(2-152)}$$

ist Ausdruck der molekularen Paarwechselwirkungen, die im UNIQUAC-Ansatz allein berücksichtigt werden. Deshalb benötigt der Ansatz zur Beschreibung eines Vielstoffsystems mit den binären Wechselwirkungsparametern Δu_{kj} und Δu_{jk} nur Gemischinformationen bezüglich der binären Randsysteme. Die als konstant vorausgesetzten Wechselwirkungsparameter wurden für viele Zweistoffsysteme aus Phasengleichgewichten, siehe 3.2, ermittelt und sind in [43] ebenfalls tabelliert.

Wegen der Bedingung Δu_{kj} = const ist die Temperaturabhängigkeit von $G_{\mathrm{m}}^{\mathrm{E}}$ durch den UNIQUAC-Ansatz (2-147) nur grob erfasst und die Genauigkeit der molaren Zusatzenthalpie $H_{\mathrm{m}}^{\mathrm{E}}$ nach (2-141) unbefriedigend. Das molare Zusatzvolumen $V_{\mathrm{m}}^{\mathrm{E}}$ nach (2-140) ist wegen der fehlenden Druckabhängigkeit der Parameter gar nicht zu bestimmen. Die Aktivitätskoeffizienten der Komponenten, vgl. (2-144), werden durch den Ansatz aber sehr gut wiedergegeben:

$$\ln\gamma_i = \ln\gamma_i^{\mathrm{C}} + \ln\gamma_i^{\mathrm{R}} \qquad \text{(2-153)}$$

$$\text{mit } \ln\gamma_i^{\mathrm{C}} = 1 - \Phi_i/x_i + \ln(\Phi_i/x_i) - 5q_i[1 - \Phi_i/\Theta_i + \ln(\Phi_i/\Theta_i)] \qquad \text{(2-154)}$$

$$\text{und } \ln\gamma_i^{\mathrm{R}} = q_i\left\{1 - \ln\left[\sum_{j=1}^{K}\Theta_j\tau_{ji}\right] - \sum_{j=1}^{K}\left[\Theta_j\tau_{ij}/\sum_{k=1}^{K}\Theta_k\tau_{kj}\right]\right\}. \qquad \text{(2-155)}$$

Somit eignet sich dieser Ansatz insbesondere zur Berechnung von Phasengleichgewichten von fluiden Gemischen im Bereich des Umgebungsdruckes.

Die Aktivitätskoeffizienten organischer Substanzen können nach der UNIFAC-Methode von Fredenslund, Jones und Prausnitz [44] abgeschätzt werden. Die Methode verbindet den UNIQUAC-Ansatz mit dem Konzept einer aus Strukturgruppen statt aus Molekülen zusammengesetzten Lösung. Dadurch wird die große Zahl organischer Substanzen auf eine überschaubare Zahl von Strukturgruppen zurückgeführt.

Die Aktivitätskoeffizienten nach der UNIFAC-Methode ergeben sich wieder aus

$$\ln \gamma_i = \ln \gamma_i^C + \ln \gamma_i^R \,. \qquad (2\text{-}156)$$

Der kombinatorische Anteil $\ln \gamma_i^C$ ist nach (2-154) zu berechnen, wobei die relativen molekularen Oberflächen und Volumina der Komponenten i aus den Werten q_k^G und r_k^G der Strukturgruppen k addiert werden. Danach ist

$$q_i = \sum_{k=1}^{N} \mathcal{V}_{ki} q_k^G \quad \text{und} \quad r_i = \sum_{i=1}^{N} \mathcal{V}_{ki} r_k^G \qquad (2\text{-}157)$$

mit $\mathcal{V}_{ki}$ als der Anzahl der Strukturgruppen k im Molekül i zu setzen; N ist die Anzahl der Strukturgruppen in der Lösung. In Tabelle 2-10 sind q_k^G und r_k^G für ausgewählte Strukturgruppen, die als Untergruppen bezeichnet werden, zahlenmäßig angegeben. Die Untergruppen zwischen den horizontalen Linien werden zu Hauptgruppen zusammengefaßt, die ebenso wie die Untergruppen nummeriert sind. Die letzte Spalte gibt Beispiele für die Zerlegung von Molekülen in Untergruppen; sind mehrere Zerlegungen möglich, ist die mit der kleinsten Zahl verschiedener Untergruppen korrekt. Ausführlichere Daten sind in [46] und [47] aufgeführt. Der Restanteil der Aktivitätskoeffizienten wird nach der Vorschrift

$$\ln \gamma_i^R = \sum_{k=1}^{N} \nu_{ki} \left[\ln \gamma_k^{RG} - \gamma_k^{RG(i)} \right] \qquad (2\text{-}158)$$

aus den Beiträgen der N Strukturgruppen berechnet. Dabei ist γ^{RG} der Restaktivitätskoeffizient der Gruppe k im Gemisch und $\gamma_k^{RG(i)}$ der Restaktivitätskoeffizient der Gruppe k in der reinen Flüssigkeit i. Durch die Differenzbildung wird die Bedingung $\gamma_i^R = 1$ für $x_i = 1$ gewährleistet. Die Gruppenrestaktivitätskoeffizienten γ_k^{RG} und $\gamma_k^{RG(i)}$ ergeben sich auf der Grundlage des UNIQUAC-Ansatzes zu

$$\ln \gamma_k^{RG} = q_k^G \left\{ 1 - \ln \left[\sum_{m=1}^{N} \Theta_m \Psi_{mk} \right] - \sum_{m=1}^{N} \left[\Theta_m \Psi_{km} / \sum_{n=1}^{N} \Theta_n \Psi_{nm} \right] \right\} . \qquad (2\text{-}159)$$

Zu summieren ist jeweils über die N Strukturgruppen in der Lösung. Dabei ist

$$\Theta_m = x_m^G q_m^G / \sum_{n=1}^{N} x_n^G q_n^G \qquad (2\text{-}160)$$

der Oberflächenanteil der Gruppe m, wobei

$$x_m^G = \sum_{j=1}^{K} \nu_{mj} x_j / \sum_{j=1}^{N} \sum_{n=1}^{N} \nu_{nj} x_j \qquad (2\text{-}161)$$

den Molanteil der Gruppe m mit x_j als dem Molanteil der Komponente j und K als der Zahl der Komponenten in der Lösung bedeutet. Der Faktor

$$\Psi_{nm} = \exp[-a_{nm}/T] \qquad (2\text{-}162)$$

$$\text{mit} \quad a_{nm} \neq a_{mn} \quad \text{und} \quad a_{mm} = 0 \qquad (2\text{-}163)$$

berücksichtigt die energetischen Wechselwirkungen zwischen zwei Gruppen. Alle Untergruppen derselben Hauptgruppe gelten in Bezug auf diese Wechselwirkungen als identisch. Die als konstant vorausgesetzten Wechselwirkungsparameter a_{nm} und a_{mn} der Hauptgruppen wurden durch Auswertung von Phasengleichgewichten, vgl. 3.2, bestimmt. In Tabelle 2-11 sind diese Parameter für die Hauptgruppen aus Tabelle 2-10 zusammengestellt. Eine umfangreichere Matrix ist in [49–51] zu finden. Die angegebenen Daten gelten für Dampf-Flüssigkeits-Gleichgewichte kondensierbarer Komponenten bei mäßigen Drücken in größerem Abstand von kritischen Zuständen und Temperaturen zwischen 30 und 125 °C. Einen Parametersatz für Flüssig-flüssig-Gleichgewichte enthält [52]. Eine modifizierte UNIFAC-Methode [53, 54] benutzt zur Verbesserung der Genauigkeit auch der Mischungsenthalpien temperaturabhängige Wechselwirkungsparameter. Aus G_m^E-Werten nach UNIFAC wird für den Redlich-Kwong-Soave-Parameter a in (2-44) eine Mischungsregel für polare Komponenten abgeleitet. Die resultierende PSRK-Gleichung eignet sich auch zur Vorausberechnung von Phasengleichgewichten für gelöste Gase [55, 56].

Tabelle 2-10. Relative van-der-Waals'sche Größen und Beispiele der Strukturgruppenunterteilung für einige ausgewählte Strukturgruppen [45]

Untergruppe *k*		Hauptgruppe	r_k^G	q_k^G	Zuordnung
1	CH_3	1 CH_2	0,9011	0,848	Hexan
2	CH_2		0,6744	0,540	2 CH_3, 4 CH_2
3	CH		0,4469	0,228	Neopentan
4	C		0,2195	0,000	4 CH_3, 1C
5	CH_2=CH	2 C=C	1,3454	1,176	Hexen-1
6	CH=CH		1,1167	0,867	1 CH_3, 3 CH_2, 1 CH_2=CH
7	CH_2=C		1,1173	0,988	Hexen-2
8	CH=C		0,8886	0,676	2 CH_3, 2 CH_2, 1 CH=CH
9	C=C		0,6605	0,485	
10	ACH	3 ACH	0,5313	0,400	Naphthalin
11	AC		0,3652	0,120	8 ACH, 2 AC
12	$ACCH_3$	4$ACCH_2$	1,2663	0,968	Toluol
13	$ACCH_2$		1,0396	0,660	5 ACH, 1 $ACCH_3$
14	ACCH		0,8121	0,348	Cumol
					2 CH_3, 5 ACH, 1 ACCH
15	OH	5 OH	1,0000	1,200	Propanol-2
					2 CH_3, 1 CH, 1 OH
16	CH_3OH	6 CH_3OH	1,4311	1,432	Methanol
					1 CH_3OH
17	H_2O	7 H_2O	0,9200	1,400	Wasser
					1 H_2O
18	ACOH	8 ACOH	0,8952	0,680	Phenol
					5 ACH, 1 ACOH
19	CH_3CO	9 CH_2CO	1,6724	1,488	Pentanon-3
20	CH_2CO		1,4457	1,180	2 CH_3, 1 CH_2, 1 CH_2CO
21	CHO	10 CHO	0,9980	0,948	Propionaldehyd
					1 CH_3, 1 CH_2, 1 CHO
22	CH_3COO	11 CCOO	1,9031	1,728	Methylpropionat
23	CH_2COO		1,6764	1,420	2 CH_3, 1 CH_2COO
24	CH_3O	12 CH_2O	1,1450	1,088	Diethylether
25	CH_2O		0,9183	0,780	2 CH_3, 1 CH_2, 1 CH_2O
26	CHO		0,6908	0,468	
27	CH_3NH_2	13 CNH_2	1,5959	1,544	Ethylamin
28	CH_2NH_2		1,3692	1,236	1 CH_3, 1 CH_2NH_2
29	$CHNH_2$		1,1417	0,924	
30	$ACNH_2$	14 $ACNH_2$	1,0600	0,816	Anilin
					5 ACH, 1 $ACNH_2$
31	CH_3CN	15 CCN	1,8701	1,724	Propionnitril
32	CH_2CN		1,6434	1,416	1 CH_3, 1 CH_2CN

Tabelle 2-10. Fortsetzung

Untergruppe k		Hauptgruppe	r_k^G	q_k^G	Zuordnung
33	COOH	16 COOH	1,3013	1,224	Essigsäure
34	HCOOH		1,5280	1,532	1 CH_3, 1 COOH
35	CH_2Cl	17 CCl	1,4654	1,264	1-Chlorbutan
36	CHCl		1,2380	0,952	1 CH_3, 2 CH_2, 1 CH_2Cl
37	CCl		1,0106	0,724	
38	CH_2Cl_2	18 CCl_2	2,2564	1,998	1,1-Dichlorethan
39	$CHCl_2$		2,0606	1,684	1 CH_3, 1 $CHCl_2$
40	CCl_2		1,8016	1,448	
41	$CHCl_3$	19CCl_3	2,8700	2,410	1,1, 1-Trichlorethan
42	CCl_3		2,6401	2,184	1 CH_3, 1 CCl_3
43	CCl_4	20 CCl_4	3,3900	2,910	Tetrachlorkohlenstoff 1 CCl_4
44	ACCl	21 ACCl	1,1562	0,844	Chlorbenzol 5 ACH, 1 ACCl

Tabelle 2-11. UNIFAC-Wechselwirkungsparameter a_{nm} einiger ausgewählter Strukturgruppen in K [48]

Hauptgruppe		1	2	3	4	5	6	7
1	CH_2	0	86,02	61,13	76,5	986,5	697,2	1318,0
2	C=C	−35,36	0	38,81	74,15	524,1	787,6	270,6
3	ACH	−11,12	3,446	0	167,0	636,1	637,35	903,8
4	$ACCH_2$	−69,7	−113,6	−146,8	0	803,2	603,25	5695,0
5	OH	156,4	457,0	89,6	25,82	0	−137,1	353,5
6	CH_3OH	16,51	−12,52	−50,0	−44,5	249,1	0	−180,95
7	H_2O	300,0	496,1	362,3	377,6	−229,1	289,6	0
8	ACOH	275,8	217,5	25,34	244,2	−451,6	−265,2	−601,8
9	CH_2CO	26,76	42,92	140,1	365,8	164,5	108,65	472,5
10	CHO	505,7	56,3	23,39	106,0	−404,8	−340,18	232,7
11	CCOO	114,8	132,1	85,84	−170,0	245,4	249,63	200,8
12	CH_2O	83,36	26,51	52,13	65,69	237,7	238,4	−314,7
13	CNH_2	−30,48	1,163	−44,85	–	−164,0	−481,65	−330,4
14	$ACNH_2$	1139,0	2000,0	247,5	762,8	−17,4	−118,1	−367,8
15	CCN	24,82	−40,62	−22,97	−138,4	185,4	157,8	242,8
16	COOH	315,3	1264,0	62,32	268,2	−151,0	1020,0	−66,17
17	CCl	91,46	97,51	4,68	122,91	562,2	529,0	698,24
18	CCl_2	34,01	18,25	121,3	140,78	747,7	669,9	708,7
19	CCl_3	36,7	51,06	288,5	33,61	742,1	649,1	826,76
20	CCl_4	−78,45	160,9	−4,7	134,7	856,3	860,1	1201,0
21	ACCl	−141,26	−158,8	−237,68	375,5	246,9	661,6	920,4

Tabelle 2-11. Fortsetzung

Hauptgruppe		8	9	10	11	12	13	14
1	CH_2	1333,0	476,4	677,0	232,1	251,5	391,5	920,7
2	C=C	526,1	182,6	448,75	37,85	214,5	240,9	749,3
3	ACH	1329,0	25,77	347,3	5,994	32,14	161,7	648,2
4	$ACCH_2$	884,9	−52,1	586,8	5688,0	213,1	–	664,2
5	OH	−259,7	84,0	441,8	101,1	28,06	83,02	−52,39
6	CH_3OH	−101,7	23,39	306,42	−10,72	−128,6	359,3	489,7
7	H_2O	324,5	−195,4	−257,3	72,87	540,5	48,89	−52,29
8	ACOH	0	−356,1	–	−449,4	–	–	119,9
9	CH_2CO	−133,1	0	−37,36	−213,7	−103,6	–	6201,0
10	CHO	–	128,0	0	−110,3	304,1	–	–
11	CCOO	−36,72	372,2	185,1	0	−235,7	–	475,5
12	CH_2O	–	191,1	−7,838	461,3	0	–	–
13	CNH_2	–	–	–	–	–	0	−200,7
14	$ACNH_2$	−253,1	−450,3	–	−294,8	–	−15,07	0
15	CCN	–	−287,5	–	−266,6	38,81	–	777,4
16	COOH	–	−297,8	–	−256,3	−338,5	–	–
17	CCl	–	286,28	−47,51	35,38	225,39	–	429,7
18	CCl_2	–	423,2	–	−132,95	−197,71	–	140,8
19	CCl_3	–	552,1	242,8	176,45	−20,93	–	–
20	CCl_4	10 000,0	372,0	–	129,49	113,9	261,1	898,2
21	ACCl	–	128,1	–	−246,3	95,5	203,5	530,5

Tabelle 2-11. Fortsetzung

Hauptgruppe		15	16	17	18	19	20	21
1	CH_2	597,0	663,5	35,93	53,76	24,9	104,3	321,5
2	C=C	336,9	318,9	204,6	5,892	−13,99	−109,7	393,1
3	ACH	212,5	537,4	−18,81	−144,4	−231,9	3,0	538,23
4	$ACCH_2$	6096,0	603,8	−114,14	−111,0	−12,14	−141,3	−126,9
5	OH	6,712	199,0	75,62	−112,1	−98,12	143,1	287,8
6	CH_3OH	36,23	−289,5	−38,32	−102,54	−139,35	−67,8	17,12
7	H_2O	112,6	−14,09	325,44	370,4	353,68	497,54	678,2
8	ACOH	–	–	–	–	–	1827,0	–
9	CH_2CO	481,7	669,4	−191,69	−284,0	−354,55	−39,2	174,5
10	CHO	–	–	751,9	–	−483,7	–	–
11	CCOO	494,6	660,2	−34,74	108,85	−209,66	54,57	629,0
12	CH_2O	−18,51	664,6	301,14	137,77	−154,3	47,67	66,15
13	CNH_2	–	–	–	–	–	−99,81	68,81
14	$ACNH_2$	−281,6	–	287,0	−111,0	–	882,0	287,9
15	CCN	0	–	88,75	−152,7	−15,62	−54,86	52,31
16	COOH	–	0	44,42	120,2	76,75	212,7	–
17	CCl	−62,41	326,4	0	108,31	249,15	62,42	464,4
18	CCl_2	258,6	339,6	−84,53	0	0	56,33	–
19	CCl_3	74,04	1346,0	−157,1	0	0	−30,1	–
20	CCl_4	491,95	689,0	11,8	17,97	51,9	0	475,83
21	ACCl	356,9	–	−314,9	–	–	−255,43	0

3 Phasen- und Reaktionsgleichgewichte

Mit den Stabilitätsbedingungen aus Kap. 1, ergänzt durch Stoffdatenmodelle aus Kap. 2, können Phasengleichgewichte und Reaktionsgleichgewichte berechnet werden. Die unterschiedliche Zusammensetzung der Phasen im Gleichgewicht ist die Basis der thermischen Verfahrenstechnik, ebenso wie die Gleichgewichtszusammensetzung in chemisch reagierenden Gemischen für die chemische Verfahrenstechnik grundlegend ist. Die intensiven Zustandsgrößen einer fluiden Phase mit C Komponenten sind durch Druck, Temperatur und $C - 1$ Stoffmengenanteile der Komponenten festgelegt. Für ein System aus P Phasen im thermodynamischen Gleichgewicht sind diese Variablen der Phasen nicht unabhängig voneinander. Aufgrund der Bedingungen (1-60) und (1-61) für das thermische, mechanische und stoffliche Gleichgewicht bestehen zwischen ihnen $(P-1)(C+2)$ Verknüpfungen, sodass das Gesamtsystem nur

$$f = C - P + 2 \qquad (3\text{-}1)$$

unabhängige intensive Variable oder Freiheitsgrade hat. Dieses Ergebnis wird als *Gibbs'sche Phasenregel* bezeichnet [1]. Für chemisch inerte Systeme stimmt die Zahl C der Komponenten mit der Zahl K der Teilchenarten überein. Sind die Teilchenarten im chemischen Gleichgewicht, wird die Zahl der Komponenten durch jede unabhängige Reaktion um eins vermindert und ist gleich dem Rang R der sogenannten Formelmatrix (a_{ij}) oder der Zahl der Basiskomponenten, vgl. 1.3.2. Stöchiometrische Bedingungen zwischen den Komponenten setzen die Zahl der Freiheitsgrade weiter herab. In gleichem Maß sinkt gegenüber C die Zahl der unabhängigen Bestandteile, aus denen sich das System herstellen lässt. Ein Beispiel ist die Elektroneutralitätsbedingung in Elektrolytlösungen.

3.1 Phasengleichgewichte reiner Stoffe

Die Aussagen der Phasenregel lassen sich in Zustandsdiagrammen veranschaulichen.

3.1.1 p, v, T-Fläche

In dem in Bild 2-1 gezeigten dreidimensionalen Zustandsraum, der von den thermischen Zustandsgrößen p, v und T eines reinen Fluids aufgespannt wird, schneidet die Maxwell-Bedingung (1-72) zwischen den Zustandsbereichen des Festkörpers, der Flüssigkeit und des Gases bzw. überhitzten Dampfes die Teile der Fläche heraus, in denen der Stoff nicht einphasig vorliegt, sondern in zwei Phasen zerfällt. Die Zustandspunkte der koexistierenden Phasen liegen bei denselben Werten von Druck und Temperatur auf den Schnitträndern der Fläche, vgl. 1.3.3. Die Verbindungsgeraden dieser Zustandspunkte erzeugen zur p, T-Ebene senkrechte Flächen, deren Punkte ein heterogenes Gemisch koexistierender Phasen darstellen. Ihr spezifisches Volumen $v = (V^\alpha + V^\beta)/m$ ist dabei ein Rechenwert aus den Volumina V^α und V^β der beiden Phasen und der Masse m des heterogenen Gemisches. Im Einklang mit der Phasenregel, die für $C = 1$ und $P = 2$ den Freiheitsgrad $f = 1$ ergibt, können in den Zweiphasengebieten Druck und Temperatur nicht unabhängig voneinander vorgegeben werden. Während eines Phasenwechsels bei konstantem Druck bewegt sich der Zustandspunkt eines Systems auf der Verbindungsgeraden zwischen den Punkten der koexistierenden Phasen. Dabei bleibt die Temperatur notwendigerweise konstant.

Insgesamt enthält die thermische Zustandsfläche drei Zweiphasengebiete, das Schmelzgebiet, das Nassdampfgebiet und das Sublimationsgebiet, in denen Festkörper und Schmelze, siedende Flüssigkeit und gesättigter Dampf bzw. Festkörper und gesättigter Dampf nebeneinander im Gleichgewicht bestehen, vgl. Bild 2-1. Die Zweiphasengebiete sind durch die Schmelz- und die Erstarrungslinie, die Siede- und die Taulinie bzw. die Sublimations- und die Desublimationslinie begrenzt. Das Durchqueren dieser Gebiete entspricht dem Schmelzen und dem Erstarren, dem Verdampfen und dem Kondensieren sowie dem Sublimieren und dem Desublimieren.

Siede- und Taulinie treffen sich mit einer gemeinsamen Tangente im kritischen Punkt K, dem Scheitel des Nassdampfgebietes, vgl. 1.3.3. Das Flüssigkeits- und Gasgebiet hängen bei überkritischen Drücken und Temperaturen miteinander zusammen. Der kritische Druck p_k ist der höchste Druck, bei dem eine Flüssigkeit durch isobare Wärmezufuhr unter Blasenbildung verdampfen kann. Umgekehrt lässt sich ein Gas durch isotherme Kompression nur bei Temperaturen unterhalb der kritischen Temperatur T_k

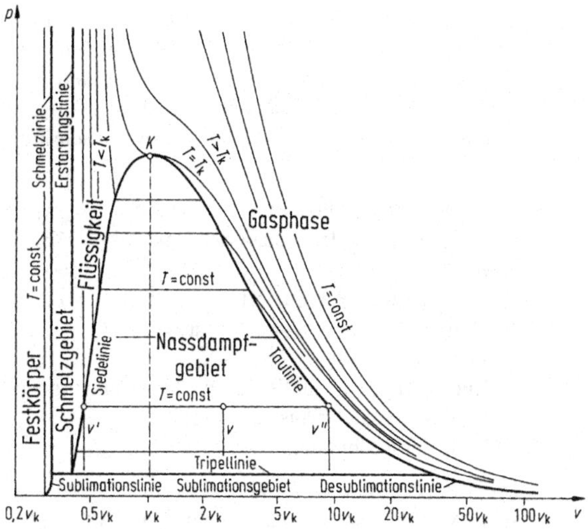

Bild 3-1. Zustandsgebiete eines reinen Stoffes im p,v-Diagramm mit logarithmischer Auftragung des spezifischen Volumens [3]

mit sichtbaren Tropfen verflüssigen. Ein kritischer Zustand für das Schmelzgebiet ist nicht bekannt.

Die Flächen der Zweiphasengebiete schneiden sich auf der Tripellinie, einer Geraden senkrecht zur p,T-Ebene. Hier finden sich die Zustände, in denen Feststoff, Schmelze und Dampf miteinander im Gleichgewicht sind. Die Phasenregel liefert für solche Systeme mit $C = 1$ und $P = 3$ den Freiheitsgrad $f = 0$, d. h., nur bei den ausgezeichneten Werten p_{tr} und T_{tr} von Druck und Temperatur auf der Tripellinie ist dieses Gleichgewicht möglich. Entsprechend realisiert das Dreiphasengleichgewicht eines reinen Stoffes eine wohldefinierte Temperatur, die als Fixpunkt einer Temperaturskala dienen kann, siehe 1.4.

Ebene Darstellungen der thermischen Zustandsgleichung erhält man durch Projektion von Bild 2-1 in die Koordinatenebenen. Ein Beispiel ist das p,v-Diagramm mit Isothermen T = const, die in den Zweiphasengebieten mit den Isobaren p = const zusammenfallen, siehe Bild 3-1. In den Grenzzuständen des idealen Gases am rechten Bildrand haben die Isothermen Hyperbelform.

3.1.2 Koexistenzkurven

Bild 3-2 zeigt das p,T-Diagramm mit Isochoren v = const, das aus der p,v,T-Fläche eines reinen Stoffes hervorgeht. Die Zweiphasengebiete sind zu Linien entartet, die sich im Tripelpunkt, dem Bild der Tripellinie, schneiden. Die Dampfdruckkurve, die vom Tripelpunkt bis zum kritischen Punkt reicht, ist die Projektion des Nassdampfgebietes. Die Schmelz- und Sublimationsdruckkurve entsprechen dem Schmelz- und Sublimationsgebiet. Diese sog. Koexistenzkurven, welche die Zustandsgebiete des Festkörpers, der Flüssigkeit und des Gases gegeneinander abgrenzen, ordnen jedem Druck eine Schmelz-, Siede- oder Sublimationstemperatur zu. Umgekehrt geben sie zu jeder Temperatur den Schmelzdruck, Dampfdruck oder Sublimationsdruck an.

Der stoffspezifische Verlauf der Koexistenzkurven ist durch die Bedingungen (1-60) und (1-61) für das Phasengleichgewicht festgelegt. Für einen reinen Stoff sind diese dem Maxwell-Kriterium (1-72) und der zusätzlichen Forderung äquivalent, dass die koexistierenden Phasen bei Druck und Temperatur des Gleichgewichts die thermische Zustandsgleichung erfüllen, siehe 1.3.3. Die Koexistenzkurven folgen damit allein aus der thermischen Zustandsgleichung.

Differenziert man (1-72) nach der Temperatur, erhält man mit (1-48)

$$dp_s/dT = (s^\alpha - s^\beta)/(v^\alpha - v^\beta)\,. \qquad (3\text{-}2)$$

Dies ist die Gleichung von Clausius und Clapeyron für die Steigung der Koexistenzkurven der Phasen α und β eines reinen Stoffes. Die spezifischen Entropien

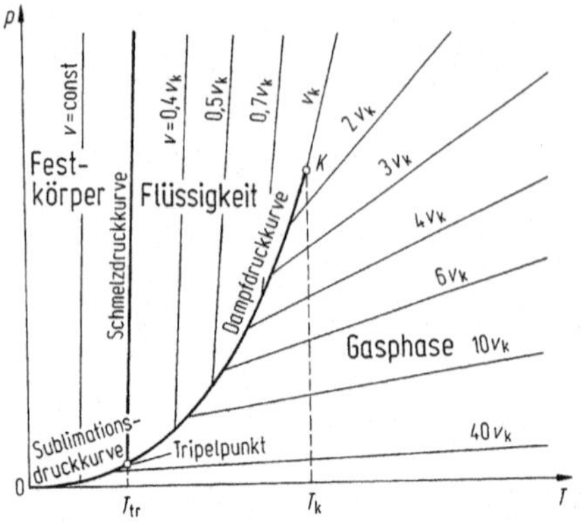

Bild 3-2. Koexistenzkurven eines reinen Stoffes im p, T-Diagramm [4]

und Volumina s^α, s^β, v^α und v^β sind bei der Temperatur T und dem zugehörigen Sättigungsdruck p_s des heterogenen Gleichgewichts einzusetzen. Die spezifische Umwandlungsentropie $s^\alpha - s^\beta$ ist wegen $\mu^\alpha = \mu^\beta$ nach (1-61) und $\mu = H_m - TS_m$ nach (1-52) durch

$$h^\alpha - h^\beta = T(s^\alpha - s^\beta) \tag{3-3}$$

mit der entsprechenden Umwandlungsenthalpie $h^\alpha - h^\beta$ verknüpft. Aus (3-2) und (1-48) folgt, dass die kritische Isochore $v = v_k$, siehe Bild 3-2, Tangente der Dampfdruckkurve im kritischen Punkt ist.

3.1.3 Sättigungsgrößen des Nassdampfgebietes

Der Dampfdruck p_s und die spezifischen Volumina v' and v'' auf Siede- und Taulinie lassen sich bei vorgegebener Temperatur mit einer thermischen Zustandsgleichung punktweise berechnen. Für das Beispiel der Gleichung von Redlich-Kwong-Soave gibt Baehr [5] ein Verfahren an, das die kubische Form (2-51) dieser Zustandsgleichung und das mit der druckexpliziten Form (2-43) aufbereitete Maxwell-Kriterium (1-72)

$$p_{sr} = \frac{1}{v_r'' - v_r'}\left[3T_r \ln\frac{v_r'' - b_r}{v_r' - b_r} - \frac{\alpha}{b_r^2}\ln\left(\frac{v_r''}{v_r'}\cdot\frac{v_r' + b_r}{v_r'' + b_r}\right)\right] \tag{3-4}$$

als dimensionslose Arbeitsgleichungen benutzt. Die Bezeichnungen entsprechen 2.1.3; insbesondere kennzeichnet der Index r reduzierte, d. h. auf ihren Wert im kritischen Zustand bezogene Größen. Die Zeichen $'$ und $''$ verweisen generell auf Zustandsgrößen der siedenden Flüssigkeit bzw. des gesättigten Dampfes. Die Iteration läuft in folgenden Schritten ab:

1. Vorgabe der reduzierten Temperatur $T_r = T/T_k$ und Schätzung des reduzierten Dampfdrucks $p_{sr} = p_s/p_k$.
2. Berechnung der reduzierten spezifischen Volumina $v_r' = v'/v_k$ und $v_r'' = v''/v_k$ aus (2-51).
3. Berechnung von p_{sr} aus (3-4).
4. Rücksprung zu 2., falls sich p_{sr} über eine vorgegebene Schranke hinaus verändert hat.
5. Ende der Rechnung.

Die Konvergenz des Verfahrens ist in einigem Abstand vom kritischen Zustand gut. Eine Alternative ist das Newton-Verfahren zur Bestimmung von p_{sr} aus (3-4).

Viele Dampfdruckkorrelationen [6] leiten sich aus der Gleichung von Clausius und Clapeyron ab, sind aber im strengen Sinn nicht thermodynamisch konsistent. Setzt man z. B. für die spezifische Verdampfungsenthalpie $h'' - h' = r_0 = \text{const}$ und für die spezifischen Volumina $v' = 0$ und $v'' = RT/p$, ergibt die Integration von (3-2) mit (3-3)

$$\ln[p_s/(p_s)_0] = r_0(1 - T_0/T)/(RT_0)\,. \tag{3-5}$$

Zur Anwendung dieser in begrenzten Temperaturbereichen erstaunlich genauen Dampfdruckgleichung wird ein Punkt $[(p_s)_0, T_0]$ der Dampfdruckkurve und die zugehörige Verdampfungsenthalpie r_0 benötigt. Rein empirisch ist die Dampfdruckgleichung von Antoine,

$$\lg(p_s/\text{bar}) = A - B(T/K + C)\,, \tag{3-6}$$

die nur in dem Temperaturbereich zuverlässig ist, in dem die stoffspezifischen Konstanten A, B und C bestimmt wurden. Vielfach werden andere Einheiten als bar und Kelvin verwendet. Antoine-Konstanten vieler Stoffe findet man in [7] und [8]. Größere Genauigkeit liefert die 4-gliedrige Dampfdruckgleichung von Wagner [9].

Bei gegebener Temperatur folgen mit v' und v'' die spezifischen Enthalpien und Entropien h', h'', s'

und s'' auf den Grenzkurven des Nassdampfgebietes nach 2.1.3. Für ausgewählte Stoffe sind Siedetemperaturen und Dampfdrücke sowie spezifische Volumina, Enthalpien und Entropien auf Siede- und Taulinie in Dampftafeln, vgl. 2.1.3, verzeichnet. Unabhängige Variable sind dabei die Temperatur *oder* der Druck. Ein Beispiel ist die Temperaturtafel Tabelle 3-1 für Wasser mit $r = h'' - h'$ als der spezifischen Verdampfungsenthalpie. Sie ist gleich der auf die Masse bezogenen Wärme, die bei der isobaren vollständigen Verdampfung einer siedenden Flüssigkeit zuzuführen ist.

3.1.4 Eigenschaften von nassem Dampf

Ein heterogenes Gemisch aus siedender Flüssigkeit und gesättigtem Dampf im Gleichgewicht heißt nasser Dampf. Seine Zusammensetzung wird durch den Dampfgehalt

$$x \equiv m''/(m' + m'') = m''/m \tag{3-7}$$

mit m' als der Masse der Flüssigkeit, m'' als der Masse des Dampfes und $m = m' + m''$ als der Masse des heterogenen Systems gekennzeichnet. Jede mengenartige extensive Zustandsgröße Z dieses Systems, z. B. das Volumen V, die Enthalpie H oder die Entropie S, ist die Summe der entsprechenden Zustandsgrößen Z' und Z'' der Phasen. Die spezifischen Zustandsgrößen von nassem Dampf ergeben sich daher nach der Mischungsregel

$$z \equiv Z/m = (1 - x)z' + xz'' \tag{3-8}$$

aus den gleichartigen Eigenschaften $z' = Z'/m''$ und $z'' = Z''/m''$ der Phasen. Wegen des Phasengleichgewichts sind z' und z'' nach 3.1.3 Funktionen von Druck *oder* Temperatur und können für die technisch wichtigsten Substanzen Dampftafeln entnommen werden. Aus (3-8) folgt unmittelbar das sog. *Hebelgesetz* der Phasenmengen

$$m'(z - z') = m''(z'' - z)\,, \tag{3-9}$$

das sich in Phasendiagrammen, z. B. Bild 3-1, geometrisch deuten lässt. Die isothermen Abstände eines Zustandspunktes von nassem Dampf zu den Grenzkurven verhalten sich wie Hebelarme, die unter der Last der Phasenmengen im Gleichgewicht sind.

Zur Berechnung isentroper Enthalpiedifferenzen ist der Zusammenhang

$$h = h' + T(s - s') \tag{3-10}$$

zwischen der spezifischen Enthalpie h und der spezifischen Entropie s von nassem Dampf mit der Siedetemperatur T nützlich. Das Ergebnis beruht auf der Spezialisierung von (3-8) auf Enthalpie und Entropie und der Elimination des Dampfgehaltes x unter Beachtung von (3-3).

3.1.5 T,s- und h,s-Diagramm

Wichtiger als das p, v-Diagramm sind bei der Darstellung von Prozessen das T, s- und h, s-Diagramm. Denn neben den umgesetzten Energien lassen sich in diesen Koordinaten auch Aussagen des zweiten Hauptsatzes kenntlich machen. Bild 3-3 zeigt das T, s-Diagramm eines reinen Stoffes in der Umgebung des Nassdampfgebietes. Siede- und Taulinie mit dem Dampfgehalt $x = 0$ und $x = 1$ bilden eine glockenförmige Kurve, in deren Scheitel der kritische Punkt K liegt. Sie schließen das Nassdampfgebiet ein; links der Siedelinie ist das Flüssigkeits- und rechts der Taulinie das Gasgebiet. Die Isobaren, die im Flüssigkeitsgebiet dicht an der Siedelinie verlaufen, haben nach Tabelle 1-1 die Steigung $(\partial T/\partial s)_p = T/c_p$. Dies gilt auch im Nassdampfgebiet, wo die Isobaren mit den Isothermen zusammenfallen. In den Grenzzuständen des idealen Gases am rechten Bildrand sind die Isobaren nach (2-14) in s-Richtung parallel verschobene Kurven. Der Verlauf der Linien x = const ist durch das Hebelgesetz (3-9) bestimmt. Spezifische Energien erscheinen im T, s-Diagramm als Flächen. Insbesondere bedeutet die Fläche unter einer Isobaren wegen $T\mathrm{d}s = \mathrm{d}h - v\mathrm{d}p$ die Differenz spezifischer Enthalpien. So ist das Rechteck unter einer Isobaren des Nassdampfgebietes die spezifische Verdampfungsenthalpie, vgl. (3-3). Die Fläche unter einer beliebigen Zustandslinie ist nach (1-111) die Summe der auf die Masse bezogenen Wärme und dissipierten Energie; nur für einen reversiblen Prozess stellt die Fläche eine Wärme dar.

Das h, s-Diagramm eines reinen Stoffes mit Linien p = const, das in Bild 3-4 für die Umgebung des Nassdampfgebietes gezeichnet ist, enthält die

Tabelle 3-1. Dampftafel für das Nassdampfgebiet von Wasser [10]

t °C	P bar	v' dm³/kg	v'' m³/kg	h' kJ/kg	h'' kJ/kg	r kJ/kg	s' kJ/(kg · K)	s'' kJ/(kg · K)
0,01	0,006117	1,000	205,997	0,000612	2500,9	2500,9	0,000000	9,1555
5	0,008726	1,000	147,017	21,019	2510,1	2489,1	0,076252	9,0249
10	0,012282	1,000	106,309	42,021	2519,2	2477,2	0,15109	8,8998
15	0,017057	1,001	77,881	62,984	2528,4	2465,4	0,22447	8,7804
20	0,023392	1,002	57,761	83,920	2537,5	2453,6	0,29650	8,6661
25	0,031697	1,003	43,341	104,84	2546,5	2441,7	0,36726	8,5568
30	0,042467	1,004	32,882	125,75	2555,6	2429,8	0,43679	8,4521
35	0,056286	1,006	25,208	146,64	2564,6	2417,9	0,50517	8,3518
40	0,073844	1,008	19,517	167,54	2573,5	2406,0	0,57243	8,2557
45	0,095944	1,010	15,253	188,44	2582,5	2394,0	0,63862	8,1634
50	0,12351	1,012	12,028	209,34	2591,3	2382,0	0,70379	8,0749
55	0,15761	1,015	9,565	230,24	2600,1	2369,9	0,76798	7,9899
60	0,19946	1,017	7,668	251,15	2608,8	2357,7	0,83122	7,9082
65	0,25041	1,020	6,194	272,08	2617,5	2345,4	0,89354	7,8296
70	0,31201	1,023	5,040	293,02	2626,1	2333,1	0,95499	7,7540
75	0,38595	1,026	4,129	313,97	2634,6	2320,6	1,0156	7,6812
80	0,47415	1,029	3,405	334,95	2643,0	2308,1	1,0754	7,6110
85	9,57868	1,032	2,826	355,95	2651,3	2295,4	1,1344	7,5434
90	0,70182	1,036	2,359	376,97	2659,5	2282,6	1,1927	7,4781
95	0,84609	1,040	1,981	398,02	2667,6	2269,6	1,2502	7,4150
100	1,0142	1,043	1,672	419,10	2675,6	2256,5	1,3070	7,3541
110	1,4338	1,052	1,209	461,36	2691,1	2229,7	1,4187	7,2380
120	1,9867	1,060	0,8913	503,78	2705,9	2202,2	1,5278	7,1291
130	2,7026	1,070	0,6681	546,39	2720,1	2173,7	1,6346	7,0264
140	3,6150	1,080	0,5085	589,20	2733,4	2144,2	1,7393	6,9293
150	4,7610	1,091	0,3925	632,25	2745,9	2113,7	1,8420	6,8370
160	6,1814	1,102	0,3068	675,57	2757,4	2081,9	1,9428	6,7491
170	7,9205	1,114	0,2426	719,21	2767,9	2048,7	2,0419	6,6649
180	10,026	1,127	0,1939	763,19	2777,2	2014,0	2,1395	6,5841
190	12,550	1,141	0,1564	807,57	2785,3	1977,7	2,2358	6,5060
200	15,547	1,157	0,1272	852,39	2792,1	1939,7	2,3308	6,4303
210	19,074	1,173	0,1043	897,73	2797,4	1899,6	2,4248	6,3565
220	23,193	1,190	0,08610	943,64	2801,1	1857,4	2,5178	6,2842
230	27,968	1,209	0,07151	990,21	2803,0	1812,8	2,6102	6,2131
240	33,467	1,229	0,05971	1037,5	2803,1	1765,5	2,7019	6,1425
250	39,759	1,252	0,05009	1085,7	2801,0	1715,3	2,7934	6,0722
260	46,921	1,276	0,04218	1134,8	2796,6	1661,8	2,8847	6,0017
270	55,028	1,303	0,03562	1185,1	2789,7	1604,6	2,9762	5,9304
280	64,165	1,333	0,03015	1236,7	2779,8	1543,1	3,0681	5,8578
290	74,416	1,366	0,02556	1289,8	2766,6	1476,8	3,1608	5,7832
300	85,877	1,404	0,02166	1344,8	2749,6	1404,8	3,2547	5,7058
310	98,647	1,448	0,01834	1402,0	2727,9	1325,9	3,3506	5,6243
320	112,84	1,499	0,01548	1462,1	2700,7	1238,6	3,4491	5,5373
330	128,58	1,561	0,01298	1525,7	2666,2	1140,5	3,5516	5,4425
340	146,00	1,638	0,01078	1594,4	2622,1	1027,6	3,6599	5,3359
350	165,29	1,740	0,008801	1670,9	2563,6	892,73	3,7783	5,2109
360	186,66	1,895	0,006946	1761,5	2481,0	719,54	3,9164	5,0527
370	210,43	2,222	0,004947	1892,6	2333,5	440,94	4,1142	4,7996
373,946	220,64	3,106	0,003106	2087,5	2087,5	0,00	4,4120	4,4120

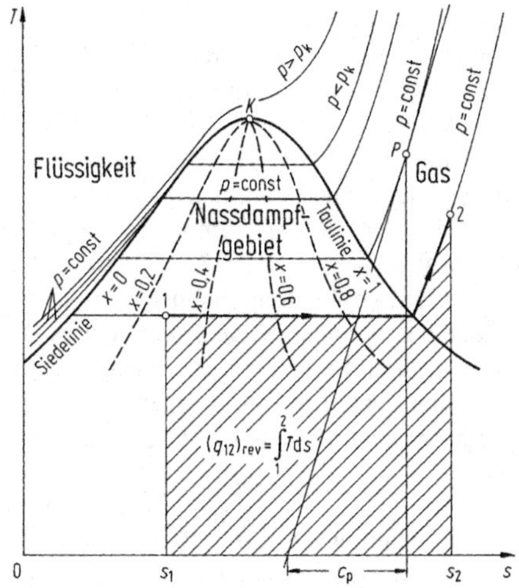

Bild 3-3. Fluider Zustandsbereich eines reinen Stoffes im T, s-Diagramm [11]

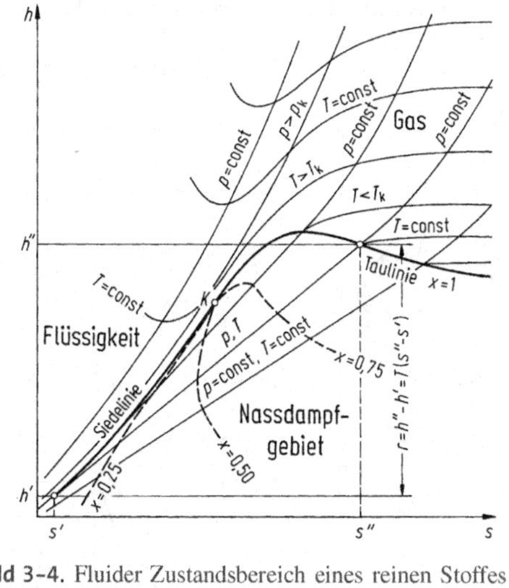

Bild 3-4. Fluider Zustandsbereich eines reinen Stoffes im h, s-Diagramm [12]

Information der Fundamentalgleichung $h = h(s, p)$, vgl. 1.2.3. Siede- und Taulinie grenzen das Nassdampfgebiet nach links und rechts gegen das Flüssigkeits- und Gasgebiet ab. Der kritische Punkt K liegt im gemeinsamen Wendepunkt von Siede- und Taulinie am linken Hang des Nassdampfgebietes.

Wie sich aus Tabelle 1-1, vgl. auch (3-10), ergibt, beträgt die Steigung der Isobaren in den homogenen und heterogenen Gebieten $(\partial h/\partial s)_p = T$. Da die Temperatur von nassem Dampf nach 3.1.2 bei konstantem Druck einen festen Wert hat, sind die Isobaren des Nassdampfgebietes Geraden mit einem Steigungsdreieck nach (3-3). Die Geraden werden mit wachsendem Druck, d. h. steigender Siedetemperatur, immer steiler, wobei die kritische Isobare Tangente an die Grenzkurven im kritischen Punkt K ist. Die Isobaren überqueren die Grenzkurven im Gegensatz zum T, s-Diagramm ohne Knick, weil die Temperatur sich dort nicht sprungartig ändert. Die Isothermen, die im Nassdampfgebiet mit den Isobaren zusammenfallen, knicken auf den Grenzkurven ab und gehen im Gasgebiet asymptotisch in Linien h = const über. Denn in den Grenzzuständen des idealen Gases hängt die Enthalpie nur von der Temperatur ab. Die Linien x = const folgen aus dem Hebelgesetz (3-9). Die spezifischen Energien des h, s-Diagramms sind Ordinatendifferenzen, die durch die Energiebilanzen von 1.5.2 mit der massebezogenen Wärme und Arbeit eines Prozesses verknüpft sind.

3.2 Phasengleichgewichte fluider Mehrstoffsysteme

Koexistierende Phasen von Mehrstoffsystemen haben im Allgemeinen unterschiedliche Zusammensetzung. Diese Aussage besitzt für die Verfahrenstechnik zentrale Bedeutung, da diese unterschiedliche Zusammensetzung der Phasen von allein angestrebt wird. Dieser Ausgleichsprozess wird von allen thermischen Trennverfahren zur Auftrennung von Gemischen in die zugehörigen Reinstoffe genutzt. Druck, Temperatur und Konzentrationen sind dabei durch die Gleichgewichtsbedingungen (1-60) und (1-61) verknüpft. Mit den Komponenten wächst die Zahl der maximal möglichen Phasen eines Systems, die sich aus (3-1) mit $f = 0$ ergibt.

3.2.1 Phasendiagramme

Die ein- und mehrphasigen Zustandsgebiete binärer und ternärer Systeme lassen sich in Phasendiagrammen kenntlich machen. Die mehrphasigen Zustände müssen in der thermischen Verfahrenstechnik bekannt sein und eingestellt werden, um einen Trennvorgang einleiten zu können. Variable sind dabei Druck, Temperatur und $K - 1$ Molanteile der als inert vorausgesetzten Komponenten. Für viele Anwendungen genügen Ausschnitte der Diagramme im dampfförmig-flüssigen, flüssig-flüssigen und fest-flüssigen Zustandsbereich.

Die Bilder 3-5a bis d zeigen verschiedene Formen des Verdampfungsgleichgewichts binärer Systeme der Komponenten A_1 und A_2 im Siede- und Gleichgewichtsdiagramm. Die Koordinaten sind T und x bzw. x' und x'' bei $p = \text{const}$. Dabei ist x der Stoffmengenanteil der Komponente A_1, die beim gegebenen Druck die kleinere Siedetemperatur hat. Die Marken $'$ und $''$ kennzeichnen die siedende Flüssigkeit und den gesättigten Dampf. Der Druck liegt unterhalb des kritischen Drucks der reinen Komponenten.

Die Zustände der siedenden Flüssigkeit und des gesättigten Dampfes, die nach der Phasenregel durch Funktionen $x' = x'(T, p)$ und $x'' = x''(T, p)$ beschrieben werden, bilden sich im T, x-Diagramm als Siede- bzw. Taulinie ab. Die Punkte, die durch das Phasengleichgewicht einander zugeordnet sind, liegen auf Linien $T = \text{const}$, die als Konoden bezeichnet werden. Auf den Konoden lassen sich die Zusammensetzungen x' und x'' ablesen, die im Gleichgewichtsdiagramm gegeneinander aufgetragen sind. Siede- und Taulinie schließen das Nassdampfgebiet ein, dessen Punkte einem zweiphasigen Gemisch aus siedender Flüssigkeit und gesättigtem Dampf entsprechen. Eine Konode durch einen Zustandspunkt dieses Feldes markiert mit ihren Endpunkten den Zustand der Phasen des Gemisches. Die Stoffmengen n' und n'' der beiden Phasen genügen dem Hebelgesetz

$$n'(x - x') = n''(x'' - x) , \qquad (3\text{-}11)$$

das auf der Erhaltung der Komponentenmengen beim Zerfall eines Systems mit der Zusammensetzung x in eine $'$- und in eine $''$-Phase beruht. Unterhalb der Siedelinie liegt das Flüssigkeitsgebiet, in dem es bereichsweise zwei Phasen in Form von Mischungslücken geben kann. Oberhalb der Taulinie ist das Einphasengebiet des überhitzten Dampfes.

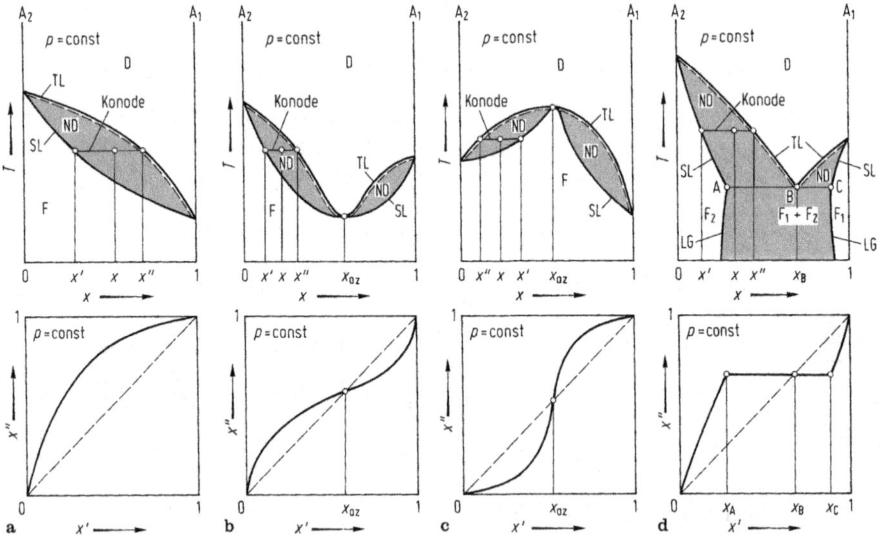

Bild 3-5. Formen des Verdampfungsgleichgewichts binärer Systeme im Siede- und Gleichgewichtsdiagramm. Es bedeuten D Dampf, F Flüssigkeit, ND nasser Dampf, SL Siedelinie, TL Taulinie und LG Löslichkeitsgrenze. Die Zweiphasengebiete sind schattiert angelegt. **a** Gemisch mit monotonem Verlauf von Siede- und Taulinie. **b** Gemisch mit einem Minimum der Siedetemperatur. **c** Gemisch mit einem Maximum der Siedetemperatur. **d** Gemisch mit einer Mischungslücke im Flüssigkeitsgebiet

Im Beispiel der Bilder 3-5a bis c bilden die flüssigen Komponenten im gesamten Konzentrationsbereich homogene Mischungen. Bei Systemen nach Bild 3-5a, zu denen auch ideale Lösungen mit idealem Dampf zählen, ändert sich die Temperatur auf den Grenzen des Nassdampfgebiets monoton. Stärkere Abweichungen von der Idealität führen bei ähnlichen Siedetemperaturen der Komponenten häufig zu Minima oder Maxima von Siede- und Taulinie, vgl. Bild 3-5b und c. Die Kurven berühren sich dann in einem gemeinsamen Punkt mit horizontaler Tangente, einem sog. *azeotropen Punkt*, der im Gleichgewichtsdiagramm auf der Hauptdiagonale liegt. In diesem ausgezeichneten Punkt haben Dampf und Flüssigkeit dieselbe Zusammensetzung und das Nassdampfgebiet wird bei einer konstanten Temperatur durchschritten, sodass Gemische mit azeotroper Zusammensetzung eine besondere Rolle in der Energie- und Verfahrenstechnik spielen. Bild 3-5d zeigt den Fall, dass die flüssigen Komponenten nur beschränkt ineinander löslich sind und in einer Mischungslücke zwei flüssige Phasen vorliegen. Siede- und Taulinie bestehen dann aus zwei Ästen mit einem Minimum der Siedetemperatur im gemeinsamen Punkt B, einem *heteroazeotropen Punkt*. Die Linie AC ist ein Dreiphasengebiet aus den Flüssigkeiten A und C und dem Dampf B. Die azeotropen Zusammensetzungen sind Funktionen des Drucks.

Bei isobarer Wärmezufuhr bewegt sich der Zustandspunkt eines flüssigen Systems im T, x-Diagramm auf einer Linie x = const zu höheren Temperaturen. Ist die Siedelinie erreicht, bildet sich die erste Dampfblase, die im Fall von Bild 3-5a stark mit der leichter siedenden Komponente A_1 angereichert ist. Weitere Wärmezufuhr lässt die Temperatur und die Dampfmenge entsprechend dem Hebelgesetz wachsen. Beim Überschreiten der Taulinie verschwindet der letzte, an A_1 verarmte Flüssigkeitstropfen. Im Gegensatz zu einem reinen Stoff bleibt die Temperatur eines binären Systems bei isobarem Phasenwechsel nicht konstant. Ausgenommen sind Systeme mit azeotroper Zusammensetzung.

Mit wachsendem Druck verschieben sich die Grenzen des Nassdampfgebietes im T, x-Diagramm zu höheren Temperaturen, vgl. Bild 3-6 für ein System des Typs a aus Bild 3-5. Wird der kritische Druck einer

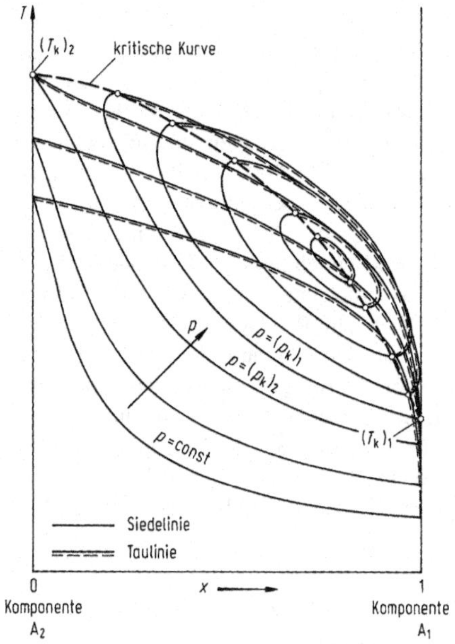

Bild 3-6. Grenzkurven des Nassdampfgebietes eines Systems nach Bild 3-5a für verschiedene Drücke im Siedediagramm [13]

Komponente überschritten, löst sich das Nassdampfgebiet von den Begrenzungen $x = 0$ bzw. $x = 1$ des Diagramms. In diesem Fall gehen Siede- und Taulinie in einem Punkt mit gemeinsamer horizontaler Tangente ineinander über, die zugleich Konode ist. Flüssigkeits- und Dampfphase sind in einem solchen Punkt identisch, sodass hier ein kritischer Zustand des Systems vorliegt. Ist der Druck größer als der kritische Druck beider Komponenten, wird das Nassdampfgebiet eine Insel, die schließlich ganz verschwindet. Die Verbindungslinie der kritischen Zustände heißt kritische Kurve.

Eine Darstellung der Gleichgewichte fester und flüssiger binärer Phasen im T, x-Diagramm findet man in [14].

Die Zusammensetzung ternärer Systeme lässt sich in Dreiecksdiagrammen beschreiben. Vornehmlich werden gleichseitige Dreiecke nach Bild 3-7a benutzt, deren Seiten zu eins normiert sind. Die Ecken entsprechen den reinen Komponenten A_1, A_2 und A_3 des Systems. Auf den Dreiecksseiten, die nach Stoffmengenanteilen geteilt sind, findet man die binären Randsysteme. Punkte innerhalb des Dreiecks stellen ternäre Gemische dar. Die Linien konstanter Stoffmengenanteile x_i verlaufen parallel zu den Dreiecksseiten, die der Ecke A_i gegenüberliegen, und schneiden auf den Randmaßstäben die Werte x_i, ab. Die Geometrie des Diagramms sichert die Bedingung $x_1 + x_2 + x_3 = 1$. Bild 3-7b zeigt das Phasendiagramm eines ternären Systems im Bereich flüssiger Zustände für konstante Werte von Druck und Temperatur in Dreieckskoordinaten. Das binäre Randsystem der Komponenten A_1 und A_2 hat eine Mischungslücke, die sich auf die benachbarten ternären Systeme ausdehnt. Die Phase mit der größeren Dichte wird mit $'$, die andere mit $''$ bezeichnet. Nach der Phasenregel bilden sich die Zustände der koexistierenden Phasen in der Koordinatenebene als Linien ab. Dies sind die Äste der

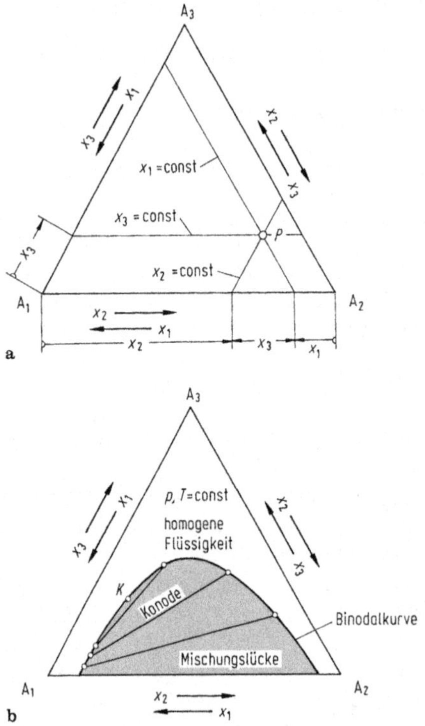

Bild 3-7. Beschreibung ternärer Systeme in Dreieckskoordinaten. **a** Auffinden der Stoffmengenanteile x_i zu einem Zustandspunkt P, **b** Flüssig-flüssig-Gleichgewicht in einem System mit Mischungslücke

Binodalkurve, die im Punkt K ineinander übergehen. Die geradlinigen Konoden verbinden die Zustandspunkte von Phasen, die miteinander im Gleichgewicht sind. Jeder Zustandspunkt auf einer Konode stellt ein heterogenes Gemisch dieser Phasen dar. Die Phasenmengen folgen dem Hebelgesetz

$$n'(x_i - x_i') = n''(x_i'' - x_i) \quad (i = 1, 2, 3)\,, \qquad (3\text{-}12)$$

das sich aus der Erhaltung der Komponentenmengen beim Phasenzerfall eines ternären Systems mit der Zusammensetzung x_i ergibt. Im Punkt K berühren sich Konode und Binodalkurve, sodass beide Phasen identisch werden. Damit ist K ein kritischer Punkt. Andere Formen des Flüssig-flüssig-Gleichgewichts ternärer Systeme enthält [15].

3.2.2 Differenzialgleichungen der Phasengrenzkurven

Aus den Bedingungen (1-61) für das Phasengleichgewicht lassen sich Differenzialgleichungen herleiten, die allgemeine Aussagen über den Verlauf der Grenzkurven in Phasendiagrammen liefern. Dies soll am Beispiel eines binären Systems mit den Phasen α und β gezeigt werden, die bei der Temperatur T, dem Druck p sowie den Werten x^α und x^β des Stoffmengenanteils der Komponente 1 im Gleichgewicht sind. Da die Differenz $\mu_i^\alpha - \mu_i^\beta$ der chemischen Potenziale der Komponente i nach (1-61) in allen Gleichgewichtszuständen Null ist, verschwindet unter den Bedingungen des Gleichgewichts das totale Differenzial $\mathrm{d}(\mu_i^\alpha - \mu_i^\beta)$. Die Änderungen der intensiven Zustandsgrößen zwischen benachbarten Gleichgewichtszuständen sind daher durch

$$\begin{aligned}&-\left(S_i^\alpha - S_i^\beta\right)\mathrm{d}T + \left(V_i^\alpha - V_i^\beta\right)\mathrm{d}p \\ &+ (\partial\mu_i^\alpha/\partial x^\alpha)_{T,p}\,\mathrm{d}x^\alpha - \left(\partial\mu_i^\beta/\partial x^\beta\right)_{T,p}\mathrm{d}x^\beta = 0 \quad (3\text{-}13)\\ &\text{mit} \quad 1 \leqq i \leqq 2\end{aligned}$$

verknüpft, wobei die Temperatur- und Druckableitung des chemischen Potenzials μ_i nach (1-51) und (1-50) durch die negative partielle molare Entropie S_i und das partielle Molvolumen V_i der Komponente i ersetzt sind. Wegen (1-61) und (1-52) besteht dabei der Zusammenhang $S_i^\alpha - S_i^\beta = (H_i^\alpha - H_i^\beta)/T$ mit H_i als der partiellen molaren Enthalpie der

Komponente i. Sind die α- und β-Phasen Dampf $''$ bzw. Flüssigkeit', erhält man aus (3-13) unter Berücksichtigung von (1-25) von Gibbs-Duhem für die Siede- und Taulinie $T = T(x')$ bzw. $T = T(x'')$ bei $p = \text{const}$ die Differenzialgleichungen [16]

$$\frac{\mathrm{d}T}{\mathrm{d}x'} = \frac{T(x' - x'')(\partial\mu_1'/\partial x')_{T,p}}{(1 - x')\left[x''\left(H_1'' - H_1'\right) + (1 - x'')\left(H_2'' - H_2'\right)\right]}, \tag{3-14}$$

$p = \text{const}$.

$$\frac{\mathrm{d}T}{\mathrm{d}x''} = \frac{T(x' - x'')(\partial\mu_1''/\partial x'')_{T,p}}{(1 - x'')\left[x'\left(H_1'' - H_1'\right) + (1 - x')\left(H_2'' - H_2'\right)\right]}, \tag{3-15}$$

$p = \text{const}$.

Die Ableitungen des chemischen Potenzials μ_1 sind aufgrund der Stabilitätsbedingungen (1-73) stets positiv. Die eckigen Klammern im Nenner, welche die molare Überführungsenthalpie beim Übergang einer Stoffportion mit der Zusammensetzung x'' bzw. x' von der Flüssigkeit in den Dampf bedeuten, sind in einigem Abstand von kritischen Zuständen ebenfalls positiv. Die Steigung von Siede- und Taulinie im T, x-Diagramm ist daher negativ, wenn der Dampf im Vergleich zur Flüssigkeit an der Komponente 1 angereichert ist. Sind Dampf und Flüssigkeit gleich zusammengesetzt, haben Siede- und Taulinie eine horizontale Tangente, wie in Bild 3-6b und c zu erkennen ist. Aus (3-13) lässt sich ableiten, dass einem Minimum der Siedetemperatur bei $p = \text{const}$ ein Maximum des Dampfdrucks bei $T = \text{const}$ entspricht und umgekehrt.

Ist die im Lösungsmittel 1 gelöste Komponente 2 nicht flüchtig, besteht der Dampf aus reinem Lösungsmittel mit $x'' = 1$. In diesem Fall vereinfacht sich (3-14) zu

$$\mathrm{d}T/\mathrm{d}x' = -T(\partial\mu_1'/\partial x')_{T,p}/(H_1'' - H_1') \tag{3-16}$$

bei $p = \text{const}$,

d. h., die Siedetemperatur der Lösung erhöht sich mit steigendem Molanteil $x_2' = (1 - x')$ des gelösten Stoffes. Beschränkt man sich auf Zustände großer Verdünnung $x_2' \ll 1$, folgt μ_1' dem Ansatz (2-126) für das chemische Potenzial der Komponenten einer idealen Lösung. Die Integration von (3-16) bei $p = \text{const}$ ergibt dann unter Vernachlässigung kleiner Terme für die isobare Siedepunktserhöhung der Lösung im Vergleich zum Lösungsmittel [17]

$$T - T_{s01} = R_m T_{s01}^2 x_2'/(M_1 r_{01}) \,. \tag{3-17}$$

Dabei sind T_{s01} die Siedetemperatur und r_{01} die spezifische Verdampfungsenthalpie des reinen Lösungsmittels mit der molaren Masse M_1 beim Druck p. Dissoziiert der Stoff 2, ist für x_2' die Summe der Stoffmengenanteile der Teilchenarten einzusetzen, die bei der Lösung des Stoffes 2 entstehen. Der isobaren Siedepunktserhöhung entspricht eine isotherme Dampfdruckerniedrigung, die sich unter den Voraussetzungen von (3-17) aus dem Raoult'schen Gesetz (3-25), siehe 3.2.3, berechnen lässt.

Analog zur Siedepunktserhöhung findet man für das Gleichgewicht eines reinen festen Stoffes 1 mit einer flüssigen Mischphase aus den Stoffen 1 und 2 eine Gefrierpunktserniedrigung der Mischung gegenüber dem Schmelzpunkt des reinen Stoffes 1 [18].

3.2.3 Punktweise Berechnung von Phasengleichgewichten

Für die Praxis wichtiger als die differentiellen Beziehungen für das Gleichgewicht zweier fluider Phasen $'$ und $''$ ist die punktweise Auswertung der Gleichgewichtsbedingungen (1-61)

$$\mu_i'(T, p, x_1', \ldots, x_{K-1}') = \mu_i''(T, p, x_1'', \ldots, x_{K-1}'') \quad \text{mit} \quad 1 \leqq i \leqq K \tag{3-18}$$

für einen Satz gesuchter Größen. Mit dem Ansatz (2-118), der das chemische Potenzial μ_i einer Komponente i mithilfe der Fugazität f_i darstellt, reduziert sich (3-18) auf

$$f_i'(T, p, x_1', \ldots, x_{K-1}') = f_i''(T, p, x_1'', \ldots, x_{K-1}'') \quad \text{mit} \quad 1 \leqq i \leqq K \,. \tag{3-19}$$

Das Phasengleichgewicht ist daher allein durch die thermische Zustandsgleichung des Systems bestimmt, aus der die Fugazitäten im Prinzip berechenbar sind. In Abhängigkeit von den jeweils verfügbaren Stoffmodellen wird (3-19) in mehreren Varianten angewendet.

Für Systeme mit schwach polaren Komponenten kann bei der Auswertung der Bedingungen für das Dampf-Flüssigkeits-Gleichgewicht häufig auf eine thermische Zustandsgleichung für das gesamte fluide Gebiet zurückgegriffen werden. In diesem Fall führt man den Fugazitätskoeffizienten $\varphi_i = \varphi_i(T, p, x_1, \ldots, x_{K-1})$ nach (2-120) ein, so dass (3-19) die Gestalt

$$x_i'\varphi_i' = x_i''\varphi_i'' \quad \text{mit} \quad 1 \leqq i \leqq K \tag{3-20}$$

erhält. Die Zeichen ′ und ″ beziehen sich dabei auf die Flüssigkeit und den Dampf. Tabelle 2-8 gibt an, wie man Fugazitätskoeffizienten aus der Zustandsgleichung (2-43) von Redlich-Kwong-Soave berechnen kann, wenn man zuvor die molaren Volumina

$$V_\mathrm{m}' = V_\mathrm{m}'(T, p, x_1', \ldots, x_{K-1}')$$
$$\text{und} \quad V_\mathrm{m}'' = V_\mathrm{m}''(T, p, x_1'', \ldots, x_{K-1}'')$$

bestimmt hat.

Für das Dampf-Flüssigkeits-Gleichgewicht von Systemen mit stark polaren Komponenten können die Fugazitäten f_i' in der flüssigen Phase nur mit Hilfe von Aktivitätskoeffizienten-Modellen angegeben werden, vgl. 2.2.3. Liegt die Temperatur des Phasengleichgewichts unter der kritischen Temperatur der reinen Komponenten, lässt sich f_i' nach (2-127) berechnen. Dabei wird die Existenz der reinen flüssigen Komponenten bei der Temperatur und dem Druck des Systems vorausgesetzt. In diesem Fall geht (3-19) mit f_i'' nach (2-120) in

$$x_i'\gamma_i f_{0i}'(T, p) = x_i''\varphi_i'' p \quad \text{mit} \quad 1 \leqq i \leqq K \tag{3-21}$$

über, wobei $\gamma_i = \gamma_i(T, p, x_1', \ldots, x_{K-1}')$ den Aktivitätskoeffizienten der Komponente i in der Flüssigkeit und f_{0i}' die Fugazität der reinen flüssigen Komponente i bei der Temperatur T und dem Druck p des Phasengleichgewichts bedeuten. Wegen (1-50) und (2-72) ist

$$f_{0i}'(T, p) = f_{0i}'(T, p_{\mathrm{s}0i}) \exp\left[\int_{p_{\mathrm{s}0i}}^{p} V_{0i}'/(R_\mathrm{m}T)\mathrm{d}p\right] \tag{3-22}$$

mit $p_{\mathrm{s}0i}$ als dem Sättigungsdruck und V_{0i}' als dem Molvolumen der reinen Flüssigkeit i bei der Temperatur T. Der i. Allg. kleine Exponentialausdruck heißt Poynting-Korrektur. Wegen des Phasengleichgewichts des reinen Stoffes i auf seiner Dampfdruckkurve haben der reine Dampf und die reine Flüssigkeit i dort dieselbe Fugazität

$$f_{0i}'(T, p_{\mathrm{s}0i}) = f_{0i}''(T, p_{\mathrm{s}0i}) = \varphi_{\mathrm{s}0i}'' p_{\mathrm{s}0i} \, . \tag{3-23}$$

Damit erhält man aus (3-21) die viel benutzte Gleichgewichtsbedingung

$$x_i''\varphi_i'' p = x_i'\gamma_i\varphi_{\mathrm{s}0i}'' p_{\mathrm{s}0i} \exp\left[\int_{p_{\mathrm{s}0i}}^{p} V_{0i}'/(R_\mathrm{m}T)\mathrm{d}p\right] \tag{3-24}$$
$$\text{mit} \quad 1 \leqq i \leqq K \, .$$

Zur Auswertung werden neben den Reinstoffdaten $p_{\mathrm{s}0i}$ und V_{0i}' eine thermische Zustandsgleichung des Dampfes, z. B. (2-40) für kleine Drücke mit Fugazitätskoeffizienten nach Tabelle 2-7, sowie ein Ansatz für die molare freie Zusatzenthalpie der Flüssigkeit zur Berechnung des Aktivitätskoeffizienten γ_i benötigt. Hierfür stehen z. B. das UNIQUAC- oder UNIFAC-Modell zur Verfügung, aus denen sich die Aktivitätskoeffizienten ermitteln lassen, vgl. 2.2.3. Im Fall einer idealen Lösung im Gleichgewicht mit einem idealen Gas folgt aus (3-24) bei vernachlässigbarer Poynting-Korrektur das Raoult'sche Gesetz

$$x_i'' p = x_i' p_{\mathrm{s}0i}(T) \quad \text{mit} \quad 1 \leqq i \leqq K \, . \tag{3-25}$$

Es gilt unter den übrigen Voraussetzungen auch für reale Lösungen im Grenzfall $x_i' \to 1$ und gibt Einblick in die Schlüsselgrößen des Dampf-Flüssigkeits-Gleichgewichts.

Ein Mangel von (3-24) ist, dass in der Poynting-Korrektur gegebenenfalls mit $V_{0i}' = \text{const}$ über hypothetische Zustände der reinen Flüssigkeit integriert wird. Für überkritische Komponenten ist (3-24) im Prinzip nicht anwendbar, weil für $T > (T_\mathrm{k})_{0i}$ kein Dampfdruck existiert. Um diese Einschränkung in der Praxis zu umgehen, sind Korrelationen entwickelt worden [19], welche die Fugazität $f_{0i}'(T, p)$ der reinen Flüssigkeit über die kritische Temperatur hinaus extrapolieren.

Das Verdampfungsgleichgewicht überkritischer Komponenten lässt sich im Gegensatz zu (3-24) mit (3-20) konsistent beschreiben. Dies ist bei einem binären System aus dem Lösungsmittel 1 und der überkritischen Komponente 2 auch möglich, wenn die Fugazität der Komponente 2 in der Flüssigkeit nach (2-133) mithilfe des Henry'schen Koeffizienten $H_{2,1}$ formuliert wird. Dann folgt aus (3-19) mit f_2'' nach (2-120) die Gleichgewichtsbedingung für den gelösten Stoff

$$x_2'\gamma_2^* H_{2,1} = x_2''\varphi_2'' p \qquad (3\text{-}26)$$

mit γ_2^* als dem rationellen Aktivitätskoeffizienten der Komponente 2 in der Flüssigkeit, vgl. (2-130). Die Gleichgewichtsbedingung für das Lösungsmittel ist unverändert (3-24), sodass die Symmetrie zwischen den Komponenten gebrochen wird. Wichtig ist, dass sich (3-26) auf das Gleichgewicht derselben Teilchenart des Stoffes 2 im Dampf und in der Flüssigkeit bezieht. Daher entspricht x_2' nicht der gesamten in der Flüssigkeit enthaltenen Menge des Stoffes 2, wenn der Stoff im gelösten Zustand dissoziiert oder Verbindungen mit dem Lösungsmittel eingeht.

Wie alle Variablen in (3-26) ist der Henry'sche Koeffizient $H_{2,1}$ der Komponente 2 im Lösungsmittel 1 bei der Temperatur T und dem Druck p des Phasengleichgewichts einzusetzen. Sein Wert in diesem Zustand ergibt sich mit (2-134), (2-118) und (1-50) aus den in der Regel beim Sättigungsdruck $p_{s01}(T)$ des reinen Lösungsmittels angegebenen Daten der Literatur, vgl. (2-135), zu

$$H_{2,1}(T,p) = H_{2,1}(T,p_{s01}) \times \exp[V_2'^{\infty}(p - p_{s01})/(R_m T)] \,. \qquad (3\text{-}27)$$

Dabei ist vorausgesetzt, dass das partielle molare Volumen $V_2'^{\infty}$ der unendlich verdünnten Komponente 2 in der Flüssigkeit nicht vom Druck abhängt. Einige Daten für $V_2'^{\infty}$ findet man in [20]. Der rationelle Aktivitätskoeffizient γ_2^*, dessen Druckabhängigkeit selten berücksichtigt wird, kann nach (2-130) und (2-146) aus einem Modell für die molare freie Zusatzenthalpie der Lösung bestimmt werden. Häufig genügt der Ansatz von Porter $G_m^E/(R_m T) = A x_1' x_2'$ mit dem anzupassenden Koeffizienten A, womit

$$\ln \gamma_2^* = A\left(x_1'^2 - 1\right) \qquad (3\text{-}28)$$

wird. Aus (3-26) folgt mit (3-27) und (3-28) die Gleichung von Krichevsky-Ilinskaya

$$x_2''\varphi_2'' p = x_2' H_{2,1}(T,p_{s01}) \times \exp\left[\frac{V_2'^{\infty}(p - p_{s01})}{R_m T} + A(x_1'^2 - 1)\right] . \qquad (3\text{-}29)$$

Im Grenzfall großer Verdünnung, $x_2' \to 0$ und $x_1' \to 1$ ist der Term $A(x_1^2 - 1)$ vernachlässigbar. Die weitere Spezialisierung von (3-29) auf kleine Drücke, bei denen die Gasphase ideal und der Henry'sche Koeffizient vornehmlich durch die Temperatur bestimmt ist, führt auf das Henry'sche Gesetz

$$x_2'' p = x_2' H_{2,1}(T,p_{s01}) \,. \qquad (3\text{-}30)$$

Es enthält die Grundelemente zur Beschreibung von Gaslöslichkeiten.

Die Empfindlichkeit des Lösungsgleichgewichts von Gasen gegen Änderungen von Temperatur und Druck ist aus (3-26), leichter aber aus den Differenzialgleichungen der Phasengrenzkurven zu ermitteln. Bei unendlicher Verdünnung $x_2' \to 0$ und reiner Gasphase $x_2'' = 1$ folgt aus (3-13), (2-128) und (2-133)

$$(\partial \ln x_2'/\partial T)_p = (H_2'^{\infty} - H_2'')/\left(R_m T^2\right) \qquad (3\text{-}31)$$

mit $H_2'^{\infty}$ und H_2'' als den partiellen molaren Enthalpien des gelösten Stoffes in der Flüssigkeit und im Dampf. Da der Lösungsvorgang i. Allg. exotherm, d. h. $H_2'^{\infty} - H_2'' < 0$ ist, nimmt die Gaslöslichkeit in der Regel mit steigender Temperatur ab, was einer Zunahme des Henry'schen Koeffizienten $H_{2,1}$ in (3-30) entspricht. Mit denselben Voraussetzungen erhält man

$$(\partial \ln x_2'/\partial p)_T = (V_2'' - V_2'^{\infty})/(R_m T) \,. \qquad (3\text{-}32)$$

Danach muss die Löslichkeit mit dem Druck ansteigen, weil das partielle molare Volumen V_2'' des gelösten Stoffes im Gas stets größer ist als der Wert $V_2'^{\infty}$ in der Flüssigkeit.

Schließlich soll eine spezielle Gleichgewichtsbedingung für ein heterogenes System aus zwei flüssigen Phasen $'$ und $''$ mit den Dichten $\varrho' > \varrho''$ hergeleitet werden, dessen reine Komponenten bei Temperatur und Druck des Gleichgewichts flüssig sind. In diesem Fall lassen sich die Fugazitäten der Komponenten in beiden Phasen durch (2-127) beschreiben, sodass (3-19) die Form

$$x_i'\gamma_i' = x_i''\gamma_i'' \quad \text{mit} \quad 1 \leqq i \leqq K \qquad (3\text{-}33)$$

mit γ_i als dem Aktivitätskoeffizienten der Komponente i annimmt. Sind die Phasen ideale Lösungen mit $\gamma_i = 1$ stimmen die Stoffmengenanteile x_i der Komponenten in beiden Phasen überein.

Die auf verschiedene Stoffmodelle zugeschnittenen Gleichgewichtsbedingungen (3-20), (3-24), (3-29) und (3-33) lassen sich in standardisierter Form

$$x_i''/x_i' = K_i(T, p, x_1', \ldots, x_{K-1}', x_1'', \ldots, x_{K-1}'') \tag{3-34}$$

mit $1 \leqq i \leqq K$

schreiben, wobei K_i als Gleichgewichtsverhältnis für die Komponente i bezeichnet wird. Die Nichtlinearität dieser K Gleichungen mit $2K$ Variablen ist in der Temperatur stärker als im Druck.

Eine charakteristische Anwendung von (3-34) ist, bei gegebenem Druck p und gegebener Zusammensetzung $x_1', \ldots, x_{K-1}'$ einer Flüssigkeit die Siedetemperatur T und die Zusammensetzung $x_1'', \ldots, x_{K-1}''$ des Gleichgewichtsdampfes zu bestimmen. Dabei hat sich folgende iterative Rechnung bewährt [21]:

1. Vorgabe von p und aller x_i' sowie Schätzung von T und aller x_i''.
2. Berechnung aller K_i in (3-34).
3. Berechnung aller x_i'' aus (3-34)

$$x_i'' = x_i' K_i / \sum_{i=1}^{K} x_i' K_i \,. \tag{3-35}$$

4. Rücksprung zu 2., falls sich ein x_i'' über eine vorgegebene Schranke hinaus verändert hat.
5. Berechnung der Restfunktion

$$f = \sum_{i=1}^{K} x_i' K_i - 1 \,. \tag{3-36}$$

6. Anpassung von T, z. B. nach dem Newton-Verfahren, und Rücksprung zu 2., falls $|f|$ eine vorgegebene Schranke übersteigt.
7. Ende der Rechnung.

In ähnlichen Schritten hat man vorzugehen [21], wenn bei gegebenem Druck p und gegebener Dampfzusammensetzung $x_1'', \ldots, x_{K-1}''$ die Taupunkttemperatur T und die Zusammensetzung $x_1', \ldots, x_{K-1}'$ der Gleichgewichtsflüssigkeit gefragt ist:

1. Vorgabe von p und allen x_i'' sowie Schätzung von T und allen x_i'.
2. Berechnung aller K_i in (3-34).
3. Berechnung aller x_i' aus (3-34)

$$x_i' = (x_i'' K_i) / \sum_{i=1}^{K} (x_i''/K_i) \,.$$

4. Rücksprung zu 2., falls sich ein x_i' über eine vorgegebene Schranke hinaus verändert hat.
5. Berechnung der Restfunktion

$$f = \sum_{i=1}^{K} (x_i''/K_i) - 1 \,. \tag{3-37}$$

6. Anpassung von T, z. B. nach dem Newton-Verfahren, und Rücksprung zu 2., falls $|f|$ eine vorgegebene Schranke übersteigt.
7. Ende der Rechnung.

Die Konvergenz dieser einfachen Algorithmen ist besonders bei hohen Drücken ein Problem. Es wird daher empfohlen, die Berechnung von Gleichgewichtszuständen bei niedrigen Drücken zu beginnen und das Ergebnis als Startwert für die nächste Druckstufe zu benutzen. Bei flachem Verlauf der Phasengrenzkurven $(\partial \ln p / \partial \ln T)_x < 2$ ist es günstiger, statt des Drucks die Temperatur vorzugeben [22]. Eine Diskussion der Gleichgewichtsberechnung mit Zustandsgleichungen findet man in [23]. Rechenprogramme sind in [24] enthalten.

Eine weitere Anwendung von (3-34) ist die Berechnung der Zusammensetzung $x_1', \ldots, x_{K-1}'$ und $x_1'', \ldots, x_{K-1}''$ sowie des Mengenverhältnisses $\beta = n''/(n' + n'')$ der koexistierenden Phasen für einen gegebenen Zustandspunkt mit den Koordinaten T, p, und $x_1, \ldots, x_{k-1}$ in einem Zweiphasengebiet. Diese Aufgabe stellt sich z. B. beim Zerfall einer Flüssigkeit in eine dampfförmige und eine flüssige Phase durch isotherme Druckabsenkung. Dieselbe Aufgabe ist zu lösen, um den Verlauf der Konoden für das Flüssig-flüssig-Gleichgewicht eines ternären Systems zu bestimmen. Die Arbeitsgleichungen ergeben sich aus der Verknüpfung von (3-34) mit dem Hebelgesetz (3-12)

$$\begin{aligned} x_i &= \beta x_i' + (1-\beta) x_i'' \\ &= [\beta + K_i(1-\beta)] x_i' \quad \text{mit} \quad 1 \leqq i \leqq K \,, \end{aligned} \tag{3-38}$$

$$x_i' = x_i / [\beta + K_i(1-\beta)] \quad \text{mit} \quad 1 \leqq i \leqq K \tag{3-39}$$

und

$$f = \sum_{i=1}^{K} x_i/[\beta + K_i(1-\beta)] - 1 = 0\,. \qquad (3\text{-}40)$$

Die Rechnung läuft in folgenden Schritten [25] ab:

1. Vorgabe von T, p und allen x_i sowie Schätzung aller x_i' und des Mengenverhältnisses β.
2. Berechnung aller x_i'' aus (3-38)

$$x_i'' = (x_i - \beta x_i')/(1-\beta)\,. \qquad (3\text{-}41)$$

3. Berechnung aller K_i in (3-34).
4. Berechnung von β aus (3-40), z. B. mit dem Newton-Verfahren.
5. Berechnung aller x_i' aus (3-39).
6. Rücksprung zu 2., falls sich ein x_i' über eine vorgegebene Schranke hinaus verändert hat.
7. Ende der Rechnung.

Für die Konvergenz des Verfahrens bei der Berechnung ternärer Flüssig-flüssig-Gleichgewichte ist es vorteilhaft, die Iteration mit einem nicht mischbarem binären Randsystem zu beginnen. Dieses sei aus den Komponenten 1 und 2 zusammengesetzt. Bei der schrittweisen Erhöhung der Konzentration der Komponente 3 können die vorangegangenen Ergebnisse jeweils als Startwert dienen. Die Konzentrationen x_1, x_2 und x_3 in dem heterogenen Zustand sollten so gewählt werden, dass sich $\beta \approx 0{,}5$ ergibt. Ein Rechenprogramm findet man in [24].

3.3 Gleichgewichte reagierender Gemische

Gesucht wird im folgendem Abschnitt die chemische Zusammensetzung eines geschlossenen Systems bei gegebenem Druck und gegebener Temperatur mit untereinander reagierenden Substanzen, sowie die Verteilung dieser Substanzen auf möglicherweise mehrere vorhandene Phasen. Wie in 1.3.2 gezeigt wurde, sind die nichtnegativen Stoffmengen n_j im Gleichgewichtszustand eines P-phasigen Systems aus K chemisch reaktionsfähigen Substanzen bestimmt durch. Dazu kommen $K - R$ Gleichgewichtsbedingungen (1-66) für die unabhängigen Reaktionen, $K \cdot (P-1)$ Bedingungen (1-61) für das stoffliche Gleichgewicht zwischen den Phasen und R unabhängige Elementbilanzen (1-64). Im Weiteren wird vorausgesetzt, dass Temperatur und Druck dem System von außen aufgeprägt werden. Die Gleichgewichtsbedingungen sind dann vorteilhaft als notwendige Bedingungen für das Minimum der freien Enthalpie des Systems aufzufassen.

Zählt man chemisch gleiche Stoffe in verschiedenen Phasen als unterschiedliche Substanzen und versteht das Phasengleichgewicht als spezielle Form des chemischen Gleichgewichts, lässt sich die Gleichgewichtszusammensetzung durch

$$\sum_{j=1}^{N} \mu_j \nu_{jr} = 0 \quad \text{für} \quad 1 \le r \le N - R\,, \qquad (3\text{-}42)$$

$$\sum_{j=1}^{N} a_{ij} n_j = n_i^{\mathrm{iG}} \quad \text{für} \quad 1 \le i \le L \qquad (3\text{-}43)$$

beschreiben. Dabei ist N die rechnerische Zahl von Substanzen im System, μ_j das chemische Potenzial der Substanz j und ν_{jr} ihre stöchiometrische Zahl in der r-ten unabhängigen Reaktion. Weiter bedeutet a_{ij} die Menge des Elements i bezogen auf die Menge der Substanz j, n_j die Stoffmenge dieser Substanz, n_i^{iG} die Stoffmenge des Elements i, die in den Verbindungen des Systems enthalten ist, und L die Zahl der Elemente im System. Die Gleichungen (3-42) und (3-43) lassen sich durch das Einführen einer Umsatzvariablen auch als Minimalbedingung formulieren.

Aufgrund der Stöchiometrie chemischer Reaktionen lassen sich die Stoffmengenänderungen Δn_{jr} der beteiligten Substanzen j infolge des Ablaufs einer Reaktion r auf eine einzige mengenartige Variable, die Umsatzvariable ξ_r dieser Reaktion, zurückführen:

$$\Delta n_{jr} = \nu_{jr} \xi_r\,. \qquad (3\text{-}44)$$

Da alle Reaktionen im System als Linearkombinationen der unabhängigen Reaktionen darstellbar sind, addieren sich die Δn_{jr} dieser Reaktionen zu der gesamten Stoffmengenänderung Δn_j einer Substanz. Mit einer gegebenen Anfangszusammensetzung n_j^{iG} werden die N Stoffmengen

$$n_j = n_j^{\mathrm{iG}} + \sum_{r=1}^{N-R} \nu_{jr} \xi_r \qquad (3\text{-}45)$$

damit Funktionen von $N-R$ Umsatzvariablen ξ_r. Wegen (1-63) erfüllt (3-45) die Elementbilanzen (3-43) für alle möglichen Werte ξ_r. Die Gleichgewichtsbedingungen (3-42) sondern hieraus die Werte heraus, welche mit (1-46) die freie Enthalpie minimieren

$$\Delta G_{mr}^{R} \equiv \left(\frac{\partial G}{\partial \xi_r}\right)_{T,p} = \sum_{j=1}^{N}\left(\frac{\partial G}{\partial n_j}\right)_{T,p}\left(\frac{\partial n_j}{\partial \xi_r}\right)_{T,p} = \sum_{j=1}^{N}\mu_j \nu_{jr} = 0\,, \tag{3-46}$$

d. h., die differentielle freie Reaktionsenthalpie ΔG_{mr}^{R} der unabhängigen Reaktionen zu null machen.

Die konkrete Rechnung erfordert die Einführung von Gemischmodellen, welche die Stoffmengenabhängigkeit der chemischen Potenziale definieren. Berücksichtigt werden soll eine gasförmige und mehrere flüssige Mischphasen in Koexistenz mit mehreren festen Phasen aus reinen Stoffen. Vernachlässigt man die Druckabhängigkeit chemischer Potenziale in kondensierten Phasen und sieht der Einfachheit halber von einer Formulierung mit rationellen Aktivitätskoeffizienten ab, folgt mit (2-119) und (2-124)

$$\frac{\Delta G_{mr}^{R}}{R_m T} = \frac{\left(\Delta G_{mr}^{R}\right)^{iG}}{R_m T} + \sum_{\text{Gase } j} \nu_{jr} \ln(\varphi_j x_j p/p_0) + \sum_{\text{Flü } j} \nu_{jr} \ln(\gamma_j x_j) = 0 \tag{3-47}$$

$$\text{mit} \quad 1 \le r \le N-R\,.$$

Hierin ist

$$\left(\Delta G_{mr}^{R}\right)^{iG} \equiv \sum_{j=1}^{N} \nu_{jr}\mu_{0j}(T,\ p_0) \tag{3-48}$$

$$= \sum_{j=1}^{N} \nu_{jr}[H_{0j}(T, p_0) - TS_{0j}(T, p_0)]$$

der Standardwert der molaren freien Reaktionsenthalpie der Reaktion r beim Druck p_0. Er ist wie jeder Standardwert einer Reaktionsgröße mit Reinstoffdaten gebildet und lässt sich nach (1-52) auf die Standardwerte der Reaktionsenthalpie und -entropie

$$\left(\Delta H_{mr}^{R}\right)^{iG} \equiv \sum_{j=1}^{N} \nu_{jr} H_{0j}(T,\ p_0) \quad \text{und}$$

$$\left(\Delta S_{mr}^{R}\right)^{iG} \equiv \sum_{j=1}^{N} \nu_{jr} S_{0j}(T,\ p_0) \tag{3-49}$$

zurückführen, die ihrerseits aus der molaren Enthalpie H_{0j} und Entropie S_{0j} aller an der Reaktion beteiligten Stoffe zu berechnen sind. Die beiden Summen in (3-47) erstrecken sich über die Bestandteile der gasförmigen und flüssigen Mischphasen, deren Realverhalten durch die Fugazitätskoeffizienten φ_j und Aktivitätskoeffizienten γ_j beschrieben wird. Durch Spezialisierung auf eine einzige Reaktion in einem idealen Gemisch erhält man das Massenwirkungsgesetz

$$\ln\left(x_j^{\nu_j}\right) = -\frac{\left(\Delta G_{m}^{R}\right)^{iG}}{R_m T} - \sum_{\text{Gase } j} \nu_j \ln(p/p_0) = K(T,\ p)\,. \tag{3-50}$$

Das linksseitige Potenzprodukt von Stoffmengenanteilen hängt allein von Temperatur und Druck ab, wobei der Wert $\exp K(T,\ p)$ als Gleichgewichtskonstante bezeichnet wird. In der Regel steigert die Zugabe eines Reaktionspartners die Reaktionsausbeute der anderen Ausgangsstoffe.

3.3.1 Thermochemische Daten

Die nach 2.1.3 unbestimmten Konstanten in den Enthalpiefunktionen $H_{0j}(T,\ p)$ können für chemisch reagierende Substanzen nicht beliebig vereinbart werden. Sie müssen vielmehr so abgestimmt sein, dass die Reaktionsenthalpie richtig wiedergegeben wird. Wegen (1-63) lässt sich der Standardwert einer Reaktionsenthalpie in der Gestalt

$$\left(\Delta H_{m}^{R}\right)_r^{iG} = \sum_j \nu_{jr}\left[H_{0j} - \sum_i a_{ij} H_{0i}\right] = \sum_j \nu_{jr} H_{0j}^{B} \tag{3-51}$$

schreiben. Der Klammerausdruck bedeutet dabei die im Prinzip messbare Standardreaktionsenthalpie für die Bildung der Substanz j aus den

Tabelle 3-2. Molare Masse M, spezielle Gaskonstante R, spezifische isobare Wärmekapazität c_p^{iG} bzw. c_p, molare Bildungsenthalpie $H_{\mathrm{m}}^{\mathrm{B}}$ und molare absolute Entropie ausgewählter Substanzen im Standardzustand $T_0 = 298{,}15$ K und $p_0 = 1000$ hPa [30]

Stoff	M g/mol	R kJ/(kg · K)	c_p^{iG} bzw. c_p kJ/(kg · K)	$H_{\mathrm{m}}^{\mathrm{B}}$ kJ/mol	$S_{\mathrm{m}}^{\mathrm{iG}}$ J/(mol · K)	Zustand
O_2	31,9988	0,25984	0,91738	0	205,138	g
H_2	2,0159	4,1245	14,298	0	130,684	g
H_2O	18,0153	0,46152	1,8638	−241,818	188,825	g
			4,179	−285,830	69,91	fl
He	4,0026	2,0773	5,1931	0	126,150	g
Ne	20,179	0,41204	1,0299	0	146,328	g
Ar	39,948	0,20813	0,5203	0	154,843	g
Kr	83,80	0,09922	0,2480	0	164,082	g
Xe	131,29	0,06333	0,1583	0	169,683	g
F_2	37,9968	0,21882	0,8238	0	202,78	g
HF	20,0063	0,41559	1,4562	−271,1	173,779	g
Cl_2	70,906	0,11726	0,4782	0	223,066	g
HCl	36,461	0,22804	0,7987	−92,307	186,908	g
S	32,066	0,25929	0,7061	0	31,80	rhomb.
SO_2	64,065	0,12978	0,5755	−296,83	248,22	g
SO_3	80,064	0,10385	0,6329	−395,72	256,76	g
H_2S	34,082	0,24396	1,0044	−20,63	205,79	g
N_2	28,0134	0,29680	1,0397	0	191,61	g
NO	30,0061	0,27709	0,9946	90,25	210,76	g
NO_2	46,0055	0,18073	0,8086	33,18	240,06	g
N_2O	44,0128	0,18891	0,8736	82,05	219,85	g
NH_3	17,0305	0,48821	2,0586	−46,11	192,45	g
N_2H_4	32,0452	0,25946	3,085	50,63	121,21	fl
C	12,011	0,69224	0,7099	0	5,740	Graphit
			0,5089	1,895	2,377	Diamant
CO	28,010	0,29684	1,0404	−110,525	197,674	g
CO_2	44,010	0,18892	0,8432	−393,509	213,74	g
CH_4	16,043	0,51826	2,009	−74,81	186,264	g
CH_3OH	32,042	0,25949	2,55	−238,66	126,8	fl
			1,370	−200,66	239,81	g
CF_4	88,005	0,094478	0,6942	−925	261,61	g
CCl_4	70,014	0,11875	1,8818	−135,44	216,40	fl
CF_3Cl	104,459	0,079596	0,6401	−695	285,29	g
CF_2Cl_2	120,914	0,066764	0,5976	−477	300,77	g
$CFCl_3$	137,369	0,060527	0,8848	−301,33	225,35	fl
COS	60,075	0,13840	0,6910	−142,09	231,57	g
HCN	27,026	0,30765	1,327	135,1	201,78	g
C_2H_2	26,038	0,31932	1,687	226,73	200,94	g
C_2H_4	28,054	0,29638	1,553	52,26	219,56	g
C_2H_6	30,070	0,27651	1,750	−84,68	229,60	g
C_2H_5OH	46,069	0,18048	2,419	−277,69	160,7	fl
			1,420	−235,10	282,7	g
C_3H_8	44,097	0,18955	1,667	−103,9	270,0	g
n-C_4H_{10}	58,124	0,14305	1,699	−124,7	310,1	g
n-C_5H_{12}	72,150	0,11524	2,377	−173,1	262,7	fl
n-C_6H_{14}	86,177	0,09648	2,263	−198,8	296,0	fl
C_6H_6	78,114	0,10644	1,742	−49,0	173,2	fl
n-C_7H_{16}	100,204	0,08298	2,242	−224,4	328,0	fl
n-C_8H_{18}	114,231	0,07279	2,224	−250,0	361,2	fl

jeweils stabilsten Modifikationen der Elemente i mit der molaren Enthalpie H_{0i} und wird als molare Bildungsenthalpie H^{B}_{0j} bezeichnet. Für die Elemente wird im Standardzustand $H^{\mathrm{B}}_{0j} = 0$ definiert. Um mit Reaktionsenthalpien konsistente Enthalpiekonstanten zu erhalten, setzt man daher die Enthalpien aller Substanzen in einem festgelegten Standardzustand (T_0, p_0) gleich ihren Bildungsenthalpien

$$H_{0j}(T_0, p_0) = H^{\mathrm{B}}_{0j}(T_0, p_0)\,. \qquad (3\text{-}52)$$

Üblich ist der thermochemische Standardzustand mit $T_0 = 298{,}15\,\mathrm{K}$ und $p_0 = 1000\,\mathrm{hPa}$. Aus praktischen Gründen wird die Bildungsenthalpie statt auf die Elemente O, H, F, Cl, Br, I und N auf die stabileren zweiatomigen Verbindungen O_2, H_2, usw. als Basiskomponenten mit $H^{\mathrm{B}}_{0j} = 0$ bezogen.

Bei der Verfügung über die Konstanten der Entropiefunktionen $S_{0j}(T, p)$ ist der dritte Hauptsatz zu berücksichtigen. Danach verschwindet die Entropie aller reinen Substanzen im inneren Gleichgewicht bei $T = 0$. In diesem Sinn normierte Entropien heißen absolute Entropien S^{iG}_{0j}. Für die Gleichgewichtsberechnung hinreichend ist eine Normierung, die das Verschwinden der Standardreaktionsentropien bei $T = 0$ sicherstellt.

In chemisch-thermodynamischen Tafelwerken [26–29] findet man Bildungsenthalpien, absolute Entropien oder äquivalente Funktionen im jeweiligen Standardzustand für eine große Zahl von Substanzen. Zusätzlich sind isobare molare oder spezifische Wärmekapazitäten angegeben. Sie erlauben, die Funktionen $H_{0j}(T, p_0)$ und $S_{0j}(T, p_0)$ bei einer von der Standardtemperatur abweichenden Temperatur mithilfe der Zustandsgleichungen aus 2.1.3 zu berechnen. Zu berücksichtigen sind dabei die Umwandlungsenthalpien und -entropien beim Schmelzen und Verdampfen. Den prinzipiellen Aufbau solcher Tafeln zeigt Tabelle 3-2. Vorsicht ist geboten bei der Benutzung von Daten aus unterschiedlichen Tafelwerken. Gegebenenfalls sind Standardzustand und Normierung auf eine einheitliche Basis umzurechnen, z. B., wenn statt der Standardentropie Bildungswerte der freien Enthalpie G^{B}_{0j} mit $G^{\mathrm{B}}_{0j}(T_0, P_0) = 0$ für die Elemente oder Basiskomponenten vertafelt sind.

3.3.2 Gleichgewichtsalgorithmus

Villars, Cruise und Smith [31] haben einen Algorithmus entwickelt, der (3-47) mithilfe des Newtons-Verfahrens nach den Gleichgewichtswerten ξ_r der Umsatzvariablen löst. Ausgangspunkt ist eine Linearisierung von (3-47) nach den Umsatzvariablen an einer Stelle ξ_0

$$\Delta G^{\mathrm{R}}_{\mathrm{m}r}\Big|_{\xi_0} + \sum_{k=1}^{N-R}\left(\partial \Delta G^{\mathrm{R}}_{\mathrm{m}r}/\partial \xi_k\right)\Big|_{\xi_0} \Delta\xi_k = 0$$
$$\text{für}\quad 1 \le r \le N-R\,, \qquad (3\text{-}53)$$

wobei die wiederholte Auflösung nach $\Delta\xi_k$ eine Folge verbesserter Werte für die Umsätze ergibt, bis der Gleichgewichtszustand gefunden ist. Um einfache Arbeitsgleichungen zu erhalten, werden in der Koeffizientenmatrix mit den Elementen

$$G_{rk} \equiv \partial \Delta G^{\mathrm{R}}_{\mathrm{m}r}/\partial \xi_k = \partial^2 G/(\partial \xi_r \partial \xi_k) \qquad (3\text{-}54)$$

die Konzentrationsabhängigkeit der Fugazitäts -und Aktivitätskoeffizienten vernachlässigt und die Realkorrekturen nach dem Stand der Rechnung allein in $\Delta G^{\mathrm{R}}_{\mathrm{m}r}$ berücksichtigt. Wählt man als unabhängige Reaktionen $N-R$ Bildungsreaktionen, welche aus R Basiskomponenten mit den Indizes $1 \le J \le R$ $N-R$ abgeleitete Komponenten mit den Indizes $R+1 \le j \le N$ erzeugen, so folgt aus (3-47)

$$\frac{G_{rk}}{R_{\mathrm{m}}T} = \frac{\delta_{rk}}{n_{r+R}}\delta^*_{r+R,\alpha} + \sum_{j=1}^{R}\frac{\nu_{jr}\nu_{jk}}{n_j}\delta^*_{j,\alpha} - \frac{\bar{\nu}^{\mathrm{G}}_r\bar{\nu}^{\mathrm{G}}_k}{n^{\mathrm{G}}} - \frac{\bar{\nu}^{\mathrm{F}}_r\bar{\nu}^{\mathrm{F}}_k}{n^{\mathrm{F}}}\,. \qquad (3\text{-}55)$$

Dabei ist δ_{rk} das Kronecker-Symbol mit $\delta_{rk} = 1$ für $r = k$ und $\delta_{rk} = 0$ für $r \neq k$. In Anlehnung hieran ist $\delta^*_{j,\alpha} = 1$, wenn der Stoff j Bestandteil der gasförmigen oder flüssigen Mischphase ist; andernfalls ist $\delta^*_{j,\alpha} = 0$. Die Summe der stöchiometrischen Koeffizienten der gasförmigen Reaktionspartner in der r-ten Reaktion ist mit $\bar{\nu}^{\mathrm{G}}_r$, die der flüssigen Reaktionspartner mit $\bar{\nu}^{\mathrm{F}}_r$ bezeichnet. Die Größen n^{G} und n^{F} bedeuten die gesamte Stoffmenge der Gas- und Flüssigkeitsphase. Fehlt eine der Mischphasen, entfällt der zugehörige Term $\bar{\nu}_r\,\bar{\nu}_k/n$. Benutzt man als Basiskomponenten Stoffe, die im Gleichgewichtszustand des Systems in den größten Mengen vorhanden sind, überwiegt in (3-55) der erste Summand. Damit vereinfacht sich die Koeffizientenmatrix von (3-53) in guter Näherung zu einer Diagonalmatrix, die positiv definit ist, und man erhält für die Korrekturen der Umsatzvariablen

$$\Delta\xi_r^{(m)} = -\left[\frac{\delta^*_{r+R,\alpha}}{n_{r+R}} + \sum_{j=1}^{R} \frac{\nu_{jr}^2}{n_j}\delta^*_{j,\alpha} - \frac{\left(\bar{\nu}_r^{\mathrm{G}}\right)^2}{n^{\mathrm{G}}} - \frac{\left(\bar{\nu}_r^{\mathrm{F}}\right)^2}{n^{\mathrm{F}}}\right]^{-1}_{\xi^{(m)}} \left.\frac{\Delta G^{\mathrm{R}}_{\mathrm{m}r}}{R_{\mathrm{m}}T}\right|_{\xi^{(m)}} . \qquad (3\text{-}56)$$

Die zugehörigen Stoffmengen werden aus (3-45) unter Einführung eines Schrittweitenparameters $\omega^{(m)}$ berechnet

$$n_j^{(m+1)} = n_j^{(m)} + \omega^{(m)}\Delta n_j^{(m)}$$
$$\text{mit} \quad \Delta n_j^{(m)} = \sum_{r=1}^{N-R} \nu_{jr}\Delta\xi_r^{(m)} . \qquad (3\text{-}57)$$

Dieser wird so bestimmt, dass unter der Bedingung nicht negativer Stoffmengen die freie Enthalpie des Systems in der durch (3-56) gegebenen Richtung im Bereich $0 \le \omega^{(m)} \le 1$ minimal wird

$$\omega^{(m)} = \min_j \left\{\omega_{\mathrm{opt}}^{(m)} - n_j^{(m)}/\Delta n_j^{(m)}\right\}$$
$$\text{für} \quad 1 \le j \le N \quad \text{und} \quad \Delta n_j^{(m)} < 0 . \qquad (3\text{-}58)$$

Der Wert $\omega_{\mathrm{opt}}^{(m)}$ kann dabei mithilfe der Ableitung

$$\partial G/\partial\omega = \sum_{r=1}^{N-R} (\partial G/\partial\xi_r)\Delta\xi_r$$
$$= -\sum_{r=1}^{N-R} \Delta G^{\mathrm{R}}_{\mathrm{m}r}|_\omega \left[G_{rr}^{-1}\Delta G^{\mathrm{R}}_{\mathrm{m}r}\right]_{\omega=0} \qquad (3\text{-}59)$$

an den Stellen $\omega = 0$ und $\omega = 1$ abgeschätzt werden. Wegen $G_{rr} > 0$ führt das Verfahren bei $\omega = 0$ stets in eine Richtung abnehmender freier Enthalpie. Unter Anwendung der Regula falsi bei einem Vorzeichenwechsel von $\partial G/\partial\omega$ im Bereich $0 \le \omega \le 1$ setzt man daher

$$\omega_{\mathrm{opt}}^{(m)} = \begin{cases} 1 & \text{für} \quad \left(\dfrac{\partial G}{\partial\omega}\right)_{\omega=1} < 0 \\[2ex] 1/\left[1 - \left(\dfrac{\partial G}{\partial\omega}\right)_{\omega=1} / \left(\dfrac{\partial G}{\partial\omega}\right)_{\omega=0}\right] & \\[2ex] & \text{für} \quad \left(\dfrac{\partial G}{\partial\omega}\right)_{\omega=1} > 0 \end{cases} . \qquad (3\text{-}60)$$

Aus (3-58) ergeben sich sehr kleine Schrittweiten, wenn Stoffe nur in Spuren vorhanden sind. Für solche Stoffe wird losgelöst von der Hauptrechnung eine Mengenkorrektur nach der Beziehung

$$n_{r+R}^{(m+1)} = n_{r+R}^{(m)} \exp\left[-\Delta G^{\mathrm{R}}_{\mathrm{m}r}/(R_{\mathrm{m}}T)\right] \qquad (3\text{-}61)$$

empfohlen. Die differentielle freie Bildungsenthalpie $\Delta G^{\mathrm{R}}_{\mathrm{m}r}$ der Spurenstoffe bezüglich Basiskomponenten wird dabei durch eine Änderung von $\ln n_{r+R}$ bei Konstanz der übrigen Stoffmengen und Realkorrekturen zu null gemacht.
Stoffe mit einer auf null geschrumpften Substanzmenge können aus der Rechnung herausgenommen werden, solange ihre differentielle freie Bildungsenthalpie $\Delta G^{\mathrm{R}}_{\mathrm{m}r}$ bezüglich der Basiskomponenten positiv bleibt. Dieser Fall tritt in Zusammenhang mit kondensierten Reinstoffphasen häufig auf.
Damit ergibt sich folgender Rechengang:

1. Schätzen einer Gleichgewichtszusammensetzung für die vorgegebenen Systemparameter.
2. Auswahl oder Korrektur eines Satzes von Basiskomponenten mit den größten Stoffmengen.
3. Berechnung von Korrekturen $\Delta\xi_r$ der Umsatzvariablen nach (3-56).
4. Berechnung neuer Stoffmengen nach (3-57) bzw. (3-61).
5. Rücksprung zu 2., falls $\max|G^{\mathrm{R}}_{\mathrm{m}r}/(R_m T)|$ eine vorgegebene Schranke übersteigt.
6. Ende der Rechnung.

Die Minimierung der freien Enthalpie unter Einführung des Schrittweitenparameters macht den Algorithmus frei von Konvergenzproblemen. Im Fall realer Lösungen braucht das Minimum der freien Enthalpie jedoch nicht eindeutig zu sein.

3.3.3 Empfindlichkeit gegenüber Parameteränderungen

Parameter β_i einer berechneten Gleichgewichtszusammensetzung sind die Temperatur T, der Druck p und die Stoffmengen n_j^{iG} im Anfangszustand des Systems sowie die thermochemischen Daten in Gestalt des chemischen Potenzials $\mu_{0j}(T, p)$ seiner reinen Komponenten. Bei Wahrung des Gleichgewichts bewirkt eine Änderung eines Parameters β_i eine Änderung der Zusammensetzung des Systems derart, dass die differentielle freie Reaktionsenthalpie $\Delta G_{\mathrm{m}r}^{\mathrm{R}}$ der unabhängigen Reaktionen nach (3-46) gleichbleibend den Wert null behält und das totale Differenzial dieser Funktionen in den Variablen ξ, β_i und $n_j^{\mathrm{iG}}(\beta_i)$ verschwindet. Diese Bedingung ergibt für die Parameterempfindlichkeit der Umsatzvariablen $\partial\xi_k/\partial\beta_i$ das lineare Gleichungssystem [32]

$$\sum_{k=1}^{N-R}\left(\frac{\partial^2 G}{\partial\xi_r\partial\xi_k}\right)_{\beta_i,n_j^{\mathrm{iG}}}\left(\frac{\partial\xi_k}{\partial\beta_i}\right) = -\left(\frac{\Delta G_{\mathrm{m}r}^{\mathrm{R}}}{\partial\beta_i}\right)_{\xi,n_j^{\mathrm{iG}}} - \sum_{l=1}^{N}\left(\frac{\Delta G_{\mathrm{m}r}^{\mathrm{R}}}{\partial n_l}\right)_{T,p,n_{j\neq l}}\left(\frac{\partial n_l}{\partial n_l^{\mathrm{iG}}}\right)_{\xi}\left(\frac{\partial n_l^{\mathrm{iG}}}{\partial\beta_i}\right) \quad (3\text{-}62)$$

für $1 \leq r \leq N-R$.

Alle Ableitungen sind für den gegebenen Gleichgewichtszustand einzusetzen, der eine positiv definite Koeffizientenmatrix verbürgt. Für die Parameterabhängigkeit der Gleichgewichtszusammensetzung folgt daraus mit (3-45)

$$(\partial n_j/\partial\beta_{\mathrm{i}}) = (\partial n_j^{\mathrm{iG}}/\partial\beta_i) + \sum_{r=1}^{N-R}\nu_{jr}(\partial\xi_r/\partial\beta_i)\,. \quad (3\text{-}63)$$

Der erste Term hat dabei für $\beta_i = n_j^{\mathrm{iG}}$ den Wert eins und ist andernfalls null. Die rechte Seite von (3-62) lässt sich mithilfe der Ableitungen (1-50) und (1-51) des chemischen Potenzials sowie der Gleichgewichtsbedingung (3-46) in Verbindung mit (3-45) für die verschiedenen Realisierungen des Parameters β_i auswerten. Das Ergebnis ist in Tabelle 3-3 zusammengefaßt. Dabei bedeuten $\Delta H_{\mathrm{m}r}^{\mathrm{R}} \equiv (\partial H/\partial\xi_r)_{T,p}$ die differentielle Reaktionsenthalpie und $\Delta V_{\mathrm{m}r}^{\mathrm{R}} \equiv (\partial V/\partial\xi_r)_{T,p}$ das differentielle Reaktionsvolumen der Reaktion r, während mit H_j und V_j die partielle molare Enthalpie und das partielle molare Volumen der Komponente j bezeichnet sind. Im Allgemeinen muss (3-62) numerisch gelöst werden, was mit (3-63) z. B. die Berechnung der isobaren Wärmekapazität eines reagierenden Gemisches im Gleichgewicht erlaubt

Tabelle 3-3. Rechte Seite von (3-63) für verschiedene Realisierungen des Parameters β_i

β_i	Rechte Seite von (3-63)
T	$\Delta H_{\mathrm{m}r}^{\mathrm{R}}/T = \sum_{j=1}^{N}\nu_{jr}H_j/T$
p	$-\Delta V_{\mathrm{m}r}^{\mathrm{R}} = -\sum_{j=1}^{N}\nu_{jr}V_j$
n_j^{iG}	$-\sum_{l=1}^{N}\nu_{lr}(\partial\mu_l/\partial n_j)_{T,p,l\neq j}$
μ_{0j}	$-\nu_{jr}$

$$C_p = (\partial H/\partial T)_{p,n_j} + \sum_{j=1}^{N} H_j(\partial n_j/\partial T)\,. \quad (3\text{-}64)$$

Im Fall einer einzigen Reaktion in einem idealen Gemisch sind allgemeine Aussagen über die Auswirkungen von Parameteränderungen möglich. Aus (2-96) bzw. (2-126), die $H_j = H_{0j}$ zur Folge haben, findet man mit (3-45) für die Temperaturabhängigkeit der Umsatzvariablen

$$\frac{\partial\xi}{\partial T} = \frac{\sum_{j=1}^{N}\nu_j H_{0j}(T,p)}{R_{\mathrm{m}}T^2}\left[\sum_{l=1}^{N} n_l\left(\frac{\nu_l}{n_l}-\frac{\bar{\nu}}{n}\right)^2\right]^{-1}, \quad (3\text{-}65)$$

wobei $\bar{\nu} = \sum\nu_j$ und $n = \sum n_j$ gesetzt ist. Die zugehörige Stoffmengenänderung folgt aus (3-63) mit $N - R = 1$. Nach diesem auf van't Hoff zurückgehenden Ergebnis wird die Produktbildung ($\nu_j > 0$) endothermer Reaktionen mit $\Delta H_{\mathrm{m}}^{\mathrm{R}} > 0$ durch eine Temperaturerhöhung gefördert, die exothermer Reaktionen mit $\Delta H_{\mathrm{m}}^{\mathrm{R}} < 0$ dagegen zurückgedrängt. Die Druckabhängigkeit der Umsatzvariablen ergibt sich wegen $V_j = V_{0j}$ zu

$$\frac{\partial\xi}{\partial p} = -\frac{\sum_{j=1}^{N}\nu_j V_{0j}(T,p)}{R_{\mathrm{m}}T}\left[\sum_{l=1}^{N} n_l\left(\frac{\nu_l}{n_l}-\frac{\bar{\nu}}{n}\right)^2\right]^{-1}, \quad (3\text{-}66)$$

sodass hoher Druck den Umsatz von Reaktionen mit Volumenabnahme und damit die Bildung großer Moleküle bei allen Gasreaktionen mit $V_{0j} = R_m T/p$ begünstigt. Die Abhängigkeit der Umsatzvariablen von der Ausgangszusammensetzung folgt mit $n^{\mathrm{iG}} = \sum n_j^{\mathrm{iG}}$ zu

$$\frac{\partial \xi}{\partial n_j^{\mathrm{iG}}} = \frac{\bar{\nu} n_j^{\mathrm{iG}} - \nu_j n^{\mathrm{iG}}}{n_j n} \left[\sum_{l=1}^{N} n_l \left(\frac{\nu_l}{n_l} - \frac{\bar{\nu}}{n} \right)^2 \right]^{-1} . \quad (3\text{-}67)$$

Für einen Ausgangsstoff mit $\nu_j < 0$ ist $\partial\xi / \partial n_j^{\mathrm{iG}}$ im Fall $\bar{\nu} > 0$ stets positiv, sodass eine Vergrößerung von n_j^{iG} den Umsatz erhöht. Im Fall $\bar{\nu} < 0$ kann der Zähler von (3-67) das Vorzeichen wechseln. Dann gibt es für die Menge von n_j^{iG} einen umsatzoptimalen Wert, der durch die Nullstelle des Zählers beschrieben wird. Weitere Zugabe des Ausgangsstoffes j schmälert den Umsatz [32]. Die Empfindlichkeit der Umsatzvariablen gegenüber Datenfehlern ist schließlich durch

$$\frac{\partial \xi}{\partial \mu_{0j}} = -\frac{\nu_j}{R_{\mathrm{m}} T} \left[\sum_{l=1}^{N} n_l \left(\frac{\nu_l}{n_l} - \frac{\bar{\nu}}{n} \right)^2 \right]^{-1} \quad (3\text{-}68)$$

gegeben. Die Fehler wirken sich besonders stark bei Substanzen mit großen Beträgen $|\nu_j|$ der stöchiometrischen Zahlen aus.

4 Energie- und Stofftransport in Temperatur- und Konzentrationsfeldern

Die Thermodynamik beschreibt den mechanischen, thermischen und stofflichen Gleichgewichtszustand eines Systems unter vorgegebenen Randbedingungen und ggf. Restriktionen, vgl. Kap. 1.4. Von besonderer Bedeutung ist die Berechnung der Zusammensetzung der Phasen im Phasen- und Reaktionsgleichgewicht, vgl. Kap. 3. Diese Gleichgewichtszustände strebt das System, ausgehend von einem beliebigen gegebenen Ausgangszustand, von selbst an. Von technischem Interesse ist zusätzlich die Frage, mit welcher Intensität, in welcher Zeit sich das System in den entsprechenden Gleichgewichtszustand entwickelt. Die Geschwindigkeit, mit der Energie und stoffliche Bestandteile in einem System transportiert werden, hängt von der Verteilung der Temperatur und der chemischen Potenziale in Verbindung mit den thermophysikalischen Transporteigenschaften des Systems ab. Die bisherige vereinfachende Betrachtung von Phasen mit homogen verteilten Zustandsgrößen muss hierbei zu Gunsten von Feldgrößen aufgegeben werden. Die in diesem Kapitel behandelte Transportkinetik ist für die Berechnung der notwendigen Verweilzeiten und für die Dimensionierung von Apparaten grundlegend.

4.1 Konstitutive Gleichungen

Inhomogenitäten der Temperatur rufen einen Wärmetransport durch Leitung und Strahlung hervor, während ungleich verteilte chemische Potenziale einen diffusiven Stofftransport verursachen, siehe B 9.2 ff. und B 20.2. Bei der Wärmeleitung und Diffusion wird jedes Volumenelement nur durch seine Nachbarn, bei der Strahlung dagegen durch das gesamte Feld beeinflußt. Strahlung ist deshalb getrennt zu behandeln. Hier folgen zunächst die Stoffgesetze oder konstitutiven Gleichungen für Wärmeleitung und Diffusion.

4.1.1 Fourier'sches Gesetz

In Gasen und Flüssigkeiten ist die Wärmeleitung auf die molekulare Bewegung, in Festkörpern auf Gitterschwingungen und in Metallen zusätzlich auf bewegliche Leitungselektronen zurückzuführen. Makroskopisch lässt sich die Wirkung dieser Mechanismen durch einen mit dem Ort z und der Zeit τ veränderlichen Wärmestromdichtevektor $\dot{\boldsymbol{q}} = \dot{\boldsymbol{q}}(z, \tau)$ in der SI-Einheit $\mathrm{W/m^2}$ beschreiben.
Die Projektion $\dot{\boldsymbol{q}} \cdot \boldsymbol{n}$ des Wärmestromdichtevektors auf die Einheitsnormale $\boldsymbol{n}$ eines beliebig im Raum orientierten Flächenelementes $\mathrm{d}A$ liefert den flächenbezogenen Wärmestrom in Richtung der Normalen. Für den durch die Fläche $\mathrm{d}A$ geleiteten Wärmestrom gilt

$$\mathrm{d}\dot{Q} = (\dot{\boldsymbol{q}} \cdot \boldsymbol{n})\mathrm{d}A = |\dot{\boldsymbol{q}}| \cos\beta \, \mathrm{d}A \, , \quad (4\text{-}1)$$

wobei β nach Bild 4-1 den Winkel zwischen den Vektoren $\dot{\boldsymbol{q}}$ und $\boldsymbol{n}$ bedeutet.
Durch das empirisch begründete Fourier'sche Gesetz wird der Wärmestromdichtevektor auf den Gradienten des Temperaturfeldes $T(z, \tau)$ in einem wärmeleitenden Medium zurückgeführt. Unberücksichtigt bleibt dabei der sog. Dufour-Effekt [1], wonach auch Konzentrations- und Druckgradienten einen Beitrag zur Wärmestromdichte liefern. Dieser Koppeleffekt spielt aber nur bei sehr großen Gradi-

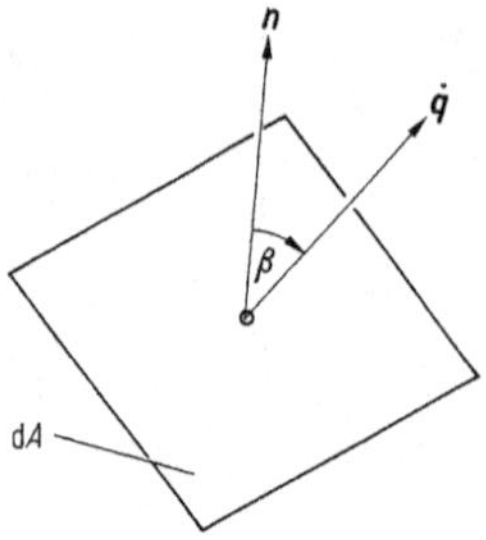

Bild 4-1. Flächenelement dA mit Normalenvektor $\boldsymbol{n}$ und Wärmestromdichtevektor $\dot{\boldsymbol{q}}$

enten eine Rolle und soll im weiteren vernachlässigt werden. Für isotropes Material lautet das Fourier'sche Gesetz:

$$\dot{\boldsymbol{q}} = -\lambda \operatorname{grad} T \,. \qquad (4\text{-}2)$$

Es fordert mit der skalaren Wärmeleitfähigkeit $\lambda > 0$ in der SI-Einheit $\mathrm{W/(m \cdot K)}$ einen Wärmefluss in Richtung des größten Temperaturgefälles. Für anisotrope Stoffe wie Holz tritt an die Stelle der skalaren Größe λ ein symmetrischer, positiv definiter Tensor zweiter Stufe [2], sodass Wärmestromdichtevektor und Temperaturgradient nicht mehr kollinear sind. Die Konsistenz des Fourier'schen Gesetzes mit dem 2. Hauptsatz wird in 4.2.4 gezeigt.

Bemerkenswert ist die Analogie zwischen Fourier'schem und Ohm'schen Gesetz. Wärmestromdichte, Wärmeleitfahigkeit und Temperatur entsprechen der elektrischen Stromdichte, der elektrischen Leitfähigkeit und der elektrischen Spannung.

Die Wärmeleitfähigkeit λ ist eine Materialeigenschaft, die vom örtlichen Zustand, d. h. von Temperatur, Druck und Zusammensetzung, abhängt und durch Messungen oder eine mikroskopische Theorie fluider oder fester Stoffe [3, 4] bestimmt werden muss. Die Druckabhängigkeit spielt bei Feststoffen keine Rolle. Daten für die Wärmeleitfähigkeit ausgewählter Stoffe enthalten die Tabellen 4-1 bis 4-4 in Verbindung mit Werten der Dichte ϱ, der isobaren spezifischen Wärmekapazität c_p und anderer, später zu erläuternder thermophysikalischer Größen. Entsprechende Angaben für weitere Stoffe sind in [6] zu finden, für Kältemittel wird auf [7] verwiesen, und Korrelationen für fluide Gemische sind in [8, 9] aufgeführt. Die Wärmeleitfahigkeit nimmt von den Metallen über nichtmetallische Feststoffe und Flüssigkeiten bis zu den Gasen von ca. 100 auf ca. 0,01 $\mathrm{W/(m \cdot K)}$ um vier Zehnerpotenzen ab. Die Werte gut leitender Metalle werden durch Verunreinigungen besonders bei tiefen Temperaturen deutlich herabgesetzt. Geschäumte Kunststoffe wirken in erster Linie wegen ihrer Gaseinschlüsse wärmedämmend.

4.1.2 Maxwell-Stefan'sche Gleichungen und Fick'sches Gesetz

Der diffusive Stofftransport in Gemischen beruht auf einer Relativbewegung zwischen den vorhandenen Teilchen. Makroskopisch bilden die Teilchenarten A_i sich gegenseitig durchdringende Kontinua, die sich mit unterschiedlichen Geschwindigkeiten $\boldsymbol{w}_i$ bewegen. Für das Gemisch als Ganzes lassen sich verschiedene mittlere Geschwindigkeiten [10] erklären. Die wichtigsten sind die Schwerpunktsgeschwindigkeit $\boldsymbol{w}$, die nach E 8.3.1 in der Kontinuitäts- und Impulsgleichung strömender Fluide auftritt, und die mittlere molare Geschwindigkeit $\boldsymbol{u}$. Die impliziten Definitionen lauten

$$\varrho \boldsymbol{w} \equiv \sum_{i=1}^{K} \varrho_i \boldsymbol{w}_i \qquad (4\text{-}3)$$

und

$$\bar{c}\boldsymbol{u} \equiv \sum_{i=1}^{K} \bar{c}_i \boldsymbol{w}_i \,, \qquad (4\text{-}4)$$

wobei $\varrho = m/V$ die Dichte des Gemisches, $\varrho_i = m_i/V$ die Partialdichte der Komponente i, $\bar{c} = n/V$ die Stoffmengenkonzentration des Gemisches, $\bar{c}_i = n_i/V$ die Stoffmengenkonzentration der Komponente i und K die Zahl der Komponenten im Gemisch bedeuten. Die Masse und Stoffmenge des Gemisches und der Komponenten sind dabei mit m und n bzw. m_i und n_i bezeichnet; V ist das Volumen des Gemisches.

Die Diffusionsgeschwindigkeit einer Komponente i ist ihre Relativgeschwindigkeit gegenüber einer festzulegenden mittleren Geschwindigkeit des Gemisches. Hiermit verknüpft ist eine Diffusionsstromdichte, welche eine durch die Diffusionsgeschwindigkeit bedingte Flussdichte beschreibt. Verschiedene Varianten der vom Ort z und der Zeit τ abhängigen,

Tabelle 4-1. Stoffwerte von Luft beim Druck $p = 1$ bar [5]

t	ϱ	c_p	β	λ	ν	a	Pr
°C	kg/m^3	kJ/(kg · K)	10^{-3} /K	10^{-3} W/(m · K)	10^{-7} m^2/s	10^{-7} m^2/s	1
−200	5,106	1,186	17,24	6,886	9,786	11,37	0,8606
−180	3,851	1,071	11,83	8,775	17,20	21,27	0,8086
−160	3,126	1,036	9,293	10,64	25,58	32,86	0,7784
−140	2,639	1,010	7,726	12,47	35,22	46,77	0,7530
−120	2,287	1,014	6,657	14,26	46,14	61,50	0,7502
−100	2,019	1,011	5,852	16,02	58,29	78,51	0,7423
−80	1,807	1,009	5,227	17,74	71,59	97,30	0,7357
−60	1,636	1,007	4,725	19,41	85,98	117,8	0,7301
−40	1,495	1,007	4,313	21,04	101,4	139,7	0,7258
−20	1,377	1,007	3,968	22,63	117,8	163,3	0,7215
0	1,275	1,006	3,674	24,18	135,2	188,3	0,7179
20	1,188	1,007	3,421	25,69	153,5	214,7	0,7148
40	1,112	1,007	3,200	27,16	172,6	242,4	0,7122
80	0,9859	1,010	2,836	30,01	213,5	301,4	0,7083
100	0,9329	1,012	2,683	31,39	235,1	332,6	0,7070
120	0,8854	1,014	2,546	32,75	257,5	364,8	0,7060
140	0,8425	1,016	2,422	34,08	280,7	398,0	0,7054
160	0,8036	1,019	2,310	35,39	304,6	432,1	0,7050
180	0,7681	1,022	2,208	36,68	329,3	467,1	0,7049
200	0,7356	1,026	2,115	37,95	354,7	503,0	0,7051
300	0,6072	1,046	1,745	44,09	491,8	694,3	0,7083
400	0,5170	1,069	1,486	49,96	645,1	903,8	0,7137
500	0,4502	1,093	1,293	55,64	813,5	1131	0,7194
600	0,3986	1,116	1,145	61,14	996,3	1375	0,7247
700	0,3576	1,137	1,027	66,46	1193	1635	0,7295
800	0,3243	1,155	0,9317	71,54	1402	1910	0,7342
900	0,2967	1,171	0,8523	76,33	1624	2197	0,7395
1000	0,2734	1,185	0,7853	80,77	1859	2492	0,7458

vektorwertigen Diffusionsstromdichte sind möglich. Geläufig sind die Diffusionsmassenstromdichte bezogen auf die Schwerpunktsgeschwindigkeit

$$\boldsymbol{j}_i \equiv \varrho_i(\boldsymbol{w}_i - \boldsymbol{w}) \quad \text{mit} \quad \sum_{i=1}^{K} \boldsymbol{j}_i = 0 \qquad (4\text{-}5)$$

und die Diffusionsstoffmengenstromdichte bezogen auf die mittlere molare Geschwindigkeit

$$\boldsymbol{J}_i \equiv \bar{c}_i(\boldsymbol{w}_i - \boldsymbol{u}) \quad \text{mit} \quad \sum_{i=1}^{K} \boldsymbol{J}_i = 0\,, \qquad (4\text{-}6)$$

die sich wegen (4-3) und (4-4) für die einzelnen Komponenten jeweils zu null summieren. Beide Größen lassen sich ineinander umrechnen [10]. Für die vektorielle, orts- und zeitabhängige Massen- und Stoffmengenstromdichte einer Komponente i erhält man

$$\dot{\boldsymbol{m}}_i'' = \bar{\xi}_i \dot{\boldsymbol{m}}'' + \boldsymbol{j}_i = \varrho_i \boldsymbol{w} + \boldsymbol{j}_i \qquad (4\text{-}7)$$

bzw.

$$\dot{\boldsymbol{n}}_i'' = x_i \dot{\boldsymbol{n}}'' + \boldsymbol{J}_i = \bar{c}_i \boldsymbol{u} + \boldsymbol{j}_i \qquad (4\text{-}8)$$

mit $\bar{\xi}_i$ und x_i als dem lokalen Massen- und Stoffmengenanteil der Komponente i sowie $\dot{\boldsymbol{m}}'' = \varrho \boldsymbol{w}$ und $\dot{\boldsymbol{n}}'' = \bar{c}\boldsymbol{u}$ als den entsprechenden Massen- und Stoffmengenstromdichten des gesamten Gemisches.

In idealen Gasgemischen lassen sich die Diffusionsstromdichten der Komponenten durch die

Tabelle 4-2. Stoffwerte von Wasser im Sättigungszustand vom Tripelpunkt bis zum kritischen Punkt [5]

t °C	p bar	ϱ' kg/m³	ϱ'' kg/m³	c'_p kJ/(kg · K)	c''_p kJ/(kg · K)	β' 10^{-3}/K	β'' 10^{-3}/K	r kJ/kg
0,01	0,006117	999,78	0,004855	4,229	1,868	−0,08044	3,672	2500,5
10	0,012281	999,69	0,009404	4,188	1,882	0,08720	3,548	2476,9
20	0,023388	998,19	0,01731	4,183	1,882	0,2089	3,435	2453,3
30	0,042455	995,61	0,03040	4,183	1,892	0,3050	3,332	2429,7
40	0,073814	992,17	0,05121	4,182	1,904	0,3859	3,240	2405,9
50	0,12344	987,99	0,08308	4,182	1,919	0,4572	3,156	2381,9
60	0,19932	983,16	0,13030	4,183	1,937	0,5222	3,083	2357,6
70	0,31176	977,75	0,19823	4,187	1,958	0,5827	3,018	2333,1
80	0,47373	971,79	0,29336	4,194	1,983	0,6403	2,964	2308,1
90	0,70117	965,33	0,42343	4,204	2,011	0,6958	2,929	2282,7
100	1,0132	958,39	0,59750	4,217	2,044	0,7501	2,884	2256,7
110	1,4324	951,00	0,82601	4,232	2,082	0,8038	2,860	2229,9
120	1,9848	943,16	1,1208	4,249	2,126	0,8576	2,846	2202,4
130	2,7002	934,88	1,4954	4,267	2,176	0,9123	2,844	2174,0
140	3,6119	926,18	1,9647	4,288	2,233	0,9683	2,855	2144,6
150	4,7572	917,06	2,5454	4,312	2,299	1,026	2,878	2114,1
160	6,1766	907,50	3,2564	4,339	2,374	1,087	2,916	2082,3
170	7,9147	897,51	4,1181	4,369	2,460	1,152	2,969	2049,2
180	10,019	887,06	5,1539	4,403	2,558	1,221	3,039	2014,5
190	12,542	876,15	6,3896	4,443	2,670	1,296	3,128	1978,2
200	15,536	864,74	7,8542	4,489	2,797	1,377	3,238	1940,1
250	39,736	799,07	19,956	4,857	3,772	1,955	4,245	1715,4
300	85,838	712,41	46,154	5,746	5,981	3,273	7,010	1404,7
350	165,21	574,69	113,48	10,13	16,11	10,37	22,12	893,03
373,976	220,55	322,00	322,00	∞	∞	∞	∞	0

Maxwell-Stefan'schen Gleichungen [11] auf Gradienten von Diffusionspotenzialen und der Temperatur zurückführen. Dieses Ergebnis der kinetischen Theorie ist mit wenigen Postulaten auf nichtideale Gemische verallgemeinert worden [12]. Gefordert wird die Invarianz der durch die Diffusion verursachten Entropieerzeugung gegenüber der Bezugsgeschwindigkeit der Diffusionsstromdichte. Zugleich wird ein linearer Zusammenhang zwischen der Schlupfgeschwindigkeit $w_i - w_j$ zweier Komponenten und dem Gefälle der zugeordneten Potenziale angenommen. Der Beitrag des Temperaturgradienten zu den Diffusionsstromdichten, auch Thermodiffusion oder Soret-Effekt genannt, ist nur bei Anwendungen mit schroffen Temperaturänderungen, z. B. der Ablationskühlung, von Bedeutung. Im Folgenden wird der Soret-Effekt wie bereits der Dufour-Effekt als schwache Kopplung zwischen Diffusion und Wärmeleitung vernachlässigt. Mit dieser Vereinfachung lauten die Maxwell-Stefan'schen Gleichungen, in die keine Bezugsgeschwindigkeit eingeht, in drei gleichwertigen Formulierungen [13]

$$\sum_{j=1}^{K} \frac{x_i x_j (\boldsymbol{w}_i - \boldsymbol{w}_j)}{Đ_{ij}} = -\frac{x_i}{R_\text{m} T} \operatorname{grad} A_i^* \quad (4\text{-}9)$$

$$\sum_{j=1}^{K} \frac{x_j \boldsymbol{J}_i - x_i \boldsymbol{J}_j}{\bar{c} Đ_{ij}} = -\frac{x_i}{R_\text{m} T} \operatorname{grad} A_i^* \qquad 1 \le i \le K-1 \quad (4\text{-}10)$$

$$\sum_{j=1}^{K} \frac{x_j \dot{\boldsymbol{n}}_i'' - x_i \dot{\boldsymbol{n}}_j''}{\bar{c} Đ_{ij}} = -\frac{x_i}{R_\text{m} T} \operatorname{grad} A_i^* \quad (4\text{-}11)$$

Dabei ist $Đ_{ij} = Đ_{ji}$ der verallgemeinerte Maxwell-Stefan'sche Diffusionskoeffizient für das Komponen-

Tabelle 4-2. Fortsetzung

t °C	λ' 10^{-3} W/(m · K)	λ'' 10^{-3} W/(m · K)	ν' mm²/s	ν'' mm²/s	a' mm²/s	a'' mm²/s	Pr' 1	Pr'' 1	σ 10^{-3} N/m
0,01	561,0	17,07	1,792	1898,0	0,1327	1883,0	13,51	1,008	75,65
10	580,0	17,62	1,307	1006,0	0,1385	999,8	9,434	1,006	74,22
20	598,4	18,23	1,004	562,0	0,1433	559,6	7,005	1,004	72,74
30	615,4	18,89	0,8012	329,3	0,1478	328,3	5,422	1,003	71,20
40	630,5	19,60	0,6584	201,3	0,1519	200,9	4,333	1,002	69,60
50	643,5	20,36	0,5537	127,8	0,1558	127,7	3,555	1,001	67,95
60	654,3	21,18	0,4746	83,91	0,1591	83,92	2,983	1,000	66,24
70	663,1	22,07	0,4132	56,80	0,1620	56,85	2,551	0,9992	64,49
80	670,0	23,01	0,3648	39,51	0,1644	39,56	2,219	0,9989	62,68
90	675,3	24,02	0,3258	28,17	0,1664	28,20	1,958	0,9989	60,82
100	679,1	25,09	0,2941	20,53	0,1680	20,55	1,750	0,9994	58,92
110	681,7	26,24	0,2680	15,27	0,1694	15,26	1,582	1,001	56,97
120	683,2	27,46	0,2462	11,56	0,1705	11,53	1,444	1,003	54,97
130	683,7	28,76	0,2278	8,894	0,1714	8,840	1,329	1,006	52,94
140	683,3	30,14	0,2123	6,946	0,1720	6,869	1,234	1,011	50,86
150	682,1	31,59	0,1991	5,496	0,1725	5,399	1,154	1,018	48,75
160	680,0	33,12	0,1877	4,402	0,1727	4,285	1,087	1,027	46,60
170	677,1	34,74	0,1779	3,565	0,1727	3,430	1,030	1,039	44,41
180	673,4	36,44	0,1693	2,915	0,1724	2,764	0,9822	1,055	42,20
190	668,8	38,23	0,1619	2,405	0,1718	2,241	0,9423	1,073	39,95
200	663,4	40,10	0,1554	2,001	0,1709	0,825	0,9093	1,096	37,68
250	621,4	51,23	0,1329	0,8766	0,1601	0,6804	0,8299	1,288	26,05
300	547,7	69,49	0,1207	0,4257	0,1338	0,2517	0,9018	1,691	14,37
350	447,6	134,6	0,1146	0,2098	0,07692	0,07365	1,490	2,849	3,675
373,976	141,9	141,9	0,1341	0,1341	0	0	∞	∞	0

tenpaar i und j mit der SI-Einheit m²/s und einem Wert $\text{Đ}_{ij} > 0$, der in idealen Gasgemischen nicht von der Konzentration abhängt. Weiter bedeutet R_m die universelle Gaskonstante und

$$\operatorname{grad} A_i^* = \operatorname{grad}(\mu_i)_{T,p} + \left[V_i - \frac{M_i}{M} V_\mathrm{m}\right] \operatorname{grad} p - M_i \left[\boldsymbol{f}_i - \sum_{j=1}^{K} \bar{\xi}_j \boldsymbol{f}_j\right] \tag{4-12}$$

den Gradienten des Diffusionspotenzials A_i^* der Komponente i. Wegen (1-34) gilt

$$\sum_{i=1}^{k} x_i \operatorname{grad} A_i^* = 0\,, \tag{4-13}$$

d. h., nur $K - 1$ Gleichungen sind linear unabhängig.

Im Einzelnen bezeichnen in (4-12) grad $(\mu_i)_{T,p}$ den isotherm-isobaren Gradienten des chemischen Potenzials der Komponente i, V_i, und M_i das partielle molare Volumen und die molare Masse der Komponente i, V_m und M das molare Volumen und die molare Masse des gesamten Gemisches, p den Druck und $\boldsymbol{f}_i$ die auf die Masse bezogene Kraft, die von äußeren Feldern auf die Komponente i ausgeübt wird.

Der Beitrag des Druckgradienten in (4-12) hat bei der Diffusion in porösen Körpern oder bei der Sedimentation im Schwere- und Zentrifugalfeld einen entscheidenden Einfluß, wobei sich aus der Bedingung grad $A_i^* = 0$ die Konzentrationsverteilung im Gleichgewicht herleiten lässt [14]. Der letzte Term ist nur dann von null verschieden, wenn die Komponenten wie in Elektrolytlösungen verschiedenen Kraftfeldern unterliegen. Die Schwerkraft liefert keinen Beitrag. In den

Tabelle 4-3. Thermophysikalische Eigenschaften nichtmetallischer fester Stoffe bei 20 °C [5]

Stoff	ϱ 10^3 kg/m³	c kJ/(kg · K)	λ W/(m · K)	a mm²/s
Acrylglas (Plexiglas)	1,18	1,44	0,184	0,108
Asphalt	2,12	0,92	0,70	0,36
Bakelit	1,27	1,59	0,233	0,115
Beton	2,1	0,88	1,0	0,54
Eis (0 °C)	0,917	2,04	2,25	1,203
Erdreich, grobkiesig	2,04	1,84	0,52	0,14
Sandboden, trocken	1,65	0,80	0,27	0,20
Sandboden, feucht	1,75	1,00	0,58	0,33
Tonboden	1,45	0,88	1,28	1,00
Fett	0,91	1,93	0,16	0,091
Glas, Fenster-	2,48	0,70	0,87	0,50
Spiegel-	2,70	0,80	0,76	0,35
Quarz-	2,21	0,73	1,40	0,87
Thermometer-	2,58	0,78	0,97	0,48
Gips	1,00	1,09	0,51	0,47
Granit	2,75	0,89	2,9	1,18
Korkplatten	0,19	1,88	0,041	0,115
Marmor	2,6	0,80	2,8	1,35
Mörtel	1,9	0,80	0,93	0,61
Papier	0,7	1,20	0,12	0,14
Polyethylen	0,92	2,30	0,35	0,17
Polyamide	1,13	2,30	0,29	0,11
Polytetrafluorethylen (PTFE)	2,20	1,04	0,23	0,10
PVC	1,38	0,96	0,15	0,11
Porzellan (95 °C)	2,40	1,08	1,03	0,40
Steinkohle	1,35	1,26	0,26	0,15
Tannenholz (radial)	0,415	2,72	0,14	0,12
Verputz	1,69	0,80	0,79	0,58
Zelluloid	1,38	1,67	0,23	0,10
Ziegelstein	1,6...1,8	0,84	0,38...0,52	0,28...0,34

meisten verfahrenstechnischen Anwendungen dominiert der erste Summand. Im Folgenden wird daher allein die Diffusion aufgrund von Konzentrationsdifferenzen behandelt.
Mit dem Ansatz (2-138) für das chemische Potenzial der Komponente i erhält man zunächst

$$\frac{x_i}{R_\mathrm{m}T}\,\mathrm{grad}\,(\mu_i)_{T,p} = \sum_{j=1}^{K-1} \Gamma_{ij}\,\mathrm{grad}\,x_j = (\underline{\boldsymbol{\Gamma}}\,\mathrm{grad}\,\boldsymbol{x})_i\,. \tag{4-14}$$

Für die $(K-1)$-dimensionale quadratische Matrix $\underline{\boldsymbol{\Gamma}}$ gilt dabei

$$\Gamma_{ij} = \delta_{ij} + x_i\left[\frac{\partial \ln \gamma_i(x_1, x_2, \ldots, x_{K-1})}{\partial x_j}\right]_{T,p,x_{k\neq j}}. \tag{4-15}$$

Eine Auswertung von Γ_{ij} für verschiedene Aktivitätskoeffizientenmodelle $\gamma_i(\boldsymbol{x})$ nach 2.2.3 findet man in [15]. Für ideale Gemische geht $\underline{\boldsymbol{\Gamma}}$ in die Einheitsmatrix $\underline{\boldsymbol{I}}$ über. Die Komponenten des Vektors $\boldsymbol{x}$ sind

Tabelle 4-4. Thermophysikalische Eigenschaften von Metallen und Legierungen bei 20 °C [5]

Stoff	ϱ 10^3 kg/m^3	c kJ/(kg · K)	λ W/(m · K)	a mm^2/s
Metalle				
Aluminium	2,70	0,888	237	98,8
Blei	1,34	0,129	35	23,9
Chrom	6,92	0,440	91	29,9
Eisen	7,86	0,452	81	22,8
Gold	19,26	0,129	316	127,2
Iridium	22,42	0,130	147	50,4
Kupfer	8,93	0,382	399	117,0
Magnesium	1,74	1,020	156	87,9
Mangan	7,42	0,473	21	6,0
Molybdän	10,2	0,251	138	53,9
Natrium	9,71	1,220	133	11,2
Nickel	8,85	0,448	91	23,0
Platin	21,37	0,133	71	25,0
Rhodium	12,44	0,248	150	48,6
Silber	10,5	0,235	427	173,0
Titan	4,5	0,522	22	9,4
Uran	18,7	0,175	28	8,6
Wolfram	19,0	0,134	173	67,9
Zink	7,10	0,387	121	44,0
Zinn, weiß	7,29	0,225	67	40,8
Zirkon	6,45	0,290	23	12,3
Legierungen				
Bronze (84 Cu, 9 Zn, 6 Sn, 1 Pb)	8,8	0,377	62	18,7
Duraluminium	2,7	0,912	165	67,0
Gusseisen	7,8	0,54	42...50	10...12
Kohlenstoffstahl (<0,4% C)	7,85	0,465	45...55	12...15
Cr-Ni-Stahl (X12CrNi18-8)	7,8	0,50	15	3,8
Cr-Stahl (X8Cr17)	7,7	0,46	25	7,1

die Stoffmengenanteile der ersten $K-1$ Stoffkomponenten

$$\boldsymbol{x} = (x_1, x_2, \ldots, x_{K-1})^{\mathrm{T}} . \qquad (4\text{-}16)$$

Die praktisch benötigten Diffusionsstromdichten $\boldsymbol{J}_i$ können durch Inversion der $K-1$ Maxwell-Stefan'schen Gleichungen (4-11) unter Berücksichtigung der Schließbedingung

$$\boldsymbol{J}_K = -\sum_{i=1}^{K-1} \boldsymbol{J}_i \qquad (4\text{-}17)$$

gewonnen werden. Dies führt mit dem verkürzten Gradienten (4-14) des Diffusionspotenzials auf die $(K-1)$-dimensionale Matrixbeziehung

$$\underline{\boldsymbol{J}}\bar{c}\underline{\boldsymbol{B}}^{-1}\underline{\boldsymbol{\Gamma}}\,\mathrm{grad}\,\boldsymbol{x} . \qquad (4\text{-}18)$$

Die Matrix $\underline{\boldsymbol{J}}$ wird dabei aus den Diffusionsstromdichten der ersten $K-1$ Stoffkomponenten gebildet

$$\underline{\boldsymbol{J}} = (\boldsymbol{J}_1, \boldsymbol{J}_2, \ldots, \boldsymbol{J}_{K-1})^{\mathrm{T}} \qquad (4\text{-}19)$$

und die $(K-1)$–dimensionale quadratische Matrix $\underline{\boldsymbol{B}}$ ist durch

$$B_{ii} = x_i/Ð_{iK} + \sum_{k=1;\,k\neq i}^{K} x_k/Ð_{ik} \tag{4-20}$$

$$B_{ij} = -x_i(1/Ð_{ij} - 1/Ð_{iK}) \quad \text{für } j \neq i \tag{4-21}$$

gegeben. Die Diffusionsstromdichte $\boldsymbol{J}_K$ der letzten Komponente folgt aus der Schließbedingung (4-17). Im Allgemeinen hängt die Diffusionsstromdichte $\boldsymbol{J}_i$ einer Komponente i von den Konzentrationsgradienten aller Komponenten ab und kann dem eigenen Konzentrationsgefälle entgegengerichtet sein. Die Konsistenz der Maxwell-Stefan'schen Gleichungen mit dem 2. Hauptsatz ist dennoch nach 4.2.4 gewährleistet, vgl. auch 1.5.3. In Sonderfällen reduziert sich das Produkt $\underline{\boldsymbol{B}}^{-1}\underline{\boldsymbol{\Gamma}}$ in (4-18) wenigstens zeilenweise auf Diagonalglieder, d. h., die Diffusionsstromdichten der Komponenten verlaufen in Richtung des steilsten Gefälles der eigenen Konzentration. Dies trifft zu für Zweistoffgemische mit

$$\boldsymbol{J}_1 = -\bar{c}Ð_{12}\Gamma_{11} \operatorname{grad} x_1 \tag{4-22}$$

und gilt für Komponenten i, die hochverdünnt ($x_i \approx 0$) in einem Lösungsmittelgemisch vorliegen. Hier wird

$$\boldsymbol{J}_i = -\bar{c}B_{ii}^{-1} \operatorname{grad} x_i \tag{4-23}$$

mit

$$B_{ii} = \sum_{k=1;\,k\neq i}^{K} x_k/Ð_{ik}\,. \tag{4-24}$$

Ebenso folgt für ein ideales Gemisch aus ähnlichen Komponenten mit nahezu gleichen Maxwell-Stefan'schen Diffusionskoeffizienten $Ð_{ij} = Ð$

$$\underline{\boldsymbol{J}} = -\bar{c}Ð\underline{\boldsymbol{I}} \operatorname{grad} \boldsymbol{x}\,. \tag{4-25}$$

Den Maxwell-Stefan'schen Gleichungen in der Formulierung (4-18) steht das empirisch begründete Fick'sche Diffusionsgesetz

$$\underline{\boldsymbol{J}} = -\bar{c}\underline{\boldsymbol{D}}^u \operatorname{grad} \boldsymbol{x} \tag{4-26}$$

in Analogie zum Fourier'schen Gesetz gegenüber. Der Vergleich ergibt für die $(K-1)$-dimensionale Matrix der Fick'schen Diffusionskoeffizienten

$$\underline{\boldsymbol{D}}^u = \underline{\boldsymbol{B}}^{-1}\underline{\boldsymbol{\Gamma}}\,. \tag{4-27}$$

Die Transformation von (4-26) auf die Diffusionsmassenstromdichte bezogen auf die Schwerpunktsgeschwindigkeit liefert als gleichwertige Form des Fick'schen Gesetzes

$$\underline{j} = -\varrho\underline{\boldsymbol{D}}^w \operatorname{grad} \bar{\boldsymbol{\xi}} \tag{4-28}$$

Die Matrix $\underline{j}$ fasst dabei die Diffusionsmassenstromdichten der ersten $K-1$ Komponenten

$$\underline{j} = (j_1, j_2, \ldots, j_{k-1})^{\mathrm{T}} \tag{4-29}$$

und der Vektor $\bar{\boldsymbol{\xi}}$ die Massenanteile der ersten $K-1$ Komponenten

$$\bar{\boldsymbol{\xi}} = (\bar{\xi}_1, \bar{\xi}_2, \ldots, \bar{\xi}_{K-1})^{\mathrm{T}} \tag{4-30}$$

zusammen. Die $(K-1)$-dimensionale quadratische Matrix $\underline{\boldsymbol{D}}^w$ der Diffusionskoeffizienten folgt aus der Ähnlichkeitstransformation [16]

$$\underline{\boldsymbol{D}}^w = [\underline{\boldsymbol{B}}^{wu}][\underline{\boldsymbol{I}}\bar{\boldsymbol{\xi}}]^{-1}[\underline{\boldsymbol{I}}\boldsymbol{x}]^{-1}\underline{\boldsymbol{D}}^u = [\underline{\boldsymbol{I}}\boldsymbol{x}][\underline{\boldsymbol{I}}\bar{\boldsymbol{\xi}}]^{-1}[\underline{\boldsymbol{B}}^{wu}]^{-1} \tag{4-31}$$

mit

$$[\underline{\boldsymbol{B}}^{wu}]^{-1} = \underline{\boldsymbol{B}}^{uw} \tag{4-32}$$

$$B_{ik}^{wu} = \delta_{ik} - \bar{\xi}_i\left[1 - \bar{\xi}_K x_k/\bar{\xi}_k x_K\right], \tag{4-33}$$

und

$$B_{ik}^{wu} = \delta_{ik} - \bar{\xi}_i\left[x_k/\left(\bar{\xi}_k - x_K/\bar{\xi}_K\right)\right]. \tag{4-34}$$

Die Fick'schen Diffusionskoeffizienten D_{ij}^u und D_{ij}^w haben ebenso wie Maxwell-Stefan'schen Diffusionskoeffizienten die SI-Einheit $\mathrm{m^2/s}$ und stimmen im Fall von idealen Zweistoffgemischen, in denen die Komponenten 1 und 2 diffundieren, sämtlich überein.

$$Ð_{12} = Ð_{21} = D_{11}^u = D_{11}^w \text{ (ideales Zweistoffgemisch)}\,. \tag{4-35}$$

In der kompakten Darstellung des Fick'schen Gesetzes werden viele Einflüsse verschmolzen. Die Matrizen $\underline{\boldsymbol{D}}^u$ und $\underline{\boldsymbol{D}}^w$ sind unsymmetrisch und haben nur $(K/2)(K-1)$ unabhängige Elemente. Diese stellen keine Paarwechselwirkungen dar und können auch negatives Vorzeichen haben. Selbst in idealen Gasgemischen sind die Elemente stark von der Konzentration abhängig. Die Einbeziehung des thermodynamischen Faktors $\underline{\Gamma}$ führt zu einer Sigularität von $\underline{D}^u$ und $\underline{D}^w$ in kritischen Zuständen eines Gemisches [17] und kompliziertem Verhalten in dessen Nachbarschaft. Zur Korrelation sind daher zunächst die Maxwell-Stefan'schen Diffusionskoeffizienten geeignet, aus denen sich mit (4-27) und (4-31) in Verbindung mit einem thermodynamischen Modell die Matrix $\underline{D}^u$ order $\underline{D}^w$ der Fick'schen Diffusionskoeffizienten bestimmen lässt. Damit ist das Fick'sche Gesetz vorteilhaft zur Beschreibung von Diffusionsstromdichten anzuwenden.

Bei Gasen sind die Maxwell-Stefan'schen Diffusionskoeffizienten von der Größenordnung 10^{-5} bis $10^{-4}\,\mathrm{m^2/s}$, während für Flüssigkeiten Werte von 10^{-9} bis $10^{-8}\,\mathrm{m^2/s}$ typisch sind. Die binären Fick'schen Diffusionskoeffizienten in Festkörpern sind gewöhnlich kleiner als in Flüssigkeiten. Sie variieren um viele Größenordnungen und verändern sich exponentiell mit der Temperatur [18].

In Gasgemischen geringer Dichte, d. h. bei einem Druck $p < 10\,\mathrm{bar}$, lassen sich die Maxwell-Stefan'schen Diffusionskoeffizienten nach der Theorie von Chapman und Enskog berechnen, die eine Veränderlichkeit mit Druck und Temperatur nach $1/p$ bzw. etwa $T^{3/2}$ vorhersagt, vgl. B 9.2, während die Abhängigkeit von der Konzentration der Komponenten praktisch entfällt. Das Ergebnis ist in [19] zusammen mit den zur Auswertung benötigten Lennard-Jones-Parametern aufgeführt. Auf die gleiche mittlere Genauigkeit von ca. 5% führt die in [20] empfohlene Korrelation von Fuller u. a.:

$$\frac{Đ_{ij}}{\mathrm{cm^2/s}} = 1{,}013 \cdot 10^{-3} \left[\frac{T}{K}\right]^{1,75} \cdot \frac{\left[\dfrac{1}{M_i/(\mathrm{g/mol})} + \dfrac{1}{M_j/(\mathrm{g/mol})}\right]^{1/2}}{\left[\dfrac{p}{\mathrm{bar}}\right][\sqrt[3]{v_i} + \sqrt[3]{v_j}]^2} \,. \tag{4-36}$$

Hierin ist T die thermodynamische Temperatur, p der Druck und M_i bzw. M_j die molare Masse der Komponenten i und j. Die dimensionslosen Größen v_i und v_j sind sog. Diffusionsvolumina, die sich für die Komponenten aus den in Tabelle 4-5 angegebenen Beiträgen der atomaren Bestandteile summieren. Die Werte für Stoffe in Klammern sind nur durch wenige Messungen gestützt.

Tabelle 4-5. Diffusionsvolumen gemäß (4-36) nach Fuller u. a. [20]

Atomare und strukturelle Inkremente für das Diffusionsvolumen v			
C	16,5	(Cl)	19,5
H	1,98	(S)	17,0
O	5,48	aromatischer Ring	−20,2
(N)	5,69	heterocyclischer Ring	−20,2
Diffusionsvolumen v für einfache Moleküle			
H_2	7,07	CO	18,9
D_2	6,70	CO_2	26,9
He	2,88	N_2O	35,9
N_2	17,9	NH_3	14,9
O_2	16,6	H_2O	12,7
Luft	20,1	(CCl_2F_2)	114,8
Ar	16,1	(SF_6)	69,7
Kr	22,8	(Cl_2)	37,7
(Xe)	37,9	(Br_2)	67,2
		(SO_2)	41,1

Für Gasgemische bei höheren Dichten trifft die in (4-36) enthaltene Druckabhängigkeit nicht mehr zu und lässt sich genauer durch den Ansatz von Dawson u. a. [20]

$$Đ_{ij}\varrho = (Đ_{ij}\varrho)_0 \left(1 + 0{,}053432\varrho_\mathrm{r} - 0{,}030182\,\varrho_\mathrm{r}^2 - 0{,}029725\,\varrho_\mathrm{r}^3\right) \tag{4-37}$$

abschätzen. Dabei ist ϱ die Dichte des Gemisches. Das mit 0 indizierte Produkt wird bei der Gemischtemperatur T und einem kleinen Druck berechnet. Die reduzierte Dichte $\varrho_\mathrm{r} = \varrho/\varrho_\mathrm{k}$ ist mit der pseudokritischen Dichte $\varrho_\mathrm{k} = M/\Sigma x_i/V_{\mathrm{mk}i}$ zu bilden, wobei $V_{\mathrm{mk}i}$ das molare kritische Volumen der Komponente i und M die molare Masse des Gemisches bedeuten.

In Flüssigkeiten hängen die Maxwell-Stefan'schen Diffusionskoeffizienten stark von der Konzentration der Komponenten, aber kaum vom Druck ab. Zur Modellierung der Konzentrationsabhängigkeit werden die Grenzwerte für jeweils unendliche Verdünnung der Komponenten i und j eines binären Gemisches

$$Đ_{ij}^\infty \equiv \lim_{x_i \to 0} Đ_{ij} \quad \text{und} \quad D_{ji}^\infty \equiv \lim_{x_j \to 0} Đ_{ij} \tag{4-38}$$

zu einfachen Funktionen der Gemischzusammensetzung kombiniert. Für Vielstoffgemische wurde von

Wesselingh und Krishna der noch wenig erprobte Ansatz [21]

$$Ð_{ij} = Ð_{ij}^{\infty(1+x_j+x_i)/2} \cdot Ð_{ji}^{\infty(1+x_i-x_j)/2} \tag{4-39}$$

vorgeschlagen, welcher eine Verallgemeinerung der für binäre flüssige Gemische bewährten Beziehung von Vignes [22]

$$Ð_{ij} = Ð_{ij}^{\infty x_j} \cdot Ð_{ji}^{\infty x_i} \tag{4-40}$$

ist. Sie führt außer bei stark assoziierenden Komponenten zu guten Ergebnissen.

Nahezu alle Korrelationen für die Grenzwerte (4-38) der Maxwell-Stefan'schen Diffusionskoeffizienten in flüssigen Zweistoffgemischen im Zustand hoher Verdünnung beruhen auf der Gleichung von Stokes-Einstein. Sie postuliert ein Gleichgewicht zwischen der Reibung einer Kugel in einer ausgedehnten Flüssigkeit und dem Gradienten des teilchenbezogenen chemischen Potenzials als der – auch dimensionsmäßig – treibenden Kraft der Teilchenbewegung. Häufig benutzt wird die empirische Abwandlung von Wilke und Chang [23]

$$\frac{Ð_{ij}^{\infty}}{\mathrm{cm^2/s}} = 7{,}4 \cdot 10^{-8} \frac{\left[\varphi_j \dfrac{M_j}{\mathrm{g/mol}}\right]^{1/2} \left[\dfrac{T}{\mathrm{K}}\right]}{\left[\dfrac{\eta_j}{\mathrm{mPa \cdot s}}\right] \left[\dfrac{V_{0i}}{\mathrm{cm^3/mol}}\right]^{0,6}} . \tag{4-41}$$

Dabei ist $\eta_j = \varrho_j \nu_j$ die Viskosität des Lösungsmittels j, die sich aus der Dichte ϱ_j und kinematischen Viskosität ν_j berechnen lässt, siehe Tabelle 4-2 für Wasser und [24] für andere Lösungsmittel. Weiter bedeutet V_{0i} das Molvolumen der flüssigen Phase des gelösten Stoffes i am normalen Siedepunkt und φ_j einen Assoziationsparameter mit $\varphi_{H_2O} = 2{,}6$; $\varphi_{CH_3OH} = 1{,}9$; $\varphi_{C_2H_5OH} = 1{,}5$ und $\varphi_j = 1$ für nicht assoziierende Lösungsmittel.

4.2 Bilanzgleichungen der Thermofluiddynamik

Um Wärme- und Diffusionsströme aus den konstitutiven Gleichungen und den hier enthaltenen Gradienten berechnen zu können, müssen die Temperatur- und Konzentrationsfelder bekannt sein. Diese ergeben sich prinzipiell aus Stoff-, Impuls- und Energiebilanzen, in denen die Stromdichten durch die konstitutiven Gleichungen ausgedrückt werden.

Bild 4-2 zeigt ein aus einem Kontinuum geschnittenes finites Volumen V, das sich mit der örtlichen Schwerpunktsgeschwindigkeit $\boldsymbol{w} = \boldsymbol{u}(x,\tau)$ bewegt und sich dabei verformt. Für jede mitgeführte extensive Zustandsgröße Z gilt nach (1-87) die Bilanz, dass die Änderungsgeschwindigkeit des Bestandes innerhalb der Systemgrenzen gleich dem Nettozustrom plus der Erzeugungsrate im System ist:

$$\frac{\mathrm{d}}{\mathrm{d}\tau} \int_V \varrho z \,\mathrm{d}V = -\int_A \left(\sum_{k=1}^{K} z_k \boldsymbol{j}_k + \dot{z}''_{\mathrm{im}} \right) \boldsymbol{n} \,\mathrm{d}A + \int_V \dot{z}''' \,\mathrm{d}V . \tag{4-42}$$

Diese allgemeine Bilanzgleichung gilt für ortsaufgelöste Feldgrößen $Z = Z(x,y,z,\tau)$ im Gegensatz zur allgemeinen Bilanzgleichung (1-88), die für nulldimensionale Systeme aufgestellt wurde. Hierin bezeichnet $\varrho z = z_v$ die Dichte der Größe Z mit $z = Z/m$ als der zugehörigen spezifischen Größe. Der Zustrom über ein Oberflächenelement $\mathrm{d}A$ mit der äußeren Einheitsnormalen $\boldsymbol{n}$ setzt sich aus einem stoffgebundenen Anteil $\sum z_k \boldsymbol{j}_k \cdot \boldsymbol{n}\,\mathrm{d}A$ und einem immateriellen Anteil $\dot{z}''_{\mathrm{im}} \cdot \boldsymbol{n}\,\mathrm{d}A$ zusammen. Dabei ist $z_k = Z_k/M_k$ die aus der partiellen molaren Größe Z_k nach (1-32) abgeleitete partielle spezifische Größe und $\dot{z}''_{\mathrm{im}}$ die Stromdichte des immateriellen Transports, die für Masse oder Stoffmengen null ist. Da sich das Volumen V mit der Schwerpunktsgeschwindigkeit bewegt, beruht der stoffgebundene Transport allein auf Diffusion. Schließlich bedeutet $\dot{z}'''$ die

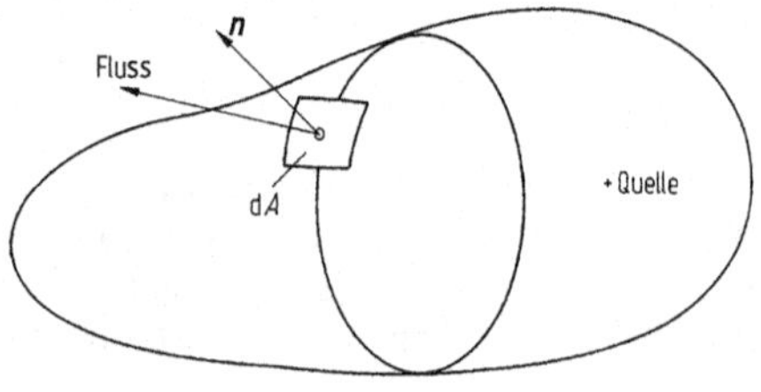

Bild 4-2. Bilanzvolumen mit Oberflächenelement $\mathrm{d}A$, äußerem Normalenvektor $\boldsymbol{n}$, Flussvektor und Quelle einer extensiven Größe Z

Dichte einer Quelle oder eines volumenproportionalen äußeren Zuflusses der Größe Z in das System. Mit dem Reynolds'schen Transporttheorem [25] zum Differenzieren des Volumenintegrals mit zeitabhängigen Grenzen und dem Gaußschen Integralsatz zur Umwandlung der Oberflächen- in Volumenintegrale, siehe A 17.3, erhält man aus (4-42)

$$\partial(\varrho z)/\partial\tau + \operatorname{div}(\varrho z \boldsymbol{w}) = -\operatorname{div}\left(\sum_{k=1}^{k} z_k \boldsymbol{j}_k + \dot{\boldsymbol{z}}''_{\mathrm{im}}\right) + \dot{z}''' \,. \qquad (4\text{-}43)$$

Durch Spezialisierung auf die Masse $Z = m$ folgt die aus der Strömungsmechanik bekannte Kontinuitätsgleichung

$$\partial\varrho/\partial\tau + \operatorname{div}(\varrho\boldsymbol{w}) = 0 \,. \qquad (4\text{-}44)$$

Mit diesem Ergebnis lässt sich (4-43) auch in der Gestalt

$$\varrho\, \mathrm{D}z/\mathrm{D}\tau = -\operatorname{div}\left(\sum_{k=1}^{k} z_k \boldsymbol{j}_k + \dot{\boldsymbol{z}}''_{\mathrm{im}}\right) + \dot{z}''' \qquad (4\text{-}45)$$

schreiben, wobei

$$\mathrm{D}z/\mathrm{D}\tau \equiv \partial z/\partial\tau + (\operatorname{grad} z)\cdot\boldsymbol{w} \qquad (4\text{-}46)$$

die aus einem lokalen und einem konvektiven Anteil zusammengesetzte materielle Ableitung der orts- und zeitabhängigen Größe z bezüglich einer Bewegung mit der Schwerpunktsgeschwindigkeit $\boldsymbol{w}$ bedeutet. Für das spezifische Volumen $z = v$ ergibt sich aus dem Vergleich von (4-43) und (4-45) die materielle Änderung

$$\varrho\, \mathrm{D}v/\mathrm{D}\tau = \operatorname{div}\boldsymbol{w} \,, \qquad (4\text{-}47)$$

die auf der Verschiebung der Berandung eines zugeordneten Massenelementes beruht.

4.2.1 Stoffbilanzen

Bei der Anwendung von (4-43) auf die Masse $Z = m_i$ einer Komponente i des Systems hat man infolge ablaufender chemischer Reaktionen die Quelldichte

$$\dot{z}''' = \dot{m}_i''' = M_i \dot{n}_i''' = M_i \sum_{r=1}^{R} \nu_{ir} r_r \qquad (4\text{-}48)$$

zu berücksichtigen. Dabei bedeutet ν_{ir} die stöchiometrische Zahl des Stoffes i in der Reaktion r, die mit der Geschwindigkeit $r_r = (1/V)\mathrm{d}\xi_r/\mathrm{d}\tau$ abläuft, siehe C 9.2, wobei ξ_r den Umsatz der Reaktion r bezeichnet. Faßt man nach (4-7) die Flussdichten $\varrho_i\boldsymbol{w}$ und $\boldsymbol{j}_i$ des strömungsbedingten konvektiven und des überlagerten diffusiven Transports zur Massenstromdichte $\dot{\boldsymbol{m}}_i''$ der Komponente i zusammen, erhält man eine erste Form der Komponentenmassenbilanz

$$\partial\varrho_i/\partial\tau + \operatorname{div}\dot{\boldsymbol{m}}_i'' = \dot{m}_i''' \,. \qquad (4\text{-}49)$$

Sie beschreibt die durch Konvektion, Diffusion und Reaktion bedingte Konzentrationsverteilung einer Komponente. Die Summation über alle Komponenten führt wegen des Massenerhalts bei chemischen Reaktionen auf die Kontinuitätsgleichung (4-44). Eine zu (4-49) gleichwertige zweite Form der Komponentenmassenbilanz folgt aus (4-45):

$$\varrho\mathrm{D}\bar{\xi}_i/\mathrm{D}\tau = -\operatorname{div}\boldsymbol{j}_i + \dot{\boldsymbol{m}}_i''' \quad \text{mit} \quad 1 \le i \le K-1 \,. \qquad (4\text{-}50)$$

Hier ist die Summe über alle Komponenten null, d. h., es gibt nur $K - 1$ unabhängige Gleichungen. Eine zu (4-50) analoge Bilanz lässt sich für die Stoffmenge einer Komponente angeben

$$\bar{c}[\partial x_i/\partial\tau + (\operatorname{grad} x_i)\cdot\boldsymbol{u}] = -\operatorname{div}\boldsymbol{J}_i + \dot{n}_i''' - x_i \sum_{k=1}^{k} \dot{n}_k''' \quad \text{mit} \quad 1 \le i \le K-1 \,. \qquad (4\text{-}51)$$

An die Stelle der Schwerpunktgeschwindigkeit tritt die mittlere molare Geschwindigkeit $\boldsymbol{u}$ mit der zugeordneten Diffusionsstromdichte $\boldsymbol{J}_i$.

4.2.2 Impuls- und mechanische Energiebilanz

Das für die Konzentrationsverteilung maßgebende Geschwindigkeitsfeld ergibt sich in Verbindung mit der Kontinuitätsgleichung aus einer Impulsbilanz. Zu ihrer Formulierung wird in (4-45) $\boldsymbol{Z} = m\,\boldsymbol{w}$ gesetzt. Die Dichte $\underline{\dot{z}}''_{\mathrm{im}}$ des immateriellen Impulsflusses, der durch Oberflächenkräfte auf der Bilanzhülle von Bild 4-2 verursacht wird, ist das Negative des symmetrischen Spannungstensors $\underline{t}$. Dieser lässt sich in einen isotropen Drucktensor $-p\underline{\delta}$ mit $\underline{\delta}$ als dem Einheitstensor und einen Tensor $\underline{t}^{\mathrm{R}}$ der Reibungsspannungen

$$\underline{t} = -p\underline{\delta} + \underline{t}^{\mathrm{R}} \qquad (4\text{-}52)$$

zerlegen, wobei der Druck zunächst als negative mittlere Normalspannung $p = -(1/3)t_{ii}$ definiert ist. Dabei gilt hier wie im Folgenden die Regel der indizierten Tensorschreibweise, dass über gleichlautende Indizes zu summieren ist. Der Term $\dot{z}'''$ ist durch die Dichte der Volumenkräfte gegeben. Wird auf die Komponente k die massenbezogene Kraft $\boldsymbol{f}_k$ ausgeübt, so ist

$$\dot{z}''' = \sum_{k=1}^{K} \varrho_k \boldsymbol{f}_k , \tag{4-53}$$

was sich bei alleiniger Wirkung der Schwerkraft zu $\dot{z}''' = \varrho \boldsymbol{g}$ mit $\boldsymbol{g}$ als der Erdbeschleunigung vereinfacht. Damit lautet die Impulsbilanz

$$\varrho \, \mathrm{D}\boldsymbol{w}/\mathrm{D}\tau = -\operatorname{grad} p + \operatorname{div} \underline{\boldsymbol{t}}^{\mathrm{R}} + \sum_{k=1}^{K} \varrho_k \boldsymbol{f}_k . \tag{4-54}$$

Sie führt die materielle Beschleunigung eines Massenelementes auf die angreifenden Oberflächen und Volumenkräfte zurück. Der Geschwindigkeitsgradient, der in der konvektiven Beschleunigung nach (4-46) enthalten ist, und die Divergenz des Reibungstensors sind in kartesischen Koordinaten mit den Einheitsvektoren $\boldsymbol{e}_i$ durch

$$\operatorname{grad} \boldsymbol{w} = \left(\partial w_i / \partial z_j\right) \boldsymbol{e}_i \boldsymbol{e}_j \tag{4-55}$$

und

$$\operatorname{div} \underline{\boldsymbol{t}}^{R} = \left(\partial t_{ij}^{R} / \partial z_j\right) \boldsymbol{e}_i \tag{4-56}$$

erklärt. Dabei ist $\boldsymbol{e}_i \boldsymbol{e}_j$ das dyadische Produkt der beiden Einheitsvektoren, vgl. A 3.4 oder [26].

Durch Multiplikation der Impulsbilanz (4-54) mit dem Geschwindigkeitsvektor $\boldsymbol{w}$ erhält man eine Bilanz der mechanischen Energieformen, die sich in der Gestalt

$$(\varrho/2) \mathrm{D}w^2/\mathrm{D}\tau = \operatorname{div}(\underline{\boldsymbol{t}}\boldsymbol{w}) + \sum_{k=1}^{K} \varrho_k \boldsymbol{f}_k \cdot \boldsymbol{w}$$

$$+ \varrho p \, \mathrm{D}v \, \mathrm{D}\,\tau - \operatorname{tr}(\underline{\boldsymbol{t}}^{\mathrm{R}} \operatorname{grad} \boldsymbol{w}) \tag{4-57}$$

schreiben lässt [27]. Danach ist die Änderung der kinetischen Energie gleich der durch die Oberflächen- und Volumenkräfte zugeführten Arbeit vermindert um die Volumenänderungsarbeit und die durch Reibung dissipierte Energie, die beide in innere Energie umgewandelt werden, siehe 4.2.4. Bezogen wird jeweils auf das Volumen und die Zeit.

4.2.3 Energiebilanz

Grundlegend für die Temperaturverteilung in einem bewegten Kontinuum ist die nach (4-45) gebildete Bilanz für die Gesamtenergie $Z = m(u + w^2/2)$, die sich aus der inneren und der kinetischen Energie zusammensetzt. Der immaterielle Energiezufluß über die Bilanzhülle nach Bild 4-2 besteht aus der Leistung der Oberflächenkräfte und dem übertragenen Wärmestrom, wobei die Flussdichte durch

$$\dot{z}''_{\mathrm{im}} = p\dot{\boldsymbol{v}}' - \underline{\boldsymbol{t}}^{\mathrm{R}} \cdot \boldsymbol{w} + \dot{\boldsymbol{q}} \tag{4-58}$$

mit $\dot{\boldsymbol{v}}' = \sum v_k \dot{\boldsymbol{m}}''_k$ als der Volumenstromdichte gegeben ist. Die volumenproportionale Energiezufuhr, die durch den Term $\dot{z}'''$ wiedergegeben wird, umfaßt die Leistung der auf die einzelnen Komponenten wirkenden Volumenkräfte und eine mögliche elektrische Dissipationsleistung der Dichte $\dot{\psi}'''$ in W/m^3. Damit lautet die Bilanz für die Gesamtenergie

$$\varrho \mathrm{D}(u + w^2/2)/\mathrm{D}\tau$$

$$= -\operatorname{div}\left[\sum_{k=1}^{K} u_k \boldsymbol{j}_k + p\dot{\boldsymbol{v}}' - \underline{\boldsymbol{t}}^{\mathrm{R}}\boldsymbol{w} + \dot{\boldsymbol{q}}\right]$$

$$+ \sum_{k=1}^{K} \varrho_k \boldsymbol{f}_k \cdot \boldsymbol{w}_k + \dot{\psi}''' . \tag{4-59}$$

Mithilfe der mechanischen Energiebilanz (4-57) lässt sich die spezifische kinetische Energie eliminieren und ist im Folgenden keineswegs vernachlässigt. Ersetzt man in der verbleibenden Bilanz für die thermischen Energieformen die innere Energie nach (1-41) durch die Enthalpie $h = u + p \cdot v$, erhält man die sog. Enthalpieform der Energiegleichung

$$\varrho \mathrm{D}h/\mathrm{D}\tau = -\operatorname{div}\left(\sum_{k=1}^{K} h_k \boldsymbol{j}_k + \dot{\boldsymbol{q}}\right)$$

$$+ \sum_{k=1}^{K} \boldsymbol{j}_k \cdot \boldsymbol{f}_k + \mathrm{D}p/\mathrm{D}\tau + \operatorname{tr}(\underline{\boldsymbol{t}}^{\mathrm{R}} \operatorname{grad} \boldsymbol{w}) + \dot{\psi}''' . \tag{4-60}$$

Die hier angenommene Identität des in 4.2.2 definierten mittleren Drucks mit dem thermodynamischen Druck, der aus einer thermischen Zustandsgleichung $p = p(\varrho, T, \bar{\xi}_k)$ folgt, trifft für Newton'sche Fluide mit verschwindender Volumenviskosität zu [28]. Die materielle Enthalpieänderung ist über die kalorische

Zustandsgleichung $h = h(T, p, \bar{\xi}_k)$, die wie sämtliche thermodynamischen Zusammenhänge in dem bewegten Kontinuum lokal gelten soll, mit einer entsprechenden Temperaturänderung verknüpft. Nach Tabelle 1-1 gilt

$$\mathrm{D}h/\mathrm{D}\tau = c_p \mathrm{D}T/\mathrm{D}\tau + [v - T(\partial v/\partial T)_p]\mathrm{D}p/\mathrm{D}\tau + \sum_{k=1}^{k-1}(h_k - h_K)\mathrm{D}\bar{\xi}_k/\mathrm{D}\tau \tag{4-61}$$

mit c_p als der isobaren spezifischen Wärmekapazität. Einsetzen der Enthalpie- und Konzentrationsableitung nach (4-60) und (4-50) liefert die Temperaturform der Energiegleichung

$$\varrho\, c_p\, \mathrm{D}T/\mathrm{D}\tau = -\mathrm{div}\, \dot{\boldsymbol{q}} - \sum_{k=1}^{K} \boldsymbol{j}_k \cdot \mathrm{grad}\, h_k - \sum_{k=1}^{K} h_k \dot{m}_k''' + (T/v)(\partial v/\partial T)_p\, \mathrm{D}p/\mathrm{D}\tau + \sum_{k=1}^{K} \boldsymbol{j}_k \cdot \boldsymbol{f}_k + \mathrm{tr}\,(\underline{\boldsymbol{t}}^{\mathrm{R}}\ \mathrm{grad}\ \boldsymbol{w}) + \dot{\psi}''' \,. \tag{4-62}$$

Danach tragen Wärme, Mischung, chemische Reaktionen, Kompression und Dissipation zur Temperaturerhöhung bei. Die Diffusionsströme koppeln das Temperatur- und Konzentrationsfeld. Die Reaktionsenthalpie $\sum h_k \dot{m}_k'''$, die sich wie eine Wärmequelle verhält, muss nach 3.3.1 auf der Basis von Bildungsenthalpien berechnet werden.

4.2.4 Entropiebilanz und konstitutive Gleichungen

Den Nachweis der Verträglichkeit der konstitutiven Gleichungen mit dem 2. Hauptsatz der Thermodynamik leistet eine Bilanz für die Entropie S. Aus (4-45) erhält man für das Bilanzvolumen nach Bild 4-2

$$\varrho\, \mathrm{D}s/\mathrm{D}\tau = -\mathrm{div}\left(\sum_{k=1}^{K} s_k \boldsymbol{j}_k + \dot{\boldsymbol{q}}/T\right) + \dot{s}_{\mathrm{irr}}''' \,, \tag{4-63}$$

wobei $\dot{z}_{\mathrm{im}}'' = \dot{\boldsymbol{q}}/T$ die Dichte des immateriellen Entropieflusses mit der Wärme und $\dot{z}''' = \dot{s}_{\mathrm{irr}}''' > 0$ die stets positive Quelldichte der Entropieerzeugung bedeuten. Andererseits gilt nach (1-44)

$$T\mathrm{D}s/\mathrm{D}\tau = \mathrm{D}h/\mathrm{D}\tau - v\mathrm{D}p/\mathrm{D}\tau - \sum_{k=1}^{K-1}(g_k - g_K)\mathrm{D}\bar{\xi}_k/\mathrm{D}\tau \tag{4-64}$$

mit $g_k = \mu_k/M_k$ als der partiellen spezifischen freien Enthalpie und μ_k als dem chemischen Potenzial der Komponente k. Der Vergleich von (4-63) und (4-64) unter Berücksichtigung von (4-50), (4-60) und (1-52) liefert mit dem Postulat einer von der Bezugsgeschwindigkeit der Diffusion unabhängigen Entropieerzeugung [29] für chemisch inerte Systeme

$$T\dot{s}_{\mathrm{irr}}''' = \mathrm{tr}(\underline{\boldsymbol{t}}^{\mathrm{R}}\ \mathrm{grad}\ \boldsymbol{w}) - (\dot{\boldsymbol{q}}/T) \cdot \mathrm{grad}\, T - \sum_{k=1}^{K} \boldsymbol{J}_k \cdot \mathrm{grad}\, A_k^* + \dot{\psi}''' \,. \tag{4-65}$$

Hierin ist A_k^* das Diffusionspotenzial der Komponente k, vgl. (4-12). Die einzelnen Summanden stellen die Dissipation durch Reibung (siehe 4.2.2), Wärmeleitung, Diffusion und elektrischen Stromfluss dar. Um die vom 2. Hauptsatz geforderte nichtnegative Entropieerzeugung zu gewährleisten, muss wegen der Unabhängigkeit der Prozesse jeder Beitrag für sich positiv sein.

In einem Newton'schen Fluid genügt der Reibungstensor bei Gültigkeit der Stokes'schen Hypothese über das Verschwinden der Volumenviskosität der konstitutiven Gleichung [30]

$$\underline{\boldsymbol{t}}^{\mathrm{R}} = \eta[\mathrm{grad}\ \boldsymbol{w} + (\mathrm{grad}\ \boldsymbol{w})^{\mathrm{T}} - (2/3)(\mathrm{div}\ \boldsymbol{w})\delta] \tag{4-66}$$

mit dem Stoffkennwert η als der dynamischen Viskosität in der SI-Einheit Pa · s. Die konstitutiven Gleichungen für den Wärme-, Diffusions- und elektrischen Stromfluss sind durch das Fourier'sche Gesetz (4-2), die Maxwell-Stefan'schen Gleichungen (4-9) und das Ohm'sche Gesetz gegeben. Einsetzen in (4-65) ergibt [31]

$$T\dot{s}_{\mathrm{irr}}''' = \sum_{i=1}^{3}\sum_{j=1}^{3}\left(t_{ij}^{\mathrm{R}}\right)^2/(2\eta) + (\lambda/T)(\mathrm{grad}\, T)^2 + (1/2)\,\bar{c}R_{\mathrm{m}}T\sum_{i=1}^{K}\sum_{j=1}^{K} x_i x_j(\boldsymbol{w}_i - \boldsymbol{w}_j)^2/Đ_{ij} + \varrho_{\mathrm{el}}\boldsymbol{J}_{\mathrm{el}}^2 \tag{4-67}$$

mit ϱ_{el} als dem spezifischen Widerstand und $\boldsymbol{j}_{\mathrm{el}}$ als der elektrischen Stromdichte. Für

$$\eta > 0,\ \lambda > 0,\ Đ_{ij} > 0 \quad \text{und} \quad \varrho_{\mathrm{el}} > 0$$

sind die Forderungen des 2. Hauptsatzes erfüllt, was insbesondere die Ansätze für die Maxwell-Stefan'schen Diffusionskoeffizienten $Đ_{ij}$ in konzentrierten Lösungen nach 4.1.2 absichert.

4.3 Feldgleichungen der intensiven Zustandsgrößen

Die konstitutiven Gleichungen (4-66), (4-2) und (4-9) führen die Reibungsspannungen, Wärme- und Stoffmengenstromdichten in den Bilanzen (4-44), (4-50), (4-54) und (4-62) für Masse, Komponentenmassen, Impuls und thermische Energie auf Gradienten des Geschwindigkeits-, Temperatur- und Konzentrationsfeldes zurück. Ebenso sind die reaktionsbedingten Quelldichten von Substanzen durch einen konzentrationsabhängigen kinetischen Ansatz nach C 9.4 darstellbar. Wirkt die Schwerkraft als alleinige Volumenkraft, erhält man unter Beschränkung auf Zweistoffgemische mit $D^w = D^u = D$ nach (4-31) aus den Bilanzgleichungen

$$\partial\varrho/\partial\tau + \operatorname{div}(\varrho\boldsymbol{w}) = 0 \tag{4-68}$$

$$\varrho\mathrm{D}\bar{\xi}_1/\mathrm{D}\tau = \operatorname{div}\,(\varrho D\,\operatorname{grad}\bar{\xi}_1)\dot{m}''' \tag{4-69}$$

$$\varrho\mathrm{D}\boldsymbol{w}/\mathrm{D}\tau = -\operatorname{grad}p + \operatorname{div}\,\{\eta[\operatorname{grad}\boldsymbol{w} + (\operatorname{grad}\boldsymbol{w})^{\mathrm{T}} - (2/3)(\operatorname{div}\boldsymbol{w})\,\underline{\delta}]\} + \varrho\boldsymbol{g} \tag{4-70}$$

$$\begin{aligned}\varrho c_p\,\mathrm{D}T/\mathrm{D}\tau &= \operatorname{div}(\lambda\,\operatorname{grad}T)\\ &+ \varrho D\,\operatorname{grad}(\bar{\xi}_1)\cdot\operatorname{grad}(h_1 - h_2)\\ &- \dot{m}_1'''(h_1 - h_2) + (T/v)(\partial v\,\partial T)_p\mathrm{D}p/\mathrm{D}\tau\\ &+ \operatorname{tr}\,\{\eta\,[\operatorname{grad}\boldsymbol{w} + (\operatorname{grad}\boldsymbol{w})^{\mathrm{T}} - (2/3)(\operatorname{div}\omega)\underline{\delta}]\\ &\cdot\operatorname{grad}\boldsymbol{w}\} + \dot{\psi}'''\,.\end{aligned} \tag{4-71}$$

Die Impulsgleichungen (4-70) werden dabei als Navier-Stokes'sche Gleichungen, vgl. E 8.3.1, bezeichnet. Zusammen mit einer thermischen und kalorischen Zustandsgleichung

$$\varrho = \varrho(T, p, \bar{\xi}_1) \quad \text{und} \quad h = h(T, p, \bar{\xi}_1) \tag{4-72}$$

bilden (4-68) bis (4-71) ein geschlossenes Gleichungssystem zur Bestimmung der Feldgrößen

$$p,\ \boldsymbol{w},\ T \quad \text{und} \quad \bar{\xi}_1\,.$$

Über die Geschwindigkeit sowie die Temperatur-, Druck- und Konzentrationsabhängigkeit der Dichte sind die Gleichungen wechselseitig gekoppelt. Eine wesentliche Vereinfachung ergibt sich für inkompressible Strömungen mit einer vernachlässigbaren materiellen Dichteänderung $\mathrm{D}\varrho/\mathrm{D}\tau \approx 0$ eines mitgeführten Volumenelementes. Dies erfordert eine materiell unveränderliche Zusammensetzung $\mathrm{D}\bar{\xi}_j/\mathrm{D}\tau \approx 0$ in den Hauptkomponenten der Strömung, d. h., der diffusive Stofftransport und chemische Reaktionen sind auf eine Komponente geringer Konzentration beschränkt. In diesem Fall ist die molare Masse des Gemisches konstant und die mittlere molare Geschwindigkeit $\boldsymbol{u}$ unterscheidet sich nicht von der Schwerpunktsgeschwindigkeit $\boldsymbol{w}$ [32]. Bei Gasen muss darüber hinaus die Strömungsgeschwindigkeit klein gegenüber der Schallgeschwindigkeit sein. In Luft bei Umgebungstemperatur erreicht die Dichteänderung durch isentropes Aufstauen der Strömung bei einer Geschwindigkeit $w = 50\,\mathrm{m/s}$ oder einer Mach-Zahl $Ma = 0{,}14$ die Schwelle von 1%. Für kleine Mach-Zahlen entfällt in (4-71) der Kompressionsterm $\sim\mathrm{D}p/\mathrm{D}\tau$, und die viskose Dissipation tr $\{\ldots\}$ ist vernachlässigbar, wenn man von Strömungen durch sehr schmale Spalte absieht.

Als weitere Vereinfachung werden häufig konstante Werte η, λ und D für die Viskosität, die Wärmeleitfähigkeit und den Fick'schen Diffusionskoeffizienten sowie für die spezifische Wärmekapazität c_p vorausgesetzt. Schließt man chemische Reaktionen und die Dissipation elektrischer Energie aus und vernachlässigt den Enthalpiediffusionsterm in (4-71), was nur bei inerten Gemischen möglich ist, erhält man aus (4-68) bis (4-71)

$$\operatorname{div}\boldsymbol{w} = 0 \tag{4-73}$$

$$\mathrm{D}\bar{\xi}_1/\mathrm{D}\tau = D\Delta\bar{\xi}_1 \tag{4-74}$$

$$\mathrm{D}\boldsymbol{w}/\mathrm{D}\tau = -(1/\varrho)\,\operatorname{grad}\tilde{p} + \nu\Delta\boldsymbol{w} \tag{4-75}$$

$$\mathrm{D}T/\mathrm{D}\tau = a\Delta T\,. \tag{4-76}$$

Der Δ-Operator ist dabei in kartesischen Koordinaten durch

$$\begin{aligned}\Delta(\ldots) &\equiv \operatorname{div}\,\operatorname{grad}\,(\ldots)\\ &= \partial^2(\ldots)/\partial x_1^2 + \partial^2(\ldots)/\partial x_2^2 + \partial^2(\ldots)/\partial x_3^2\end{aligned} \tag{4-77}$$

gegeben. Weiter ist

$$\tilde{p} \equiv p + \varrho g x_3 \tag{4-78}$$

der sog. piezometrische Druck, wobei x_3 die der Schwerkraft entgegengerichtete vertikale Koordinate bedeutet. Die Schwerkraft wird durch Einführung des piezometrischen Drucks eliminiert, solange sich die Randbedingungen beim Fehlen freier Oberflächen in dieser Größe formulieren lassen. Schließlich ist

$\nu \equiv \eta/\varrho$ die kinematische Viskosität und

$$a \equiv \lambda/(\varrho c_p) \tag{4-79}$$

die Temperaturleitfähigkeit, siehe Tabelle 4-1 und 4-2 für Luft und Wasser. Beide Größen haben die SI-Einheit m^2/s.

Neben Anfangsbedingungen werden zur Lösung von (4-68) bis (4-71) oder (4-73) bis (4-76) Randbedingungen an festen Wänden und Übergangsbedingungen an Diskontinuitätsflächen benötigt.

Für die Geschwindigkeit gilt an festen Wänden die Haftbedingung, d. h. die Tangentialgeschwindigkeit relativ zur Wand ist null. Analog gibt es an Phasengrenzen keinen Sprung der Tangentialgeschwindigkeit. An undurchlässigen Wänden verschwindet die Normalgeschwindigkeit relativ zur Wand; an Phasengrenzen sind die beiderseitigen Werte durch die Kontinuität des übertretenden Massenstroms verknüpft. Die Stetigkeit des übertragenen Impulsstroms bestimmt das Verhalten der Spannungen an den Phasengrenzflächen.

Temperaturen und Konzentrationen können an festen Wänden unterschiedlichen Bedingungen genügen. Vorgebbar sind als Randbedingung 1. Art Oberflächenwerte beider Größen, als Randbedingung 2. Art die Dichten der übertragenen Wärme und Diffusionsströme sowie als Randbedingung 3. Art eine Kombination von Oberflächenwerten und Stromdichten. An Phasengrenzen sind die Temperatur und der übertragene Energiestrom stetig. In den meisten Fällen herrscht an der Phasengrenze stoffliches Gleichgewicht, das die Konzentrationen diesseits und jenseits der Grenze verknüpft. Die Stoffströme verhalten sich an einer Phasengrenze stetig.

In den folgenden Abschnitten soll überwiegend das vereinfachte Gleichungssystem (4-73) bis (4-76) zugrundegelegt werden, das für die meisten Wärme- und Stoffübergangsprobleme der Energie- und Verfahrenstechnik ausreicht. Man hat dann den entscheidenden Vorteil, dass das Druck- und Geschwindigkeitsfeld unabhängig vom Temperatur- und Konzentrationsfeld berechnet werden kann, solange der Stoffübergang die wandnormale Geschwindigkeit nicht wesentlich beeinflußt. Die Feldgleichungen (4-73) bis (4-76) für die Konzentration $\bar{\xi}_1$ der Komponente 1 und der Temperatur T sind analog aufgebaut und linear.

Aus den Temperatur- und Konzentrationsfeldern folgt nach (4-2), (4-1-4-96), (4-28) und (4-7) für die Dichten des Wärme-, Energie-, Diffusions- und Komponentenmassenstroms normal zu einer durchlässigen Wand W

$$\dot{q}_W = -\lambda\,(\partial T/\partial n)_W \tag{4-80}$$

$$\dot{e}''_W = -\lambda\,(\partial T/\partial n)_W + (\dot{m}''_1 h_1 + \dot{m}''_2 h_2)_W \tag{4-81}$$

$$j_{1W} = -\varrho D\left(\partial\bar{\xi}_1/\partial n\right)_W \tag{4-82}$$

$$\dot{m}''_{1W} = -\varrho D(\partial\bar{\xi}_1/\partial n)_W + (\varrho_1 \boldsymbol{w}\cdot\boldsymbol{n})_W\,. \tag{4-83}$$

Dabei ist $\boldsymbol{n}$ die von der Wand in das Fluid gerichtete Normale, sodass die Ströme positiv sind, wenn sie in das Fluid hinein fließen. In der Energiestromdichte $\dot{e}''_W$ ist die meist kleine kinetische Energie vernachlässigt.

4.3.1 Kennzahlen bei erzwungener Konvektion

Wird eine Strömung durch äußere Einwirkungen z. B. durch ein Gebläse hervorgerufen, spricht man von erzwungener Konvektion. In diesem Fall ist eine charakteristische Strömungsgeschwindigkeit w_0 am Rand des Strömungsfeldes vorgegeben, die mit den Parametern der Differenzialgleichungen (4-73) bis (4-76) und der übrigen Randbedingungen eine der physikalischen Einflußgrößen des Problems darstellt. Die aus den Differenzialgleichungen resultierenden dimensionslosen Felder sind nach Aussage der Ähnlichkeitstheorie [33] Funktionen dimensionsloser Kennzahlen, die aus den physikalischen Einflußgrößen gebildet sind. Die Menge der Kennzahlen ist dabei gegenüber der Zahl der Einflußgrößen reduziert, und zwar maximal um die Zahl der beteiligten Grundgrößenarten.

Macht man in (4-73) bis (4-76) die Geschwindigkeit mit w_0, die Koordinaten mit einer Bezugslänge L_0, den Massenanteil und die Temperatur mit charakteristischen Differenzen $\Delta\bar{\xi}_{10}$ und ΔT_0 dimensionslos, ergibt sich im stationären Fall folgende Abhängigkeit der dimensionslosen Feldgrößen

$$p/\left(\varrho w_0^2\right) = f_1(x/L_0,\, K_{geo},\, \mathrm{Re}) \tag{4-84}$$

$$\boldsymbol{w}/w_0 = f_2(x/L_0,\, K_{geo},\, \mathrm{Re}) \tag{4-85}$$

$$(\bar{\xi}_1 - \bar{\xi}_{1W})/\Delta\bar{\xi}_{10} = f_3(x/L_0,\, K_{geo},\, \mathrm{Re},\, \mathrm{Sc}) \tag{4-86}$$

$$(T - T_W)/\Delta T_0 = f_4(x/L_0,\, K_{geo},\, \mathrm{Re},\, \mathrm{Pr})\,. \tag{4-87}$$

Der Index W kennzeichnet dabei einen Wandwert. In K_{geo} sind geometrische Verhältnisse, z. B. Länge zu Durchmesser eines Rohres, zusammengefaßt. Die übrigen Kennzahlen sind durch

$$\mathrm{Re} \equiv w_0 L_0/\nu\,, \quad \mathrm{Sc} \equiv \nu/D \quad \text{und} \quad \mathrm{Pr} \equiv \nu/a \tag{4-88}$$

definiert und werden als Reynolds-, Schmidt- und Prandtl-Zahl bezeichnet. Weitere Kennzahlen können durch die Randbedingungen hinzukommen.
Die Reynolds-Zahl als Verhältnis von Trägheits- zu Reibungskräften dominiert das Strömungsfeld, während das Konzentrations- und Temperaturfeld zusätzlich durch die Stoffwertverhältnisse Sc und Pr bestimmt werden. Für Gemische aus Luft mit anderen Gasen ist die Schmidt-Zahl von der Größenordnung eins. Prandtl-Zahlen von Fluiden ordnen sich nach folgender Skala [34]:

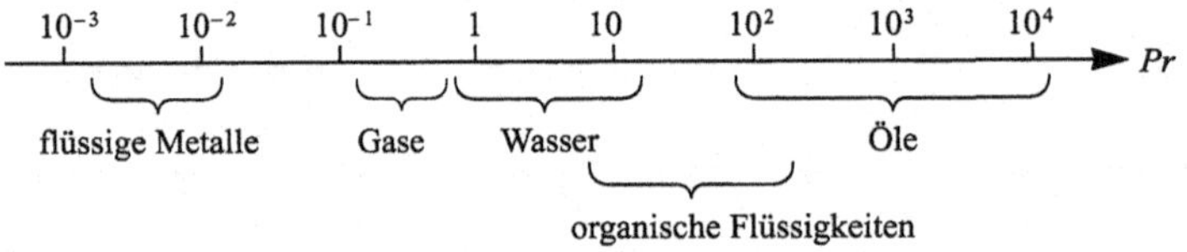

Werte für Luft und Wasser findet man in Tabelle 4-1 und 4-2.
Die dimensionslosen Lösungen (4-84) bis (4-87) stimmen für geometrisch ähnliche Probleme überein, wenn über K_{geo} hinaus alle weiteren Kennzahlen übereinstimmen. Entsprechende Konfigurationen heißen physikalisch ähnlich.
Die Dichten des an einer Wand übertragenen Wärme- und Diffusionsmassenstroms lassen sich in dimensionsloser Form durch die Nußelt- und Sherwood-Zahl

$$\mathrm{Nu} \equiv \dot{q}_W\, L_0/(\lambda \Delta T_0) \quad \text{und} \quad \mathrm{Sh} \equiv j_{1W}\, L_0/(\varrho D \Delta\bar{\xi}_{10}) \tag{4-89}$$

beschreiben. Im Rahmen der Näherung konstanter Dichte gilt auch $\mathrm{Sh} \approx J_{1W} L_0/(\bar{c} D \Delta x_{10})$ mit Δx_{10} als der zu $\Delta\bar{\xi}_{10}$ korrespondierenden Differenz des Stoffmengenanteils. Der konvektive Beitrag zur Dichte des übertragenen Komponentenmassenstroms wird in der Sherwood-Zahl nicht erfasst. Sind $\dot{q}_W$ und j_{1W} durch Randbedingungen vorgegeben, kennzeichnen *Nu* und *Sh* variable Differenzen ΔT und $\Delta\bar{\xi}_1$, die an die Stelle der festen Bezugswerte ΔT_0 und $\Delta\bar{\xi}_{10}$ treten.

Aus (4-80) und (4-82) folgt in Verbindung mit (4-86) und (4-87)

$$\mathrm{Nu} = f_5(x_W/L_0,\, K_{geo},\, \mathrm{Re},\, \mathrm{Pr}) \tag{4-90}$$

$$\mathrm{Sh} = f_6(x_W/L_0,\, K_{geo},\, \mathrm{Re},\, \mathrm{Sc})\,. \tag{4-91}$$

Die in der Praxis üblichen konvektiven Wärme- und Stoffübergangskoeffizienten werden in Abschnitt 4.6 eingeführt. Wegen des analogen Aufbaus von (4-74) und (4-76) sind bei gleichartigen Randbedingungen die Lösungen (4-86) und (4-87) und damit auch die Funktionen (4-90) und (4-91) formgleich. Man gelangt daher vom Temperatur- zum Konzentrationsfeld oder von der Nußelt- zur Sherwood-Zahl und umgekehrt, wenn man in den Funktionen f_3 und f_4 bzw. f_5 und f_6 die Prandtl- und Schmidt-Zahlen gegeneinander austauscht. Dies wird als Analogie von Wärme- und Stoffaustausch bezeichnet. Da Lösungen für Nußelt-Zahlen im Allgemeinen undurchlässige Wände voraussetzen, gelten die aus der Analogie gewonnenen Sherwood-Zahlen nur für kleine übertragene Massenströme.

4.3.2 Kennzahlen bei natürlicher Konvektion

Bei natürlicher Konvektion kommt eine Strömung durch Auftriebskräfte oder Druckdifferenzen zustande, die aufgrund von Dichteunterschieden in einem Fluid wirksam sind. Die Dichteunterschiede können dabei durch Wärme- oder Stoffübergang mit entsprechenden Temperatur- und Konzentrationsänderungen in der Nähe einer Wand verursacht werden. Geschwindigkeits-, Temperatur- oder Konzentrationsfeld werden dadurch gekoppelt. Für kleine Dichtedifferenzen gilt die sog. Boussinesq-Approximation, wonach die Veränderlichkeit der Dichte nur bei der Volumenkraft berücksichtigt zu werden braucht und die Strömung im Übrigen als inkompressibel angesehen werden kann. Herrscht in der Umgebung die konstante Dichte ϱ_∞, mit der auch der piezometrische Druck gebildet ist, erhält man statt der Impulsgleichung (4-75)

$$D\boldsymbol{w}/D\tau = -(1/\varrho_\infty)\,\mathrm{grad}\,\tilde{p} + \nu\Delta\boldsymbol{w} + \boldsymbol{g}(\varrho - \varrho_\infty)/\varrho_\infty \tag{4-92}$$

Wegen des Fehlens einer durch die Randbedingungen vorgegebenen charakteristischen Geschwindigkeit kann in der dimensionslosen Schreibweise eine mit der kinematischen Viskosität und charakteristischen Länge gebildete Bezugsgeschwindigkeit $w_0 = \nu/L_0$ benutzt werden. Damit entfällt in (4-84) bis (4-87), (4-90) und (4-91) die Abhängigkeit von der Reynoldszahl. An ihre Stelle tritt als neue, durch das Auftriebsglied in (4-92) bedingte Kennzahl, die Grashof-Zahl in zwei möglichen Varianten. In Strömungen einheitlicher Zusammensetzung sind die Dichteunterschiede allein durch Temperaturunterschiede bedingt. Bei kleinen Differenzen ist

$$(\varrho - \varrho_\infty)/\varrho_\infty = -\beta_\infty(T - T_\infty) \tag{4-93}$$

mit $\beta = -(1/\varrho)(\partial\varrho/\partial T)_p$ als dem thermischen Ausdehnungskoeffizienten, der für Luft und Wasser in Tabelle 4-1 und 4-2 aufgeführt ist. Für diesen Fall des reinen Wärmeübergangs ist die Grashof-Zahl als

$$\mathrm{Gr} \equiv \beta_\infty(T_\mathrm{W} - T_\infty)gL_0^3/\nu^2 \tag{4-94}$$

erklärt. Beim isothermen Stoffübergang dagegen werden die Dichteunterschiede allein durch Konzentrationsunterschiede hervorgerufen. Hier gilt

$$(\varrho - \varrho_\infty)/\varrho_\infty = -\gamma_\infty\left(\overline{\xi}_1 - \overline{\xi}_{1\infty}\right) \tag{4-95}$$

mit $\gamma = -(1/\varrho)(\partial\varrho/\overline{\xi}_1)_{T,p}$ als dem Stoffausdehnungskoeffizienten, der aus einer thermischen Zustandsgleichung zu bestimmen ist. Die Grashof-Zahl für den reinen Stoffübergang wird als

$$\mathrm{Gr}' \equiv \gamma_\infty\left(\overline{\xi}_{1\,\mathrm{W}} - \overline{\xi}_{1\infty}\right)g\,L_0^3/\nu^2 \tag{4-96}$$

definiert. Die Analogie von Wärme- und Stoffaustausch besagt, dass man bei gleichartigen Randbedingungen aus der Nußelt-Zahl für den reinen Wärmeübergang

$$\mathrm{Nu} = \mathrm{Nu}(x_\mathrm{W}/L_0,\, K_\mathrm{geo},\, \mathrm{Gr},\, \mathrm{Pr}) \tag{4-97}$$

die Sherwood-Zahl für den reinen Stoffübergang

$$\mathrm{Sh} = \mathrm{Sh}(x_\mathrm{W}/L_0,\, K_\mathrm{geo},\, \mathrm{Gr}',\, \mathrm{Sc}) \tag{4-98}$$

erhält, wenn man die Kennzahlen Gr und Pr durch die Kennzahlen Gr' und Sc ersetzt und umgekehrt. Bei gleichzeitigem Wärme- und Stoffaustausch mit übereinstimmenden Prandtl- und Schmidt-Zahlen ist die Näherung möglich, die auf Temperatur- und Konzentrationsunterschieden beruhende Dichtedifferenz durch eine modifizierte Grashof-Zahl

$$\mathrm{Gr}_\mathrm{mod} \equiv \mathrm{Gr} + \mathrm{Gr}' \tag{4-99}$$

zu berücksichtigen, die in die Lösungen (4-97) und (4-98) für den reinen Wärme- bzw. reinen Stoffübergang anstelle von Gr und Gr' einzusetzen ist.

4.4 Turbulente Strömungen

Bei großen Reynolds-Zahlen sind Strömungen turbulent, siehe E 8.3.5. Der mittleren Bewegung sind dreidimensionale instationäre Schwankungen überlagert, deren kinetische Energie der Hauptströmung entzogen und beim Zerfall der turbulenten Strukturen dissipiert wird. Der Impuls-, Energie- und Stofftransport in turbulenten Strömungen wird grundsätzlich durch (4-73) bis (4-76) unter den dort geltenden Voraussetzungen beschrieben. Da für technische Zwecke nur die Kenntnis der zeitlichen Mittelwerte der Feldgrößen erforderlich ist, werden unter Verzicht auf die Feinstruktur die genannten Gleichungen zeitlich gemittelt. Beschränkt man sich auf im Mittel stationäre Strömungen, können alle Feldgrößen $\Phi = \Phi(x, \tau)$ in einen zeitunabhängigen Mittelwert $\overline{\Phi}(x)$ und eine instationäre Schwankungsgröße $\Phi'(x, \tau)$

$$\Phi(x, \tau) = \overline{\Phi}(x) + \Phi'(x, \tau)$$

$$\text{mit} \quad \overline{\Phi}(x) = \frac{1}{\Delta\tau}\int_{\tau_0}^{\tau_0+\Delta\tau} \Phi(x, \tau)\,\mathrm{d}\tau \tag{4-100}$$

zerlegt werden. Das Zeitintervall $\Delta\tau$ ist dabei so groß zu wählen, dass die Zeitabhängigkeit des Mittelwertes entfällt, vgl. Bild E 8-22. Definitionsgemäß ist der Mittelwert der Schwankungsgröße $\overline{\Phi'} = 0$. Für den Mittelwert eines Produktes zweier Feldgrößen Φ und Ψ gilt

$$\overline{\Phi \cdot \Psi} = \overline{\Phi} \cdot \overline{\Psi} + \overline{\Phi' \Psi'}\,, \tag{4-101}$$

wobei der zweite Summand bei meistens vorhandener Korrelation der Größen Φ' und Ψ' von null verschieden ist.

4.4.1 Reynolds'sche Gleichungen

Die zeitliche Mittelung von (4-73) bis (4-76) bei erzwungener und (4-92) bei freier Konvektion führt mit den vorausgesetzten konstanten Stoffwerten auf die Reynolds'schen Gleichungen

$$\operatorname{div} \overline{\boldsymbol{w}} = 0 \tag{4-102}$$

$$\varrho \left[\left(\operatorname{grad} \bar{\bar{\xi}}_1\right) \cdot \bar{\boldsymbol{w}}\right] = -\operatorname{div} \left[\bar{\boldsymbol{j}}_1 + \bar{\boldsymbol{j}}_1^{\,\mathrm{tu}}\right] \tag{4-103}$$

$$\varrho \left[(\operatorname{grad} \overline{\boldsymbol{w}}) \cdot \bar{\boldsymbol{w}}\right] = -\operatorname{grad} \bar{\bar{p}} + \operatorname{div} \left[\underline{\boldsymbol{t}}^{\bar{\mathrm{R}}} + \left(\underline{\boldsymbol{t}}^{\bar{\mathrm{R}}}\right)^{\mathrm{tu}}\right] \tag{4-104}$$

$$\varrho_\infty \left[(\operatorname{grad} \overline{\boldsymbol{w}}) \cdot \bar{\boldsymbol{w}}\right] = -\operatorname{grad} \bar{\tilde{p}} + \operatorname{div} \left[\underline{\boldsymbol{t}}^{\bar{\mathrm{R}}} + \left(\underline{\boldsymbol{t}}^{\bar{\mathrm{R}}}\right)^{\mathrm{tu}}\right] + \boldsymbol{g}(\overline{\varrho} - \varrho_\infty)/\varrho_\infty \tag{4-105}$$

$$\varrho c_p \left[(\operatorname{grad} T) \cdot \overline{\boldsymbol{w}}\right] = -\operatorname{div} \left[\bar{\dot{q}} + \bar{\dot{q}}^{\,\mathrm{tu}}\right] \tag{4-106}$$

mit

$$\bar{\boldsymbol{j}}_1 = -D\varrho \operatorname{grad} \bar{\bar{\xi}}_1 \tag{4-107}$$

$$\underline{\boldsymbol{t}}^{\bar{\mathrm{R}}} = \eta \, \Delta \, \overline{\boldsymbol{w}} \tag{4-108}$$

$$\bar{\dot{\boldsymbol{q}}} = -\lambda \operatorname{grad} \overline{T} \tag{4-109}$$

und

$$\bar{\boldsymbol{j}}_1^{\,\mathrm{tu}} = \varrho \overline{\boldsymbol{w}' \bar{\xi}_1'} \tag{4-110}$$

$$(\boldsymbol{t}^{\bar{\mathrm{R}}})_{ij}^{\mathrm{tu}} = \varrho \overline{w_i' w_j'} \tag{4-111}$$

$$\bar{\dot{\boldsymbol{q}}}^{\,\mathrm{tu}} = \varrho c_p \overline{\boldsymbol{w}' T'}\,. \tag{4-112}$$

Dabei bedeuten $\bar{\boldsymbol{j}}_1, \underline{\boldsymbol{t}}^{\bar{\mathrm{R}}}$ und $\bar{\dot{\boldsymbol{q}}}$ die Diffusionsmassenstromdichte, den Tensor der viskosen Reibungsspannungen und die Wärmestromdichte, die durch den molekularen Transport in dem mittleren Konzentrations-, Geschwindigkeits- und Temperaturfeld bedingt sind. Die Größen $\overline{\boldsymbol{j}^{\mathrm{tu}}}_1, (\underline{\boldsymbol{t}}^{\bar{\mathrm{R}}})^{\mathrm{tu}}$ und $\overline{\dot{\boldsymbol{q}}^{\mathrm{tu}}}$ sind Dichten zusätzlicher, durch Geschwindigkeitsschwankungen verursachter konvektiver Komponentenmassen-, Impuls- und Energieströme, die in den ungemittelten Gleichungen nicht auftreten. Es handelt sich daher nicht um neue physikalische Effekte, sondern um eine Folge der zeitlichen Mittelung. Da die Dichte eines übertragenen Impulsstroms der Wirkung einer Spannung gleichzusetzen ist, wird $(\underline{\boldsymbol{t}}^{\bar{\mathrm{R}}})^{\mathrm{tu}}$ als Tensor der turbulenten Scheinspannungen bezeichnet. Wie man am Beispiel einer Scherströmung, siehe Bild E 8-23, erkennt, sind die Schwankungsgrößen so korreliert, dass sie den molekularen Transport in Richtung des Konzentrations-, Geschwindigkeits- und Temperaturgefälles verstärken. Im Allgemeinen übertreffen die turbulenten konvektiven Flüsse den molekularen Transport um Größenordnungen.

Durch das Auftreten der turbulenten Flüsse sind die Reynolds'schen Gleichungen nicht geschlossen, d. h., die Zahl der Unbekannten übersteigt die Zahl der Gleichungen. Die mittleren Feldgrößen sind nur berechenbar, wenn die turbulenten Flüsse durch Turbulenzmodelle mit den mittleren Feldgrößen verknüpft werden.

4.4.2 Wandgesetze

In der Nähe fester Wände ist der Geschwindigkeits-, Temperatur- und Konzentrationsverlauf durch die Zweischichtstruktur turbulenter Strömungen bestimmt. Kennzeichnend sind eine ausgedehnte Kernschicht, in welcher der molekulare Transport gegenüber dem turbulenten vernachlässigbar ist, und eine dünne Wandschicht, wo infolge der gedämpften, an der Wand erlöschenden Schwankungsbewegungen beide Mechanismen gleichbedeutend sind. Aus der Forderung, dass in einer Überlappungsschicht die für beide Schichten getrennt ermittelten Lösungen übereinstimmen, folgt zunächst für den Fall einer Couette-Strömung, siehe E 8.3.4, als Geschwindigkeitsprofil der Überlappungsschicht [35]

$$\lim_{y^+ \to \infty} w_x^+(Y^+) = (1/\chi) \ln y^+ + C^+ \tag{4-113}$$

mit $\chi = 0{,}41$ als der Karman'schen Konstanten und $C^+ = 5{,}0$ für glatte Wände.

Die dimensionslose wandparallele Geschwindigkeit ist dabei durch

$$w_x^+ = \overline{w}_x / w_\tau \quad \text{mit} \quad w_\tau = \sqrt{\tau_\mathrm{W}/\varrho} \tag{4-114}$$

erklärt, wobei $\overline{w}_x$ die entsprechende dimensionsbehaftete Größe und w_τ die mit der Wandschubspannung τ_w gebildete Schubspannungsgeschwindigkeit bedeuten. Als gestreckte, dimensionslose, in das Fluid gerichtete wandnormale Koordinate wird

$$y^+ \equiv w_\tau y / \nu \tag{4-115}$$

mit y als dem Wandabstand verwendet. Das Temperaturprofil hat die Form [36]

$$\lim_{y^+\to\infty} \theta^+(y^+) = (1/\chi_\theta)\ln y^+ + C_\theta^+(\mathrm{Pr}) \tag{4-116}$$

$$\text{mit} \quad \chi_\theta = 0{,}47$$
$$\text{und } C_\theta^+(\mathrm{Pr}) = 13{,}7\,\mathrm{Pr}^{2/3} - 7{,}5 \quad \text{für} \quad \mathrm{Pr} > 0{,}5$$
$$\text{und glatte Wände}\,.$$

Zur Darstellung wird die dimensionslose Größe

$$\theta^+ \equiv (\overline{T} - T_\mathrm{W})/T_\tau \quad \text{mit} \quad T_\tau \equiv -\overline{\dot{q}_\mathrm{W}}/(\varrho c_p w_\tau) \tag{4-117}$$

benutzt, wobei T_τ als Reibungstemperatur bezeichnet wird. Die Bedingung $Pr > 0{,}5$ stellt sicher, dass die Temperaturwandschicht innerhalb der Geschwindigkeitswandschicht liegt. Hydraulisch und thermisch glatte Wände erfordern $k_\mathrm{s}^+ < 5$ bei $Pr \leq 1$ und $k_\mathrm{s}^+ Pr^{1/3} < 5$ für $Pr > 1$ mit $k_\mathrm{s}^+ \equiv k_\mathrm{s} w_\tau/\nu$ und k_s als der äquivalenten Sandrauhigkeit [37]. Wegen der geringen Dicke der Wandschicht lassen sich die Ergebnisse (4-113) und (4-117) auf alle erzwungenen Konvektionströmungen mit endlicher Wandschubspannung übertragen und heißen universelle Wandgesetze. Sie gelten für $y^+ > 70$, vgl. Bild E 8-24. In der Schicht $y^+ < 5$ dominiert der molekulare Transport gegenüber den turbulenten Flüssen. In dieser wandnächsten, sog. Unterschicht sind das Geschwindigkeits- und Temperaturprofil durch

$$w_x^+ = y^+ \quad \text{und} \quad \theta^+ = \mathrm{Pr}\, y^+ \tag{4-118}$$

gegeben. Bei natürlicher Konvektion gelten die in Tabelle 4-6 angegebenen Modifikationen von (4-113) bis (4-118). Die Konzentrationsprofile erhält man aus der Analogie von Wärme- und Stofftransport.

4.4.3 Turbulenzmodelle

Weil sich die turbulenten Scheinspannungen (4-111) wie eine Erhöhung der Viskosität auswirken, hat Boussinesq hierfür einen Gradientenansatz analog zum Newton'schen Reibungsgesetz (4-66)

$$-\varrho\,\overline{w_i w_j} = \eta^\mathrm{tu}[\partial\overline{w}_i/\partial z_j + \partial\overline{w}_j/\partial z_i] - (2/3)\varrho\delta_{ij}k \tag{4-119}$$

Tabelle 4-6. Universelle Wandgesetze für das Geschwindigkeits- und Temperaturprofil bei natürlicher Konvektion [38]

Normierter Wandabstand
$y_\mathrm{N}^x = w_q y/\nu$
mit $w_q = \left[\overline{\dot{q}_\mathrm{w}}\beta g\nu/(\varrho c_p)\right]^{1/4}$
Normierte Geschwindigkeit
$w_x^x = \overline{w}_x/w_q$
Normierte Temperatur
$\theta^x = (\overline{T} - T_\mathrm{W})/T_q$
mit $T_q = \overline{\dot{q}_\mathrm{W}}/(\varrho c_p w_q)$
Überlappungsschicht ($y_\mathrm{N}^x \to \infty$)
$w_x^x \chi_1 (y_\mathrm{N}^x)^{1/3} - C_\mathrm{N}^x(\mathrm{Pr})$
$\theta^x = \chi_2 (y_\mathrm{N}^x)^{-1/3} - C_{\mathrm{N}\theta}^x(\mathrm{Pr})$
mit $\chi_1 = 27$; $\chi_2 = 5{,}6$
$C_{\mathrm{N}\theta}^x(\mathrm{Pr}) = \mathrm{Pr}^{1/2}/\{0{,}24[\Psi(\mathrm{Pr})]^{1/4}\}$
$\psi(\mathrm{Pr}) = [1 + (4{,}6/\mathrm{Pr})^{9/16}]^{-16/9}$
Unterschicht ($y_\mathrm{N}^x \to 0$)
$w_x^x = (w_\tau/w_q)^2 y_\mathrm{N}^x$
$\theta^x = -\mathrm{Pr}\, y_\mathrm{N}^x$

vorgeschlagen. Darin ist

$$k = (1/2)\left(\overline{w_1' w_1'} + \overline{w_2' w_2'} + \overline{w_3' w_3'}\right) \tag{4-120}$$

die spezifische kinetische Energie der turbulenten Schwankungsbewegung. Das Schließungsproblem der Impulsgleichung (4-104), (4-105) wird damit auf die Modellierung der Wirbelviskosität η^tu bzw. der kinematischen Wirbelviskosität $\nu^\mathrm{tu} = \eta^\mathrm{tu}/\varrho$ verlagert, die von Ort zu Ort veränderliche Strömungsgrößen und keine Stoffeigenschaften sind. In Wandnähe gilt aufgrund des Wandgesetzes (4-113)

$$\lim_{y\to 0} \nu^\mathrm{tu} = \chi w_\tau y\,. \tag{4-121}$$

Die ν^tu bestimmende turbulente Schwankungsbewegung kann im einfachsten Fall durch einen Geschwindigkeitsmaßstab $q = \sqrt{k}$ und einen Längenmaßstab L charakterisiert werden, wobei die Dimensionsanalyse

$$\nu^\mathrm{tu} = C_p\, L\, \sqrt{k} \quad \text{mit} \quad C_p \approx 0{,}55 \tag{4-122}$$

ergibt. Zwischen der Turbulenzlänge L und der spezifischen Dissipation der Turbulenzenergie, angenähert durch

$$\varepsilon = \nu\, \mathrm{tr}\, \overline{[(\mathrm{grad}\, \boldsymbol{w}')^\mathrm{T} \cdot \mathrm{grad}\, \boldsymbol{w}']}\,, \tag{4-123}$$

besteht dabei nach Prandtl-Kolmogorov der Zusammenhang [39]

$$L = C_\varepsilon k^{3/2}/\varepsilon \quad \text{mit} \quad C_\varepsilon \approx 0{,}168\,. \qquad (4\text{-}124)$$

Der in E 8.3.5 beschriebene Mischungsweganansatz für die Verteilung von q und L zählt zu den algebraischen Turbulenzmodellen. Der Geschwindigkeitsmaßstab wird durch $q = \sqrt{C_p/C_\varepsilon}\,L|\partial\overline{w}_x/\partial y|$ aus der mittleren Bewegung hergeleitet, und L ist eine vorzugebende Ortsfunktion. Mit (4-122) folgt

$$\nu^{\text{tu}} = L^2|\partial\overline{w}_x/\partial y| \quad \text{wegen} \quad C_p^3/C_\varepsilon = 1\,, \qquad (4\text{-}125)$$

wobei zur Erfüllung des Wandgesetzes (4-113) $\lim\limits_{y\to 0} L = \chi y$ sein muss. Der Ansatz eignet sich für einfache, nicht abgelöste oder hochgradig dreidimensionale Strömungen mit einem lokalen Gleichgewicht zwischen Produktion und Dissipation der Turbulenzenergie [40].

Universeller ist das k,ε-Modell von Jones und Launder [41], das als sog. Zweigleichungsmodell zwei partielle Differenzialgleichungen für die Größen q und L benutzt. Die Verteilung des Geschwindigkeitsmaßstabs wird aus einer Transportgleichung für die Turbulenzenergie k bestimmt. Diese Transportgleichung lässt sich aus den Navier-Stokes'schen Gleichungen (4-70) herleiten [42] und beschreibt die Wechselwirkung von Produktion, Konvektion, Diffusion und Dissipation von k. Die hierin enthaltenen Korrelationen von Schwankungsgrößen werden durch Modellannahmen auf die mittlere Bewegung zurückgeführt. Unter Beschränkung auf die vollturbulente Kernschicht mit vernachlässigbarem molekularen Transport gelangt man zu der Beziehung

$$\begin{aligned}&(\text{grad}\,k)\cdot\overline{w}\\&\quad = C_\mu(k^2/\varepsilon)\ \text{tr}\,\{[\text{grad}\,\overline{w} + (\text{grad}\,\overline{w})^{\text{T}}]\cdot\text{grad}\,\overline{w}\}\\&\quad\quad -\varepsilon + \text{div}[(\nu^{\text{tu}}/\text{Pr}_k)\,\text{grad}\,k]\,. \qquad (4\text{-}126)\end{aligned}$$

Die Verteilung des Längenmaßstabs wird über (4-124) aus einer heuristischen Transportgleichung für die spezifische Dissipation ε der Turbulenzenenergie in der vollturbulenten Kernschicht

$$\begin{aligned}&(\text{grad}\,\varepsilon)\cdot\overline{w}\\&\quad = C_{\varepsilon 1}(\varepsilon/k)\ \text{tr}\,\{\nu^{\text{tu}}[\text{grad}\,\overline{w} + (\text{grad}\,\overline{w})^{\text{T}}] \qquad (4\text{-}127)\\&\quad\cdot\text{grad}\,\overline{w}\} - C_{\varepsilon 2}(\varepsilon^2/k) + \text{div}[(\nu^{\text{tu}}/\text{Pr}_\varepsilon)\text{grad}\,\varepsilon]\end{aligned}$$

gewonnen. Für die Wirbelviskosität wird dabei wegen (4-122) und (4-124)

$$\nu^{\text{tu}} = C_\mu k^2/\varepsilon \quad \text{mit}\ C_\mu = C_p\cdot C_\varepsilon \qquad (4\text{-}128)$$

gesetzt. Wegen der vorangegangenen Approximationen sind die empirisch zu ermittelnden Modellkonstanten problemabhängig. Am häufigsten wird der Konstantensatz

$$\begin{aligned}&\text{Pr}_k = 1{,}0\,;\quad \text{Pr}_\varepsilon = 1{,}3\,;\quad C_{\varepsilon 1} = 1{,}44\,;\\&C_{\varepsilon 2} = 1{,}87 \quad \text{und} \quad C_\mu = 0{,}09 \qquad (4\text{-}129)\end{aligned}$$

verwendet, wobei wegen des Wandgesetzes (4-113) die Koppelbedingung

$$\text{Pr}_\varepsilon\sqrt{C_\mu}\,(C_{\varepsilon 2} - C_{\varepsilon 1}) = \chi^2 \qquad (4\text{-}130)$$

besteht [43]. Mit (4-102), (4-104) für $\underline{\overline{t}}^{\text{R}} = 0$, (4-119), (4-126), (4-127) und (4-128) stehen 6 Gleichungen für die 6 unbekannten Funktionen $\overline{w}$, $\overline{p}$, $(\underline{\overline{t}}^{\text{R}})^{\text{tu}}$, ν^{tu}, k und ε zur Verfügung. In Wandnähe muss die Lösung bei endlicher Wandschubspannung in das Wandgesetz (4-113) übergehen. Bei ebener Strömung und undurchlässiger Wand gelten daher die Randbedingungen

$$\left.\begin{aligned}&\lim_{y\to 0}\overline{w}_x = (1/\chi)\ln y^+ + C^+ && \lim_{y\to 0}\overline{w}_y = 0\\&\lim_{y\to 0}\left(\overline{t}^{\text{R}}\right)^{\text{tu}}_{xy} = \overline{\tau}_{\text{W}} && \lim_{y\to 0}\nu^{\text{tu}} = \chi w_\tau y\\&\lim_{y\to 0}k = w_\tau^2/\sqrt{C_\mu} && \lim_{y\to 0}\varepsilon = w_\tau^3(xy)\end{aligned}\right\}\,, \qquad (4\text{-}131)$$

die in Fällen hoher Reynolds-Zahlen, d. h. dünner Wandschichten angewendet werden. Modifikationen bei kleinen Reynolds-Zahlen und abgelösten Strömungen mit verschwindender Wandschubspannung werden in [44] behandelt.

Die turbulenten Energieströme (4-112) werden wie die turbulenten Impulsströme nach dem Vorbild des molekularen Transportgesetzes formuliert. Dies führt in Analogie zum Fourier'schen Gesetz (4-2) auf den Gradientenansatz

$$\varrho c_p\,\overline{w'T'} = -\varrho\,c_p\,a^{\text{tu}}\,\text{grad}\,\overline{T}\,. \qquad (4\text{-}132)$$

Die turbulente Temperaturleitfähigkeit a^{tu} ist darin eine ortsabhängige Strömungsgröße, die in Wandnähe aufgrund des Wandgesetzes (4-116) den Grenzwert

$$\lim_{y\to 0}a^{\text{tu}} = \chi_\theta\,w_\tau\,y \qquad (4\text{-}133)$$

annimmt. Mit den Größen ν^{tu} und a^{tu} lässt sich analog zur molekularen Prandtl-Zahl $Pr = \nu/a$ eine turbulente Prandtl-Zahl

$$Pr^{tu} \equiv \nu^{tu}/a^{tu} \qquad (4\text{-}134)$$

bilden, die bei Annäherung an die Wand wegen (4-121) und (4-133) in den konstanten Wert

$$\lim_{y \to 0} Pr^{tu} = \chi/\chi_\theta = 0{,}87 \qquad (4\text{-}135)$$

übergeht. Als Modellierung für den turbulenten Energietransport wird dieser Wert häufig für die gesamte turbulente Kernschicht angenommen. Obgleich im Prinzip $Pr^{tu} = f(Re, Pr, y^+)$ gelten muss, erzielt man mit dieser Modellierung für $Pr > 0{,}5$ und nicht abgelöste Strömungen gute Ergebnisse [45].
Für die turbulenten Stoffströme (4-110) setzt man entsprechend zu (4-132)

$$\varrho \overline{w' \xi_1'} = -\varrho D^{tu} \operatorname{grad} \bar{\bar{\xi}}_1 \qquad (4\text{-}136)$$

mit D^{tu} als einem turbulenten Diffusionskoeffizienten. Hiermit lässt sich nach dem Vorbild der molekularen Schmidt-Zahl $Sc = \nu/D$ eine turbulente Schmidt-Zahl

$$Sc^{tu} \equiv \nu^{tu}/D^{tu} \qquad (4\text{-}137)$$

definieren, die aufgrund der Analogie von Wärme- und Stofftransport in Wandnähe denselben Wert wie die turbulente Prandtl-Zahl hat. Die Modellierung des turbulenten Stofftransports kann für $Sc > 0{,}5$ und anliegende Strömung für das gesamte Feld mit diesem Wert erfolgen.

4.5 Grenzschichten

Bei der schnellen Umströmung eines Körpers wird ein Fluid unter dem Zwang der Haftbedingung nur in einer dünnen, wandnahen Schicht durch Reibung abgebremst. Ebenso erfasst ein von der Körperoberfläche ausgehender Wärme- und Stofftransport die Strömung nur in einer dünnen, die Wand bedeckenden Grenzschicht. Im Allgemeinen entwickeln sich Grenzschichten mit zunehmender Dicke von der Vorderkante eines Körpers oder dem Staupunkt bis zu einer möglichen Ablösestelle im Gebiet des Druckanstiegs an der Körperkontur, siehe E 8.3.6. An die reibungsbehaftete Grenzschichtströmung schließt sich auf der körperfernen Seite eine näherungsweise reibungsfreie Außenströmung mit meist homogener Temperatur- und Konzentrationsverteilung an.

4.5.1 Grenzschichtgleichungen bei erzwungener Konvektion

Bild 4-3 zeigt den Verlauf der Strömungs- und Temperaturgrenzschicht an einem ebenen Körper im Fall der erzwungenen Konvektion, d. h. einer von Wärme- und Stoffübergang unabhängigen Strömung. Der Grenzschichtrand wird als 99%ige Annäherung an den Zustand der Außenströmung erklärt. Somit ergibt sich z. B. die lokale Strömungsgrenzschichtdicke $S_s(x)$ aus der Bedingung $w(x, y = S_s(x)) = 0{,}99 w_{00}(x)$. Bei laminarer Strömung lassen sich die Dicken δ_S, δ_T und δ_ξ der Strömungs-, Temperatur- und Konzentrationsgrenzschicht aus den Geschwindigkeiten des molekularen Transportes quer zu den Grenzschichten und der Verweilzeit der Fluidteilchen in Körpernähe entsprechend der Geschwindigkeit des konvektiven Transports in Längsrichtung abschätzen. Für $Re \to \infty$ ergibt sich asymptotisch [46]

$$\delta_S/L_0 \sim Re^{-1/2} \text{ und}$$
$$\delta_T/L_0 \sim \begin{cases} Re^{-1/2} Pr^{-1/2} & \text{für } Pr \to 0 \\ Re^{-1/2} Pr^{-1/3} & \text{für } Pr \to \infty\,. \end{cases} \qquad (4\text{-}138)$$

Dabei ist L_0 eine charakteristische Körperabmessung und Re die mit L_0 und der Anströmgeschwindigkeit w_0 gebildete Reynolds-Zahl. Für $Pr < 1$ ist $\delta_T > \delta_S$, für $Pr > 1$ es umgekehrt. Die Dicke δ_ξ der

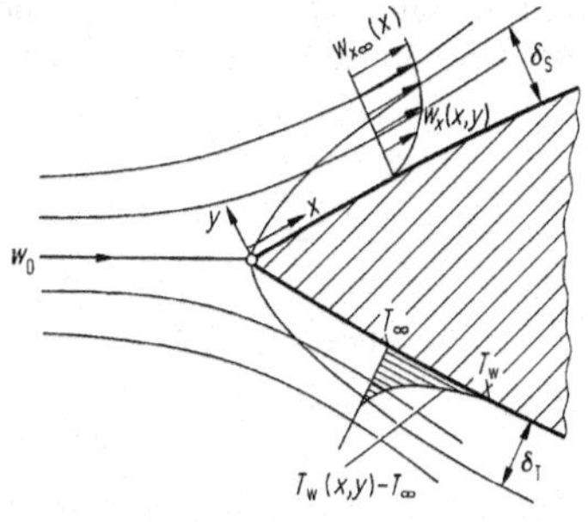

Bild 4-3. Strömungs- und Temperaturgrenzschicht bei erzwungener Konvektion

Konzentrationsgrenzschicht folgt aus der Analogie von Wärme- und Stofftransport. Mit wachsender Reynolds-Zahl werden die Grenzschichten immer dünner.

Bei turbulenter Strömung sind die zeitlich gemittelten Grenzschichten nach Bild 4-4 im Wesentlichen zweischichtig aufgebaut. Sie bestehen aus einer wandnahen Schicht mit merklichen Beiträgen des molekularen Transportes und einer darüber liegenden Defektschicht, in der eine schwach gestörte Außenströmung mit dominantem turbulentem Transport vorliegt. Die meisten Turbulenzmodelle liefern diskrete Grenzschichtdicken, die wie im laminaren Fall für $\mathrm{Re} \to \infty$ asymptotisch zu null werden, siehe E 8.3.6, [47]. In vielen technischen Anwendungen findet man Grenzschichtdicken in der Größenordnung von Millimetern und kleiner.

Der für den Wärme- und Stoffübergang zwischen Wand und Fluid entscheidende Transport in den Grenzschichten läuft somit bei großen Reynolds-Zahlen in Quer- und Längsrichtung auf zwei verschiedenen Längenskalen ab. Dies erlaubt Vereinfachungen in den Feldgleichungen, die damit in die von Prandtl angegebenen Grenzschichtgleichungen übergehen. Bei stationärer, laminarer, erzwungener ebener Strömung erhält man aus (4-73) bis (4-76) für $\mathrm{Re} \to \infty$

$$\partial w_x/\partial x + \partial w_y/\partial y = 0 \qquad (4\text{-}139)$$

$$w_x \partial \bar{\xi}_1/\partial x + w_y \partial \bar{\xi}_1/\partial y = D \partial^2 \bar{\xi}_1/\partial y^2 \qquad (4\text{-}140)$$

$$w_x \partial w_x/\partial x + w_y \partial w_x/\partial y = -(1/\varrho)\,\mathrm{d}\tilde{p}_\infty/\mathrm{d}x + \nu \partial^2 w_x/\partial y^2 \qquad (4\text{-}141)$$

$$w_x\, \partial T/\partial x + w_y\, \partial T/\partial y = a\, \partial^2 T/\partial y^2\,. \qquad (4\text{-}142)$$

Die x-Kordinate folgt dabei nach Bild 4-3 der Wand und bildet unter Vernachlässigung der Wandkrümmung mit der Wandnormalen y ein Orthogonalsystem. Die zugehörigen Geschwindigkeitskomponenten sind w_x und w_y. Der molekulare Transport von Substanzmengen, x-Impuls und Wärme in Hauptströmungsrichtung verschwindet gegenüber dem entsprechenden Transport in Querrichtung. Das ursprünglich elliptische Gleichungssystem wird damit parabolisch, was eine in Strömungsrichtung fortschreitende numerische Lösung ermöglicht. Die Impulsgleichung in y-Richtung reduziert sich auf die Aussage $\partial \tilde{p}/\partial y = 0$. Der Druck ist daher keine Variable der Grenzschicht, sondern wird ihr von außen aufgeprägt. Das Druckgefälle in Hauptströmungsrichtung folgt aus der x-Impulsgleichung der zur Wand extrapolierten reibungsfreien Außenströmung

$$w_{x\infty}\, \mathrm{d}w_{x\infty}/\mathrm{d}x = -(1/\varrho)\, \mathrm{d}\tilde{p}_\infty/\mathrm{d}x, \qquad (4\text{-}143)$$

die als bekannt vorausgesetzt und durch den Index ∞ gekennzeichnet wird. Die zur Wand extrapolierte Geschwindigkeit $w_{x\infty}$ der Außenströmung ist wie der zugehörige Druck $\tilde{p}_\infty$, die entsprechende Temperatur T_∞ und Konzentration $\bar{\xi}_{1\infty}$ allein eine Funktion der Koordinate x.

Mögliche Randbedingungen der Grenzschichtgleichungen (4-139) bis (4-142) sind bei geringem Stoffübergang, d. h. vernachlässigbarer Normalgeschwindigkeit auf der Wand,

$$\begin{aligned} y = 0 \text{ (Wand):} \quad & w_x = w_y = 0 \\ & T = T_\mathrm{w}(x) \text{ oder } \dot{e}'' = \dot{e}''_\mathrm{w}(x) \\ & \bar{\xi}_1 = \bar{\xi}_{1\mathrm{w}}(x) \text{ oder } \dot{m}''_1 = \dot{m}''_{1\mathrm{w}}(x) \\ y = \delta \text{ (Außenrand):} \quad & w_x = w_{x\infty}(x) \\ & T = T_\infty(x) \\ & \bar{\xi}_1 = \bar{\xi}_{1\infty}(x)\,. \end{aligned} \qquad (4\text{-}144)$$

Eine Randbedingung für w_y kann am äußeren Grenzschichtrand nicht erfüllt werden. Der Enthalpieterm in der thermischen Randbedingung für $\dot{e}''$, siehe (4-81), kann bei dem vorausgesetzen inerten Gemisch häufig gegenüber dem Wärmeleitungsterm vernachlässigt werden. Für die hier ausgeschlossenen katalytischen Wandreaktionen sind weitere stoffliche Randbedingungen in Form von Stoffbilanzen an der Wand möglich.

Bei Strömungen mit $\mathrm{d}\tilde{p}_\infty/\mathrm{d}x = 0$, d. h. $w_{x\infty} = w_0$, und $\mathrm{Pr} = 1$ stimmen die Differenzialgleichungen (4-141)

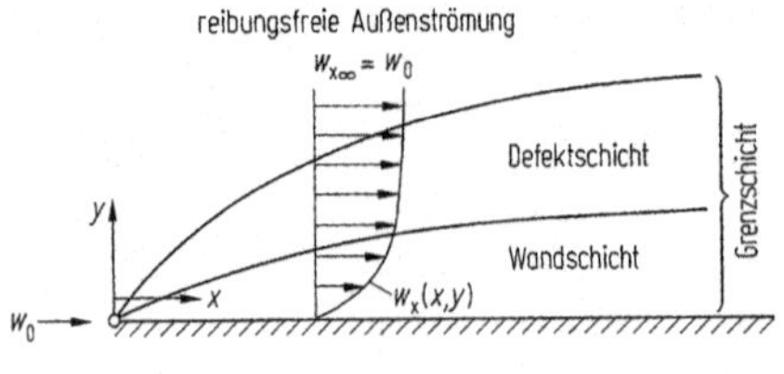

Bild 4-4. Turbulente Strömungsgrenzschicht an einer ebenen Platte. Die Dicke der Wandschicht ist proportional ν/w_τ [48]

und (4-142) für w_x und T überein, sodass sich mit den Randbedingungen $T_W(x) = \text{const}$ und $T_\infty(x) = \text{const}$ ähnliche Grenzschichtprofile $w_x/w_0 = (T - T_W)/(T_\infty - T_W)$ ergeben. Die lokalen Wandschubspannungen und Wärmestromdichten sind dann durch die Reynolds'sche Analogie

$$\text{Nu} = (c_f/2)\text{Re} \tag{4-145}$$

verknüpft. Hierin sind $\text{Nu} = \dot{q}_W L_0/[\lambda(T_W - T_\infty)]$ und $\text{Re} = w_0 L_0/\nu$ die mit einer beliebigen Länge L_0 gebildete Nußelt- und Reynolds-Zahl und $c_f = 2\tau_W/(\varrho w_0^2)$ der lokale Widerstandsbeiwert. Für den Stoffübergang gilt Entsprechendes.

Bei stationärer, turbulenter, erzwungener ebener Strömung ergeben sich aus (4-102) bis (4-104) und (4-106) für $\text{Re} \to \infty$ die Grenzschichtgleichungen

$$\partial\bar{w}_x/\partial x + \partial\bar{w}_y/\partial y = 0\,, \tag{4-146}$$

$$\bar{w}_x\partial\bar{\bar{\xi}}_1/\partial x + \bar{w}_y\partial\bar{\bar{\xi}}_1/\partial y = \partial\left(D\partial\bar{\bar{\xi}}_1/\partial y - \overline{w'_y\bar{\xi}_1}\right)\partial y\,, \tag{4-147}$$

$$\bar{w}_x\partial\bar{w}_x/\partial x + \bar{w}_y\partial\bar{w}_x/\partial y = -(1/\varrho)\,\mathrm{d}\tilde{p}_\infty/\mathrm{d}x + \partial\left(\nu\partial\bar{w}_x/\partial y - \overline{w'_x w'_y}\right)\partial y\,, \tag{4-148}$$

$$\bar{w}_x\partial\overline{T}/\partial x + \bar{w}_y\partial\overline{T}/\partial y = \partial\left(a\partial\overline{T}/\partial y - \overline{w'_y T'}\right)\partial y\,. \tag{4-149}$$

Die Impulsgleichung in y-Richtung liefert hier $\partial(\bar{\tilde{p}} + \varrho\overline{w'^2_y})/\partial y = 0$, sodass über der Grenzschichtdicke der Klammerausdruck und nicht der piezometrische Druck konstant ist. Bei turbulenzfreier Außenströmung mit dem zur Wand extrapolierten Druck $\tilde{p}_\infty$ gilt aber $\tilde{p}_W = \tilde{p}_\infty$. Das zur Schließung verwendete k,ε-Modell (4-126), (4-127) geht mit den Grenzschichtvereinfachungen über in

$$\bar{w}_x\partial k/\partial x + \bar{w}_y\partial k/\partial y = C_\mu(k^2/\varepsilon)(\partial\bar{w}_x/\partial y)^2 - \varepsilon + \partial[(\nu^{\text{tu}}/\text{Pr}_k)(\partial k/\partial y)]/\partial y\,, \tag{4-150}$$

$$\bar{w}_x\partial\varepsilon/\partial x + \bar{w}_y\partial\varepsilon/\partial y = C_{\varepsilon 1}(\varepsilon/k)\nu^{\text{tu}}(\partial\bar{w}_x/\partial y)^2 - C_{\varepsilon 2}(\varepsilon^2/k) + \partial[(\nu^{\text{tu}}/\text{Pr}_\varepsilon)(\partial\varepsilon/\partial y)]/\partial y\,. \tag{4-151}$$

Abweichend von (4-144) sind bei turbulenten Grenzschichten als Randbedingung für $y \to 0$ die Wandgesetze zu erfüllen. Es gilt (4-131) für die Strömungsgrenzschicht und (4-116) für die Temperaturgrenzschicht, und zwar gleichermaßen bei vorgegebener Temperatur- oder Wärmestromdichte an der Wand, wobei eine dieser Größen jeweils zu iterieren ist. Das Konzentrationsprofil verhält sich analog zum Temperaturprofil.

Die Reynolds'sche Analogie gilt bei turbulenter Strömung nur angenähert, da mit dem Druckgradienten nicht gleichzeitig die Druckschwankungen verschwinden.

Stoff-, Impuls- und Energiebilanzen für die von der Konzentrations-, Strömungs- und Temperaturgrenzschicht gebildeten Kontrollräume erhält man durch Integration der Grenzschichtgleichungen über die Grenzschichtdicke. Bei vernachlässigbarer Normalgeschwindigkeit auf der Wand sowie konstanter Temperatur T_∞ und Konzentration $\bar{\xi}_{1\infty}$ in der Außenströmung ergibt sich im laminaren Fall aus (4-139) bis (4-142)

$$\frac{\mathrm{d}}{\mathrm{d}x}\int_0^{\delta_\xi} w_x\,(\bar{\xi}_{1\infty} - \bar{\xi}_1)\,\mathrm{d}y = -j_{1W}/\varrho\,, \tag{4-152}$$

$$\frac{\mathrm{d}}{\mathrm{d}x}\int_0^{\delta_S} w_x(w_{x\infty} - w_x)\mathrm{d}y + \frac{\mathrm{d}w_{x\infty}}{\mathrm{d}x}\int_0^{\delta_S}(w_{x\infty} - w_x)\mathrm{d}y = \tau_W/\varrho\,, \tag{4-153}$$

$$\frac{\mathrm{d}}{\mathrm{d}x}\int_0^{\delta_T} w_x(T_\infty - T)\mathrm{d}y = -\dot{q}_W/(\varrho c_p)\,. \tag{4-154}$$

Im turbulenten Fall folgt aus (4-146) bis (4-149) in Bezug auf die zeitlichen Mittelwerte der Feldgrößen ein gleichlautendes Ergebnis.

Die integralen Bilanzen (4-152) bis (4-154) sind Ausgangspunkt von Näherungsverfahren zur Bestimmung der Schubspannung sowie der Wärme- und Diffusionsstromdichten an der Wand. Der Geschwindigkeits-, Temperatur- und Konzentrationsverlauf in den Grenzschichten wird dabei durch parameterabhängige Profile aus vorgegebenen Profilfamilien ersetzt. Dies führt mit geeignet gewählten Hilfsfunktionen auf gewöhnliche Differenzialgleichungen für die Profilparameter, z. B. die

Grenzschichtdicken, als Funktion der Lauflänge x. Die Grenzschichtgleichungen sind so durch die Quadratur gewöhnlicher Differenzialgleichungen zu lösen [49, 50].
Grenzschichtgleichungen und Integralsätze für rotationssymmetrische und dreidimensionale Grenzschichten bei erzwungener Konvektion findet man in [51].

4.5.2 Grenzschichtgleichungen bei natürlicher Konvektion

Auch natürliche Konvektionsströmungen, die durch Dichteänderungen aufgrund von Wärme- und Stoffübergang an einer den Fluidraum begrenzenden Wand hervorgerufen werden, haben Grenzschichtcharakter. Bild 4-5 zeigt dies am Beispiel der direkten natürlichen Konvektion an einer beheizten senkrechten Platte mit der Oberflächentemperatur T_W. Die ruhende Umgebung hat die konstante Temperatur $T_\infty < T_W$ und Dichte ϱ_∞. Da die Dichte eines Fluids in der Regel mit zunehmender Temperatur abnimmt, d. h. der Wandwert ϱ_W infolge der Aufheizung kleiner als ϱ_∞ ist, erfährt das Fluid in der Nähe der Plattenoberfläche einen Auftrieb in dem von der Umgebung aufgeprägten Druckfeld und strömt mit der Geschwindigkeit w_x aufwärts. Im stationären Zustand führt die Strömung die von der Wand übertragene Energie nach oben ab, sodass sie wandferne Zonen nicht erfassen kann. Der Wärmeübergang beeinflußt daher nur eine wandnahe

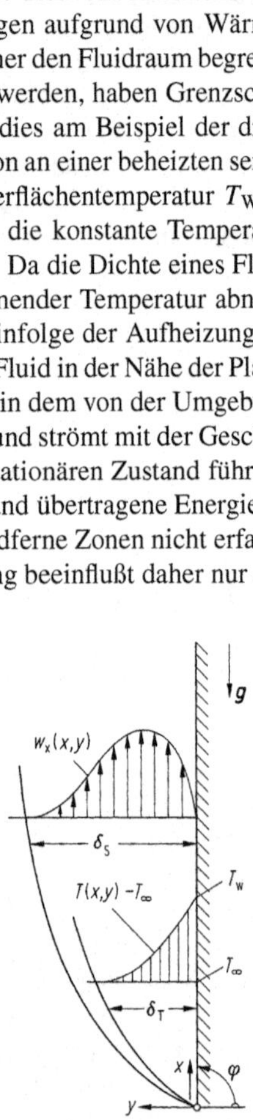

Bild 4-5. Strömungs- und Temperaturgrenzschicht bei direkter natürlicher Konvektion an einer beheizten senkrechten Platte infolge des Auftriebs des erwärmten Fluids

Grenzschicht, die allerdings mit wachsender Lauflänge x immer dicker wird.
Die Grenzschichtdicken lassen sich im laminaren Fall wieder aus der Geschwindigkeit des molekularen Transports quer zu den Grenzschichten und der Verweilzeit der Fluidteilchen in Wandnähe abschätzen, wobei ein geeigneter Ansatz für die nicht unmittelbar vorgegebene konvektive Transportgeschwindigkeit in Längsrichtung benötigt wird. Legt man eine Platte mit einem Winkel φ zwischen der Horizontalen und der Hauptströmungsrichtung zugrunde, ergibt sich bei der Randbedingung T_W = const als Dicke der Strömungs- und Temperaturgrenzschichten δ_S und δ_T asymptotisch für $Gr_\varphi \to \infty$ [52]

$$\delta_S/L_0 \sim \mathrm{Gr}_\varphi^{-1/4} \quad \text{und}$$

$$\delta_T/L_0 \sim \begin{cases} \mathrm{Gr}_\varphi^{-1/4} & \text{für } \mathrm{Pr} \to 0 \\ \mathrm{Gr}_\varphi^{-1/4} & \text{für } \mathrm{Pr} \approx 1 \\ \mathrm{Gr}_\varphi^{-1/4}\mathrm{Pr}^{-1/2} & \text{für } \mathrm{Pr} \to \infty \end{cases} \tag{4-155}$$

Hierin ist $\mathrm{Gr}_\varphi = \beta(T_W - T_\infty)\, gL_0^3\, \sin\varphi/\nu^2$ eine modifizierte Grashof-Zahl mit der Plattenlänge L_0 als Bezugslänge. Da Temperaturunterschiede stets eine Strömung in Gang setzen, ist $\delta_S \geq \delta_T$. Bei der Randbedingung $\dot{q}_W$ = const, d. h. konstanter Wärmestromdichte an der Wand, hat man als charakteristische Temperaturdifferenz in der Grashof-Zahl $\dot{q}_W L_0/\lambda$ einzuführen und in (4-155) den Exponenten $(-1/4)$ durch $(-1/5)$ zu ersetzen [53]. Die Dicke δ_ξ einer Konzentrationsgrenzschicht ergibt sich aus der Analogie von Wärme- und Stofftransport. Mit wachsender Grashof-Zahl, siehe (4-94) und (4-95) für beide Vorgänge, werden die Grenzschichten asymptotisch dünn. Dies gilt auch bei Turbulenz [54].
Wegen der unterschiedlichen Längenskalen für die Transportprozesse längs und quer zur Hauptströmungsrichtung lassen sich in den Feldgleichungen wieder Grenzschichtvereinfachungen durchführen. Im technisch gewöhnlich realisierten Grenzfall Gr $\to \infty$ erhält man für die stationäre, laminare, ebene Strömung bei direkter natürlicher Konvektion an einer Wand mit dem örtlichen Konturwinkel φ nach Bild 4-6 aus (4-92), (4-93) und (4-95) als Impulsgleichung in Hauptströmungsrichtung

$$\begin{aligned} &w_x \partial w_x/\partial x + w_y \partial w_x/\partial y \\ &= [\beta_\infty(T - T_\infty) + \gamma_\infty(\xi_1 - \xi_{1\infty})]g\sin\varphi \\ &\quad + \nu\partial^2 w_x/\partial y^2\,. \end{aligned} \tag{4-156}$$

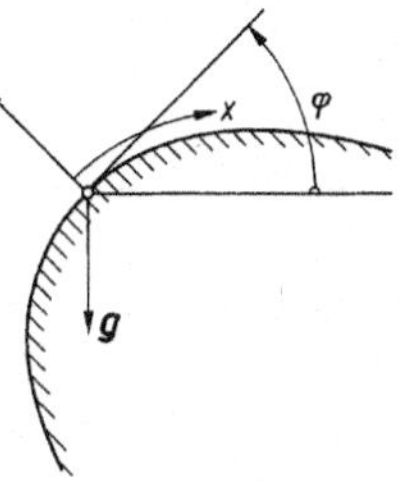

Bild 4-6. Ebene Körperkontur mit örtlichem Konturwinkel φ gegen die Horizontale und Grenzschichtkoordinaten im Schwerkraftfeld

Entsprechend folgt aus (4-105), (4-93) und (4-95) bei turbulenter Strömung

$$\overline{w}_x \partial \overline{w}_x / \partial x + \overline{w}_y \partial \overline{w}_x / \partial y \qquad (4\text{-}157)$$
$$= \left[\beta_\infty(\bar{T} - T_\infty) + \gamma_\infty\left(\bar{\bar{\xi}}_1 - \bar{\bar{\xi}}_{1\infty}\right)\right] g \sin\varphi$$
$$+ \nu \partial^2 \bar{w}_x / \partial y^2 - \partial\left(\overline{w'_x w'_y}\right) / \partial y \,.$$

Wegen des vorausgesetzten hydrostatischen Gleichgewichts in der ungestörten Umgebung verschwindet der Gradient des der Grenzschicht aufgeprägten piezometrischen Drucks in x-Richtung. Die eckige Klammer in (4-156) und (4-157) enthält die Auftriebsglieder, die das Geschwindigkeitsfeld an das Temperatur- und Konzentrationsfeld koppeln. Die Kontinuitäts-, Komponentenkontinuitäts- und Energiegleichung sind gleichlautend mit (4-139), (4-140) und (4-142) bzw. (4-146), (4-147) und (4-149) [55]. Als Randbedingung für den laminaren Fall kann (4-144) mit $w_{x\infty} = 0$ benutzt werden, während als Modifikation für den turbulenten Fall die Wandgesetze nach Tabelle 4-6 und ihre Übertragung auf den Stoffübergang zu berücksichtigen sind. Das k, ε-Turbulenzmodell kann wegen des Maximums im Geschwindigkeitsprofil bei endlicher Schubspannung nicht angewendet werden, da der zugrundeliegende Gradientenansatz (4-119) versagt.

Analog zu (4-152) bis (4-154) lassen sich für die Grenzschichten bei direkter natürlicher Konvektion integrale Bilanzen herleiten. Aus (4-156) bzw. (4-157) folgt die Impulsbilanz

$$\frac{\mathrm{d}}{\mathrm{d}x}\int_0^{\delta_x} w_x^2 \,\mathrm{d}y = \int_0^{\delta_x} [\beta_\infty(T - T_\infty)$$
$$+ \gamma_\infty(\xi_1 - \xi_{1\infty})] g \sin\varphi \,\mathrm{d}y - \tau_W/\varrho \,, \qquad (4\text{-}158)$$

wobei im turbulenten Fall zeitliche Mittelwerte der Feldgrößen einzusetzen sind. Als Komponentenmassen- und Energiebilanz gelten (4-152) und (4-154) unverändert.

In der Nähe der Konturwinkel $\varphi = 0$ bzw. $\varphi = \pi$ verschwindet in (4-156) und (4-157) die Auftriebskraft, sodass sich eine direkte natürliche Konvektionsströmung nicht ausbilden kann. In diesem Fall wird ein Effekt höherer Ordnung wirksam, der in Abgrenzung zu dem bisherigen als indirekte natürliche Konvektion bezeichnet wird. Wie in Bild 4-7 für eine beheizte horizontale Platte dargestellt ist, nimmt wegen der geringeren Dichte ϱ der erwärmten Schicht auf der Platte verglichen mit der Dichte ϱ_∞ der ungestörten Umgebung der hydrostatische Druck p_{stat} über der Platte vom Rand zum Inneren hin ab, wodurch eine Grenzschichtströmung in Richtung des Druckgefälles induziert wird. In einiger Entfernung vom Plattenrand löst die Grenzschicht nach oben ab.

Grenzschichtgleichungen für die Überlagerung von direkter und indirekter natürlicher Konvektion sind für den laminaren Fall in [57] angegeben. Es zeigt sich, dass die indirekte natürliche Konvektion nur in einem kleinen Winkelbereich $\varphi = O(\mathrm{Gr}^{-n})$ mit $n > 1/5$ für $\mathrm{Gr} \to \infty$ gegenüber der direkten Form dominiert. Wegen der Ablösung ist die Anwendbarkeit der Gleichungen an schwach geneigten Flächen eingeschränkt. Bei zylindrischen Körpern mit $0 \leq \varphi \leq 2\pi$ ist der Beitrag der indirekten natürlichen Konvektion zum gesamten Wärme- und Stoffübergang vernachlässigbar, da sie nur in einem kleinen Winkelbereich überwiegt.

4.6 Wärme- und Stoffübergangskoeffizienten

Die Temperatur- und Konzentrationsfelder, die sich aus der Lösung der Grenzschichtgleichungen ergeben, interessieren selten in allen Einzelheiten. Benötigt werden vor allem die an der Berandung der Felder übertragenen Energie- und Stoffströme, wobei der konvektive gegenüber dem konduktiven Anteil bei geringem Stoffübergang zu vernachlässigen ist. Zur Darstellung der Dichten des konduktiven Anteils, d. h. der Wärme- und Diffusionsstromdichten nach (4-80) und (4-82), benutzt man die örtlichen Wärme- und Stoffübergangskoeffizienten α und β. Sie sind durch

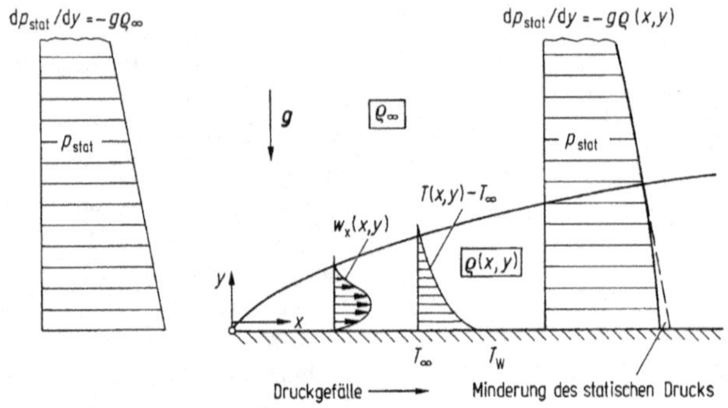

Bild 4-7. Strömungs- und Temperaturgrenzschicht bei indirekter natürlicher Konvektion an einer beheizten horizontalen Platte aufgrund des verminderten hydrostatischen Drucks p_{stat} in der aufgewärmten Fluidschicht nach [56]

$$\dot{q}_{\text{W}} = -\lambda(\partial T/\partial n)_{\text{W}} \equiv \alpha(T_{\text{W}} - T_{\text{F}}) \qquad (4\text{-}159)$$

und

$$j_{1\text{W}} = -\varrho D(\partial\bar{\xi}_1/\partial n)_{\text{W}} \equiv \varrho\beta\left(\bar{\xi}_{1\text{W}} - \bar{\xi}_{1\text{F}}\right) \qquad (4\text{-}160)$$

implizit definiert und haben die SI-Einheit $\text{W}/(\text{m}^2 \cdot \text{K})$ bzw. m/s. Im Rahmen der Näherung konstanter Dichte gilt auch

$$J_{1\text{W}} = -\bar{c}D(\partial x_1/\partial n)_{\text{W}} = \bar{c}\beta(x_{1\text{W}} - x_{1\text{F}})\,, \qquad (4\text{-}161)$$

weil sich hier die Bezugsgeschwindigkeiten der Diffusionsmassen- und -stoffmengenstromdichte $\boldsymbol{j}_1$ und $\boldsymbol{J}_1$ nach (4-5) und (4-6) nicht unterscheiden. Alle Ströme sind positiv, wenn sie wie die Normale $\boldsymbol{n}$ in das Fluid gerichtet sind, siehe Bild 4-8 für den Wärmeübergang. Im Einzelnen bedeuten T_{w} und T_{F} die örtliche Wandtemperatur und die Fluidtemperatur in einigem Abstand von der Wand; $\bar{\xi}_{1\text{W}}$ und $\bar{\xi}_{1\text{F}}$ bzw. $x_{1\text{W}}$ und $x_{1\text{F}}$ sind die entsprechenden Massen- und Stoffmengenanteile der Komponente 1. Bei den hier ausgeschlossenen Strömungen mit merklicher Dissipation tritt an die Stelle von T_{W} in (4-159) die adiabate Wandtemperatur [58].

Die Größen T_{F} und $\bar{\xi}_{1\text{F}}$ in (4-159) und (4-160) werden für Umströmungsprobleme und Kanalströmungen unterschiedlich definiert. Im Fall eines umströmten Körpers hat man hierfür die Werte T_∞ und $\bar{\xi}_{1\infty}$ der ungestörten Umgebung einzusetzen. Bei Kanalströmungen hat T_{F} die Bedeutung der adiabaten Mischungstemperatur, d. h. der einheitlichen Temperatur, die sich bei der adiabaten Durchmischung eines durch einen Querschnitt fließenden Massenstroms mit inhomogen verteilter Temperatur ergeben würde. Analog ist $\bar{\xi}_{1\text{F}}$ der bei der Durchmischung resultierende Massenanteil der Komponente 1. Für konstante Dichte ϱ und spezifische Wärmekapazität c_p ergibt sich

$$T_{\text{F}} = T_0 + (\varrho/\dot{m})\int\limits_{A_{\text{q}}} w(T - T_0)\text{d}A_{\text{q}} \qquad (4\text{-}162)$$

bzw.

$$\bar{\xi}_{1\text{F}} = (\varrho/\dot{m})\int\limits_{A_{\text{q}}} w\bar{\xi}_1\text{d}A_{\text{q}}\,. \qquad (4\text{-}163)$$

Hierin sind $\dot{m}$ der Massenstrom sowie w, T und $\bar{\xi}_1$ die Strömungsgeschwindigkeit, Temperatur und

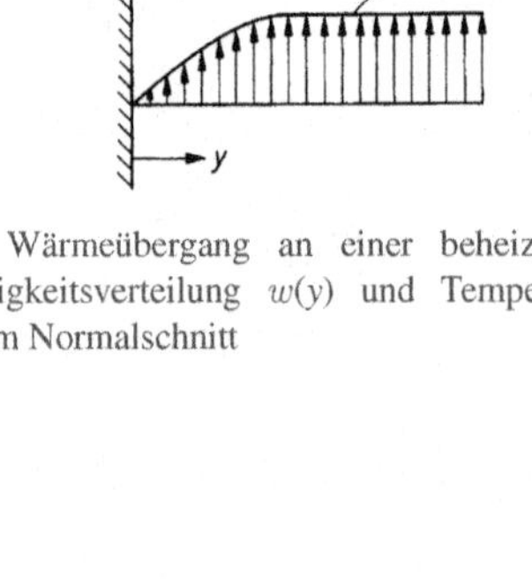

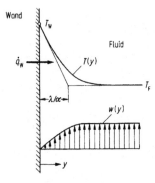

Bild 4-8. Wärmeübergang an einer beheizten Wand. Geschwindigkeitsverteilung $w(y)$ und Temperaturverteilung $T(y)$ im Normalschnitt

Massenkonzentration der Komponente 1 auf einem Element dA_q des Strömungsquerschnitts. Für T_0 kann eine beliebige Bezugstemperatur gewählt werden. Die Konzentration x_{1F} verhält sich wie $\bar{\xi}_{1F}$. Den Definitionen (4-159) und (4-160) entsprechend sind Wärme- und Stoffübergangskoeffizienten keine Stoffeigenschaften, sondern Strömungsgrößen. Die Quotienten λ/α und D/β geben dabei die Größenordnung der Grenzschichtdicken wieder, wie in Bild 4-8 für den Wärmeübergang gezeigt ist. Dünne Grenzschichten bedeuten hohe Wärme- und Stoffübergangskoeffizienten und begünstigen die Übertragungsvorgänge an der Wand. Der Wertebereich von Wärmeübergangskoeffizienten in Standardfällen ist in Tabelle 4-7 aufgeführt, womit sich nach (4-159) Wärmestromdichten bei vorgegebenen Temperaturdifferenzen und umgekehrt abschätzen lassen.

Wärme- und Stoffübergangskoeffizienten können mithilfe der Nußelt- und Sherwood-Zahl (4-89) dimensionslos dargestellt werden. Mit den Ansätzen (4-159) und (4-160) folgt aus (4-89)

$$\mathrm{Nu} = \alpha L_0/\lambda \quad \text{und} \quad \mathrm{Sh} = \beta L_0/D\,. \tag{4-164}$$

Dies ist die meist verwendete Schreibweise beider Kennzahlen. Die charakterische Temperatur- und Konzentrationsdifferenz wurde dabei $\Delta T_0 = -T_W - T_F$ und $\Delta\bar{\xi}_{10} = \bar{\xi}_{1W} - \bar{\xi}_{1F}$ gesetzt. Nußelt- und Sherwood-Zahlen sind damit nicht nur als dimensionslose Stromdichten, sondern auch als das Verhältnis von Bezugslänge zu Grenzschichtdicke interpretierbar. Der insgesamt an einer Wand übertragene Wärme- oder Diffusionsmassenstrom ergibt sich durch Integration der Stromdichten (4-159) und (4-160) über der Wandfläche A

$$\dot{Q} = \int_A \alpha(T_W - T_F)\mathrm{d}A = \alpha_m \Delta T_m A \tag{4-165}$$

bzw.

$$\dot{m}_{1D} = \int_A \beta(\bar{\xi}_{1W} - \bar{\xi}_{1F})\mathrm{d}A = \beta_m \Delta\bar{\xi}_{1m} A\,. \tag{4-166}$$

Dabei sind α_m und β_m mittlere Wärme- und Stoffübergangskoeffizienten, während ΔT_m und $\Delta\bar{\xi}_{1m}$ mittlere Temperatur- und Konzentrationsdifferenzen längs der Wand bedeuten. Bei Umströmungsproblemen mit der Randbedingung $T_W = \text{const}$ bzw. $\bar{\xi}_{1W} = \text{const}$ ist $T_W - T_F = T_W - T_\infty = \text{const}$ und $\bar{\xi}_{1W} - \bar{\xi}_{1F} = \bar{\xi}_{1W} - \bar{\xi}_{1\infty} = \text{const}$, sodass man $\Delta T_m = T_W - T_\infty$ bzw. $\Delta\bar{\xi}_{1m} = \bar{\xi}_{1W} - \bar{\xi}_{1\infty}$ setzt und

$$\alpha_m = \int_A \alpha \mathrm{d}A \quad \text{bzw.} \quad \beta_m = \int_A \beta \mathrm{d}A \tag{4-167}$$

findet. Bei Kanalströmungen mit $T_W = \text{const}$ bzw. $\bar{\xi}_{1W} = \text{const}$ wählt man als mittlere Temperatur- und Konzentrationsdifferenz die logarithmischen Mittelwerte dieser Größen zwischen den Ein- und Austrittsquerschnitten e und a

$$\Delta T_{\log} = \frac{(T_W - T_F)_e - (T_W - T_F)_a}{\ln \dfrac{(T_W - T_F)_e}{(T_W - T_F)_a}}$$

bzw. (4-168)

$$\Delta\bar{\xi}_{\log} = \frac{(\bar{\xi}_{1W} - \bar{\xi}_{1F})_e - (\bar{\xi}_{1W} - \bar{\xi}_{1F})_a}{\ln \dfrac{(\bar{\xi}_{1W} - \bar{\xi}_{1F})_e}{(\bar{\xi}_{1W} - \bar{\xi}_{1F})_a}}\,.$$

Denn für $\alpha = \text{const}$ bzw. $\beta = \text{const}$ und vernachlässigbare Massenstromänderung längs des Kanals ist (4-168) gerade der Integralmittelwert von $T_W - T_F$ bzw. $\bar{\xi}_{1W} - \bar{\xi}_{1F}$ über der Austauschfläche. Damit sind nach (4-165) und (4-166) die mittleren Wärme- und Stoffübergangskoeffizienten

$$\alpha_m = \dot{Q}/(\Delta T_{\log} A) \quad \text{bzw.} \quad \beta_m = \dot{m}_{1D}/(\Delta\bar{\xi}_{1\,\log} A) \tag{4-169}$$

Tabelle 4-7. Wertebereiche von Wärmeübergangskoeffizienten α in $\mathrm{W/(m^2 \cdot K)}$ [59]

Natürliche Konvektion			
Gase	3	bis	20
Wasser	100	bis	600
siedendes Wasser	1000	bis	20000
Erzwungene Konvektion			
Gase	10	bis	100
zähe Flüssigkeiten	50	bis	500
Wasser	500	bis	10000
Kondensierender Wasserdampf	1000	bis	100000

festgelegt. Zu ihrer dimensionslosen Darstellung werden sog. mittlere Nußelt- und Sherwood-Zahlen

$$\mathrm{Nu_m} \equiv \alpha_\mathrm{m} L_0/\lambda \quad \text{bzw.} \quad \mathrm{Sh_m} \equiv \beta_\mathrm{m} L_0/D \qquad (4\text{-}170)$$

verwendet, die mit den Mittelwerten α_m und β_m gebildet sind.
Eine umfangreiche Sammlung empfohlener Korrelationen örtlicher und mittlerer Nußelt-Zahlen (4-90) und (4-97) bei verschiedenen Geometrien und Strömungsformen findet man in [60]. Lösungen der Energiegleichung (4-71) für Temperaturfelder in ruhenden Medien enthält [61] in großer Vollständigkeit.

Literatur

Allgemeine Literatur zu Kapitel 1

Baehr, H.D.; Kabelac: Thermodynamik. 15. Aufl. Berlin: Springer 2012
Bejan, A.: Advanced engineering thermodynamics. 3rd ed. New York: Wiley 2006
Bošnjaković, F.; Knoche, K.F.: Technische Thermodynamik. Teil I: 8. Aufl.; Teil II: 6. Aufl. Darmstadt: Steinkopff 1998; 1997
Callen, H.B.: Thermodynamics and an introduction to thermostatistics. 2nd ed. New York: Wiley 1985
Falk, G.; Ruppel, W.: Energie und Entropie. Berlin: Springer 1976
Haase, R.: Thermodynamik. 2. überarb. Aufl. Darmstadt: Steinkopff 1987
Kestin, J.: A course in thermodynamics, vols. 1; 2. New York: McGraw-Hill 1979
Lucas, K.: Thermodynamik. Die Grundgesetze der Energie- und Stoffumwandlungen. 7. Aufl. Berlin: Springer 2008
Modell, M.; Reid, R.C.: Thermodynamics and its applications. 2nd ed. Englewood Cliffs, N.J.: Prentice-Hall 1983
Stephan, P.; Schaber, K.-H.; Stephan, K.; Mayinger, F.: Thermodynamik. Bd. 2: Mehrstoffsysteme und chemische Reaktionen. 15. Aufl. Berlin: Springer 2010

Spezielle Literatur zu Kapitel 1

1. (Callen 1985), p. 131–137
2. (Modell/Reid 1983), App C
3. (Stephan/Mayinger, Bd. 2, 1999), S. 112–114
4. In [3], S. 102–104
5. Strubecker, K.: Einführung in die höhere Mathematik, Bd. IV. München: Oldenbourg 1984, S. 478–479
6. In [1], p. 186–189
7. In [1], p. 153–157
8. In [2], p. 182–191
9. In [5], p. 322–329
10. Falk, G.: Theoretische Physik, Bd. II: Thermodynamik. Berlin: Springer 1968. S. 171–179
11. In [2], p. 227–255
12. Henning, F.: Temperaturmessung. (Hrsg. H. Moser). 3. Aufl. Berlin: Springer 1977
13. Mohr, P.J.; Taylor, B.N.: CODATA recommended values of the fundamental physical constants 1998. J. Phys. Chem. Ref. Data 28 (1999) 1713–1852
14. (Haase 1985), S. 72–74
15. In [14], S. 74–79
16. In [14], S. 92–103
17. Baehr, H.D.; Kabelac, S.: Thermodynamik. 13. Aufl. Berlin: Springer 2006, S. 317–318
18. Ahrendts, J.: Die Exergie chemisch reaktionsfähiger Systeme (VDI-Forschungsheft, 579) (1977)
19. Diederichsen, C.: Referenzumgebungen zur Berechnung der chemischen Energie. (Fortschr.-Ber. VDI, Reihe 19, Nr. 50). Düsseldorf: VDI-Verlag 1991
20. Baehr, H.D.: Zur Definition exergetischer Wirkungsgrade. Brennst. Wärme Kraft 20 (1968) 197–200

Allgemeine Literatur zu den Kapiteln 2 und 3

Baehr, H.D.; Kabelac, S.: Thermodynamik. 15. Aufl. Berlin: Springer 2012
Dohrn, R.: Berechnung von Phasengleichgewichten. Braunschweig: Vieweg 1994
Gmehling, J.; Kolbe, B.: Thermodynamik. 2. Aufl. Weinheim: VCH 1992
Modell, M.; Reid, R.C.: Thermodynamics and its applications. 2nd ed. Englewood Cliffs, N.J.: Prentice-Hall 1983
Orbey, H.; Sandler, S.: Modeling vapor-liquid equilibria. Cubic equations of state and their mixing rules. Cambridge: Cambridge Univ. Pr. 1998
Prausnitz, J.M.; Lichtenthaler, R.N.; Gomes de Azevedo, E.: Molecular thermodynamics of fluid-phase equilibria. 3rd ed. Upper Saddle River, N.J.: Prentice-Hall 1999
Poling, B.; Prausnitz, J.; O'connell, J.: The properties of gases and liquids. 5th ed. Boston: McGraw-Hill 2007

Smith, W.R.; Missen, R.W.: Chemical reaction equilibrium analysis. New York: Wiley 1982
Stephan, P.; Schaber, K.H.; Stephan, K.; Mayinger, F.: Thermodynamik. Bd. 1: Einstoffsysteme. 16. Aufl., Bd. 2: Mehrstoffsysteme und chemische Reaktionen. 15. Aufl. Berlin: Springer 2010
Thermophysikalische Stoffgrößen. (Hrsg. W. Blanke), Berlin: Springer 1989
Walas, S.M.: Phase equilibria in chemical engineering. Boston, Mass.: Butterworth 1985

Spezielle Literatur zu Kapitel 2

1. Baehr, H.D.; Kabelac, S.: Thermodynamik. 15. Aufl. Berlin: Springer 2012
2. In [1], Tabelle 10.7
3. In [1], Tabelle 10.8
4. Pitzer, K.S.: The volumetric and thermodynamic properties of fluids, Part I. J. Am. Chem. Soc. 77 (1955) 2427–2433; Pitzer, K.S.; et al.: The volumetric and thermodynamic properties of fluids, Part II. J. Am. Chem. Chem. Soc. 77 (1955) 2433–2440
5. Poling, B.; Prausnitz, J.; O'connell, J.: The properties of gases and liquids. 5th ed. Boston: McGraw-Hill 2007, p. 666–741
6. Smith, J.M.; van Ness, H.C.: Introduction to chemical engineering thermodynamics. 7th ed. Boston: McGraw-Hill 2005
7. (Walas 1985), p. 3–107
8. Reed, T.M.; Gubbins, K.E.: Applied statistical mechanics. Boston: Butterworth-Heinemann 1991
9. Prausnitz, J.M.; Lichtenthaler, R.N.; Gomes de Azevedo, E.: Molecular thermodynamics of fluid-phase equilibria. 3rd ed. Upper Saddle River, N.J.: Prentice-Hall 1999
10. Dymond, J.H.; Smith, E.B.: The virial coefficients of pure gases and mixtures. Oxford: Clarendon Press 1980
11. Tsonopoulos, C.: An empirical correlation of second virial coefficients. AIChE J. 20 (1974) 263–272
12. Wagner, W.; Pruß, A.: The IAPWS formulation 1995 for the thermodynamic properties of ordinary water substance for general and scientific use. Zur Veröffentlichung eingereicht bei J. Phys. Chem. Ref. Data (1999), siehe auch Wagner, W.; Pruß, A.: Die neue internationale Standard-Zustandsgleichung für Wasser für den allgemeinen und wissenschaftlichen Gebrauch. Jahrbuch 97 VDI-Gesellschaft Verfahrenstechnik und Chemieingenieurwesen (1997) 134–156
13. Baehr, H.D.; Schwier, K.: Die thermodynamischen Eigenschaften der Luft im Temperaturbereich zwischen −210 °C und +1250 °C bis zu Drücken von 4500 bar. Berlin: Springer 1961
14. Tillner-Roth, R.; Harms-Watzenberg, F.; Baehr, H.D.: Eine neue Fundamentalgleichung für Ammoniak. DKV-Tagungsbericht 20 (1993), Bd. II, S. 167–181
15. Span, R.; Bonsen, C.; Wagner, W.: Software-Grundpaket zur Berechnung thermodynamischer Daten in Referenzqualität. Lehrstuhl für Thermodynamik, Ruhr-Universität Bochum, siehe auch www.ruhr-unibochum.de/thermo. Zugrunde liegen u. a. folgende Zustandsgleichungen:

Tegeler, Ch.; Span, R.; Wagner, W.: A new equation of state for argon covering the fluid region for temperatures from the melting line to 700 K at pressures up to 1000 MPa. J. Phys. Chem. Ref. Data 28 (1999) 779–850
Schmidt, R.; Wagner, W.: A new form of the equation of state for pure substances and its application to oxygen. Fluid Phase Equilibria 19 (1985) 175–200
Span, R.; Lemmon, E.W.; Jacobsen, R.T.; Wagner, W.: A reference quality equation of state for nitrogen. Int. J. Thermophys. 19 (1998) 1121–1132
Span, R.; Wagner, W.: A new equation of state for carbon dioxide covering the fluid region from the triple point temperature to 1100 K at pressures up to 800 MPa. J. Phys. Chem. Ref. Data 25 (1996) 1509–1596
Setzmann, U.; Wagner, W.: A new equation of state and tables of thermodynamic properties for methane covering the range from the melting line to 625 K at pressures up to 1000 MPa. J. Phys. Chem. Ref. Data 20 (1991) 1061–1155
Friend, D.G.; Ingham, H.; Ely, J.F.: Thermophysical properties of ethane. J. Phys. Chem. Ref. Data 20 (1991) 275–336
Smukala, J.; Span, R.; Wagner, W.: A new equation of state for ethylene covering the fluid region for temperatures from the melting line to 450 K at pressures up to 300 MPa. Eingereicht bei J. Phys. Chem. Ref. Data 1999
Younglove, B.A.; Ely, J.F.: Thermophysical properties of fluids. II. Methane, ethane, propane, isobutane and normal butane. J. Phys. Chem. Ref. Data 16 (1987) 577–798
De Reuck, K.M.; Craven, R.J.B.; Cole, W.A.: Report on the development of an equation of state for sulfur hexafluoride. IUPAC Thermodynamic Tables Project Centre Rep. PC/D44, London 1991
Marx, V; Pruß, A.; Wagner, W.: Neue Zustandsgleichungen für R12, R22, R11 und R113 – Beschreibung des thermodynamischen Zustandsverhaltens bei

Temperaturen bis 525 K und Drücken bis 200 MPa. (Fortschr.-Ber. VDI, Reihe 19, Nr. 57). Düsseldorf: VDI-Verlag 1992
Tillner-Roth, R.; Baehr, H.D.: An international standard formulation for the thermodynamic properties of 1,1,1,2-tetrafluoroethane (HFC-134a) for temperatures from 170 K to 455 K and pressures up to 70 MPa. J. Chem. Phys. Ref. Data 23 (1994) 657–729.
Lemmon, E.W.; Jacobsen, R.T.: An international standard formulation for the thermodynamic properties of 1,1,1-trifluoroethane (HFC-143a) for temperatures from 161 to 500 K and pressures to 60 MPa. Eingereicht bei J. Phys. Chem. Ref. Data 1999
Tillner-Roth, R.: A fundamental equation of state for 1,1-difluoroethane (HFC-152a). Int. J. Thermophys. 16(1995) 91–100
Younglove, B.A.; McLinden, M.O.: An international standard equation of state for the thermodynamic properties of refrigerant 123 (2,2 dichloro-1,1,1-trifluoroethane). J. Phys. Chem. Ref. Data 23 (1994) 731–779
De Vries, B.; Tillner-Roth, R.; Baehr, H.D.: The thermodynamic properties of HFC-124. 19th International Congress of Refrigeration, The Hague, Netherlands (1995) 582–589
Piao, C.C.; Noguchi, M.: An international standard equation of state for the thermodynamic properties of HFC-125 (pentafluoroethane). J. Phys. Chem. Ref. Data 27 (1998) 775–806
Tillner-Roth, R.; Yokozeki, A.: An international standard equation of state for difluoromethane (R-32) for temperatures from the triple point at 136.4 K to 435 K and pressures up to 70 MPa. J. Phys. Chem. Ref. Data 26 (1997) 1273–1328

16. Soave, G.: Equilibrium constants from a modified Redlich-Kwong equation of state. Chem. Eng. Sci. 27 (1972) 1197–1203
17. In [1], S. 194–197
18. Strubecker, K.: Einführung in die höhere Mathematik, Bd. 1: Grundlagen. 2. Aufl. München: Oldenbourg 1966, S. 245–254
19. Wagner, W.; Kruse, A.: Properties of water and steam. The industrial standard IAPWS-IF97 for the thermodynamic properties and supplementary equations for other properties. Tables based on these equations. Berlin: Springer 1998
20. Wagner, W.; Span, R.; Bonsen, C.: Wasser und Wasserdampf – Interaktive Software zur Berechung der thermodynamischen Zustandsgrößen auf der Basis des Industriestandards IAPWS-IF97. Berlin: Springer Electronic Media 1999
21. Baehr, H.D.; Tillner-Roth, R.: Thermodynamische Eigenschaften umweltverträglicher Kältemittel. Zustandsgleichungen und Tafeln für Ammoniak, R22, R134a, R152a und R123. Berlin: Springer 1995
22. Im Auftrag der Union of Pure and Applied Chemistry (IUPAC) wurden in der Reihe Int. thermodynamic tables of the fluid state u. a. die Tafeln veröffentlicht: Helium (1977), Propylene (1980), Chlorine (1980). (Hersg. S. Angus, u. a.). Oxford: Pergamon Press sowie Oxygen (1987). (Hrsg. W. Wagner; K.M. de Reuck), Fluorine (1990). (Hrsg. K.M. de Reuck), Methanol (1993). (Hrsg. K.M. de Reuck; R.J.B. Craven), Methane (1996). (Hrsg. W. Wagner; K.M. de Reuck). Oxford: Blackwell Scientific Publications
23. Starling, K.E.: Fluid thermodynamic properties for light petroleum systems. Houston, Tex.: Gulf 1973
24. Baehr, H.D.: Der Isentropenexponent der Gase H_2, N_2, O_2, CH_4, CO_2, NH_3 und Luft für Drücke bis 300 bar. Brennst. Wärme Kraft 19 (1967) 65–68
25. In [1], Abb. 4.18
26. Ahrendts, J.; Baehr, H.D.: Der Isentropenexponent von Ammoniak. Brennst. Wärme Kraft 33 (1981) 237–239
27. Gmehling, J.; Kolbe, B.: Thermodynamik. 2.Aufl. Weinheim: VCH 1992
28. Callen, H.B.: Thermodynamics and an introduction to thermostatistics. 2nd ed. New York: Wiley 1985, p. 68–69; 289–290
29. In [1], S. 283
30. In [1], Tabelle 5-2
31. In [1], Tabelle 5-4
32. In [1], S. 217–219
33. Baehr, H.D.: Mollier-i,x-Diagramme für feuchte Luft. Berlin: Springer 1961
34. In [8], p. 219
35. In [9], p. 131–132; 161–164
36. Knapp, H.; u. a.: Vapor-liquid equilibria for mixtures of low boiling substances. (DECHEMA Chemistry Data Series, Vol. VI, Parts 1–3). Frankfurt: DECHEMA 1982
37. VDI-Wärmeatlas. 5. Aufl. Düsseldorf: VDI-Verlag 1988. Tabelle 12, S. DF 29
38. Stephan, P.; Schaber, K.-H.; Stephan, K.; Mayinger, F.: Thermodynamik. Bd. 2: Mehrstoffsysteme und chemische Reaktionen. 15. Aufl. Berlin: Springer 2010
39. In [38], S. 355–356
40. In [9], p. 387 sowie Table 8.5
41. In [7], p. 178ff
42. Abrams, D.S.; Prausnitz, J.M.: Statistical thermodynamics of liquid mixtures: A new expression for the excess Gibbs energy of partly or completely miscible systems. A1ChE J. 21 (1975) 116–128

43. Gmehling, J.; u. a.: Vapor-liquid equilibrium data collection. (DECHEMA Chemistry Data Series, Vol. I. Parts 1–8). Frankfurt: DECHEMA 1977–1988
44. Fredenslund, A.; Jones, R.L.; Prausnitz, J.M.: Group contributions estimation of activity coefficients in nonideal liquid mixtures. AlChE J. 21 (1975) 1086–1099
45. In [27], S. 251–252
46. In [37], Tabelle 8, S. DF18–20
47. In [5], Table 8.21
48. In [27], S. 253
49. In [37], Tabelle 9, S. DF20–24
50. In [5], Table 8.22
51. Hansen, H.K.; Rasmussen, P.; Fredenslund, A.; Schiller, M.; Gmehling, J.: Vapor-liquid equilibria by UNIFAC group contribution. 5. Revision and extension. Ind. Eng. Chem. Res. 30 (1991) 2352–2355. (Weitere Daten sind im Konsortialbesitz. Information durch Institut für Technische Chemie, Universität Oldenburg, siehe auch http://www.uni-oldenburg.de/tchemie/)
52. Magnussen, T.; Rasmussen, P., Fredenslund, A.: An UNIFAC parameter table for prediction of liquidliquid equilibria. Ind. Eng. Chem. Process Des. Dev. 20 (1981) 331–339
53. Gmehling, J.; Li, J.; Schiller, M.: A modified UNIFAC model. 2. Present parameter matrix and results for different thermodynamic properties. Ind. Eng. Chem. Res. 32 (1993) 178–193
54. Gmehling, J.; Lohmann, J.; Jacob, A.; Li, J.; Joh, R.: A modidified UNIFAC (Dortmund) model. 3. Revision and extension. Ind. Eng. Chem. Res. 37 (1998) 4876–4882. Siehe auch Bemerkung zu [51]
55. Holderbaum, T.; Gmehling, J.: PSRK: A group contribution equation of state based on UNIFAC. Fluid Phase Equilibria 70 (1991) 251–265
56. Fischer, K.; Gmehling, J.: Further development, status and results of the PSRK method for the prediction of vapor-liquid equilibria and gas solubilities. Fluid Phase Equilibria 112 (1995) 1–22
57. Kabelac, S.; Siemer, M.; Ahrendts, J.: Thermodynamische Stoffdaten für Biogase. Forsch. Ing.wesen 70 (2005) 46–55
58. Landolt-Börnstein: Numerical data and functional relationships in science and technology: new series. Hrsg. W. Martienssen Berlin: Springer 2007
59. Peneloux, A.; Ranzq, E.; Freze, R.: A consistent correction for Redlich-Kwong-Soave Volumes. Fluid Phase Equilibria 8 (1982) 7–23
60. (Dohrn, 1994) Kap. 3
61. Span, R.; Wagner, W.: Equations of State for Technical Applications. I–III. Int. J. Thermophys. 24 (2003) 1–161
62. Wagner, W.; Saul, A.; Pruß, A.: Int. Equations for the pressure along the melting and along the sublimation curve of ordinary water substance. J. Phys. Chem. Ref. Data 23 (1994) 3, 515–524
63. Tillner-Roth, R.: A Helmholtz free energy formulation of the thermodynamic properties of the mixture (water + ammonia). J. Phys. Chem. Ref. Data 27 (1998) 63–96
64. Kunz, O.; Klimeck, R.; Wagner, W.; Jaeschke, M.: The GERG-2004 wide range reference equation of state for natural gases. Dissertation, Ruhr-Universität Bochum

Spezielle Literatur zu Kapitel 3

1. (Walas 1985), p. 255
2. Baehr, H.D.; Kabelac, S.: Thermodynamik. 15. Aufl. Berlin: Springer 2012, Abb. 4.1
3. In [2], Abb. 4.2
4. In [2], Abb. 4.3
5. In [2], S. 196–198
6. (Reid/Prausnitz/Poling 1987), p. 205–218
7. Boublik, T.; Fried, V.; Hála, E.: The vapour pressures of pure substances. 3rd ed. Amsterdam: Elsevier 1984
8. Gmehling, J.; et al.: Vapor-liquid equilibrium data collection (DECHEMA Chemistry Data Series, Vol. 1, Part 1–8). Frankfurt a.M.: DECHEMA 1977–1988
9. In [6], Anhang D, Dampfdruckgleichung Nr. 1 mit Konstanten für ca. 400 Stoffe
10. Wagner, W.; Kruse, A.: Properties of water and steam. The industrial standard IAPWS-IF97 for the thermodynamic properties and supplementary equations for other properties. Tables based on these equations. Berlin: Springer 1998, Table 1
11. In [2], Abb. 4.18
12. In [2], Abb. 4.20
13. In [1], Fig. 5.17b
14. Haase, R.; Schönert, H.: Solid-liquid equilibrium. Oxford: Pergamon Press 1969, p. 88–134
15. Treybal, R.E.: Liquid extraction. 2nd ed. New York: McGraw-Hill 1963, p. 13–21
16. Stephan, P.; Schaber, K.H.; Stephan, K.; Mayinger, F.: Thermodynamik. Bd. 2: Mehrstoffsysteme and chemische Reaktionen. 15. Aufl. Berlin: Springer 2010
17. In [16], S. 236
18. In [16], S. 240
19. Gmehling, J.; Kolbe, B.: Thermodynamik. 2. Aufl. Weinheim: VCH 1992
20. In [6], Table 8.24
21. Henley, E.J.; Seader, J.D.: Equilibrium-stage separation operations in chemical engineering. New York: Wiley 1981, p. 281–284
22. In [6], p. 348

23. Nghiem, L.X.; Li, Y.K.: Computation of multiphase equilibrium phenomena with an equation of state. Fluid Phase Equilibria 17 (1984) 77–95
24. Prausnitz, J.M.; et al.: Computer calculations for multicomponent vapor-liquid and liquid-liquid equilibria. Englewood Cliffs, N.J.: Prentice-Hall 1980
25. In [1], p. 370–371
26. Barin, I.: Thermochemical data of pure substances. 3. Aufl. Weinheim: VCH 1995
27. Wagmann, D.D.; et al.: The NBS Tables of chemical thermodynamic properties. Selected values of inorganic and C_1 and C_2 organic substances in SI units. J. Phys. Chem. Ref. Data 11 (1982), Suppl. No. 2
28. Stull, D.R.; Westrum, E.F., Jr; Sinke, G.C.: The chemical thermodynamics of organic compounds. New York: Krieger 1987
29. In [6], p. 656–732
30. In [2], Tabelle 10.6
31. Smith, W.R.; Missen, R.W.: Chemical reaction equilibrium analysis. New York: Wiley 1982, p. 141–145
32. In [31], p. 184–192

Allgemeine Literatur zu Kapitel 4

Baehr, H.D.; Stephan, K.: Wärme- und Stoffübertragung. 7. Aufl. Berlin: Springer 2010
Bird, R.B.; Stewart, W.E.; Lightfoot, E.N.: Transport phenomena. 2nd ed. New York: Wiley 2002
Gersten, K.; Herwig, H.: Strömungsmechanik. Braunschweig: Vieweg 1992
Jischa, M.: Konvektiver Impuls-, Wärme- und Stoffaustausch. Braunschweig: Vieweg 1982
Ouwerkerk, C.: Theory of macroscopic systems. Berlin: Springer 1991
Schlichting, H.; Gersten, K.: Grenzschichttheorie. 10. Aufl. Berlin: Springer 2006
Slattery, J.C.: Advanced transport phenomena. Cambridge: Cambridge Univ. Press 1999
Taylor, R.; Krishna, R.: Multicomponent mass transfer. New York: Wiley 1993

Spezielle Literatur zu Kapitel 4

1. Slattery, J.C.: Momentum, energy and mass transfer in continua. 2nd ed. Huntington, N.Y.: Krieger 1981, p. 475
2. Özişik, M.N.: Heat conduction. 2nd ed. New York: Wiley 1993, p. 618ff
3. Hirschfelder, J.O.; Curtiss, C.F.; Bird, R.B.: Molecular theory of gases and liquids. New York: Wiley 1964
4. Weißmantel, Ch.; Hamann, C.: Grundlagen der Festkörperphysik. 4. Aufl. Heidelberg: Barth 1995
5. (Baehr/Stephan 2010), Anhang B
6. Thermophysikalische Stoffgrößen. (Hrsg. W. Blanke). Berlin: Springer 1989
7. Kakaç, S.; Yenner, Y.: Convective heat transfer. 2nd ed. Boca Raton, Fla.: CRC Press 1995, App. B
8. Reid, R.C.; Prausnitz, J.M.; Poling, B.E.: The properties of gases and liquids. 4th ed. New York: McGraw-Hill 1987
9. Stephan, K.; Heckenberger, T.: Thermal conductivity and viscosity data of fluid mixtures. (DECHEMA Chemistry data series, Vol. X. Part 1). Frankfurt: DECHEMA 1988
10. (Taylor/Krishna 1993), Sect. 1.2
11. In [3], p. 487
12. (Ouwerkerk 1991), p. 33ff
13. In [10], Sect. 2.1.4
14. In [12], p. 213
15. In [10], App. D
16. In [10], p. 56
17. In [10], Sect. 3.3.1
18. Cussler, E.L.: Diffusion. 2nd ed. Cambridge: Cambridge Univ. Press 2000
19. In [8], p. 581
20. VDI-Wärmeatlas, 10. Aufl. Berlin: Springer 2006, S. Da 27
21. In [10], p. 91
22. In [8], p. 612
23. In [8], p. 598
24. In [8], p. 441ff
25. In [1], p. 18
26. (Bird et al. 1960), p. 727
27. In [12], p. 207
28. In [5], Anhang A.2
29. In [12], p. 211
30. In [5], S. 283
31. In [12], p. 30ff
32. In [12], p. 225
33. Görtler, H.: Dimensionsanalyse. Berlin: Springer 1975
34. (Jischa 1982), S. 68
35. (Schlichting/Gersten 1997), S. 562
36. In [35], S. 574
37. (Gersten/Herwig 1992), S. 487
38. In [37], S. 707ff
39. In [35], S. 604
40. In [34], S. 218
41. Jones, W.P.; Launder, B.E.: The prediction of laminarization with a two equation model of turbulence. Int. J. Heat Mass Transfer 15 (1972) 301–314
42. In [34], S. 194
43. In [35], S. 605

44. In [35], Abschnitt 18.5.2 und 18.5.3
45. In [35], S. 612
46. In [37], S. 120ff
47. In [35], S. 552ff
48. In [35], S. 600
49. In [35], S. 214, 244, 639
50. In [34], S. 52, 74, 158, 236
51. In [35], S. 347, 679
52. In [37], S. 193
53. In [35], S. 293
54. In [37], S. 718
55. In [35], S. 291 und S. 674
56. In [37], S. 215
57. In [37], S. 217
58. In [5], S. 407
59. Grigull, U.; Sandner, H.: Wärmeleitung. 2. Aufl. Berlin: Springer 1990, S. 15
60. VDI-Wärmeatlas. 10. Aufl. Berlin: Springer 2006
61. Carslaw, H.S.; Jaeger, J.C.: Conduction of heat in solids. 2nd ed. Oxford: Clarendon Press 1986

Printed in the United States
By Bookmasters